미르카, 수학에 빠지다

SUGAKU GIRL

Originally published in Japan in 2007 by SB Creative Corp.
Korean Translation Copyright @ 2022 by EZ BOOK
Korean edition is published by arrangement with SB Creative Corp.,
through BC Agency.

미르카, 수학에 빠지다

첫 만남과 피보나치 수열

유키 히로시 지음 • 박지현 옮김

①

이지북
EZbook

차례

3 ω의 왈츠

4 피보나치 수열과 생성함수

5 산술평균과 기하평균의 관계

6 미르카 옆에서

7 합성곱

8 조화수

테일러 전개와 바젤 문제

10 분할수

프롤로그 수학을 사랑하는 소녀와의 뒤집어지는 수학 배틀

그저 기억으로만 간직해서는 안 되리라.
기억 속에서 떠올려야만 하리라.
_고바야시 히데오

나는 잊지 못한다.

고등학교 시절, 수학을 통해 만난 그녀들을.

수학의 풀이 방식이 우아했던 수학 천재 미르카.

진지하게 질문하는 유쾌한 테트라.

그 시절을 떠올리면 가슴속에 수식이 차올라 생생한 아이디어가 넘쳐흐른다. 수식은 시간이 아무리 흘러도 수학자들의 번뜩임을 고스란히 전한다. 유클리드, 가우스, 그리고 오일러.

수학은 시간을 초월한다.

수식을 읽으면 고대 수학자들이 느꼈던 감동을 느낄 수 있다. 설령 몇백 년 전에 증명된 문제라도 그렇다. 지금 논리를 좇으며 품는 감동은 틀림없이 나의 것이므로.

수학으로 시공을 넘는다.

깊은 숲으로 들어가 감춰진 보물을 찾아낸다. 수학은 설렘으로 가득 찬 게임이다. 최강의 해법을 목표로 지력을 겨루는 게임이다. 수학은 심장을 두근거리게 만드는 겨루기다.

고등학교 시절, 나는 수학이라는 무기를 사용하기 시작하던 참이었다. 하지만 그 무기는 너무나 거대해서 감당하지 못할 때가 많았다. 마치 내 젊음을 내가 주체하지 못했던 것처럼. 그녀들에 대한 내 마음을 주체하지 못했던 것처럼.

그저 기억으로만 간직해서는 안 되리라.

기억 속에서 떠올려야만 하리라.

그 기억의 시작은 고등학교 1학년 봄이었다.

수열과 패턴

하나, 둘, 셋. 셋이 하나.
하나, 둘, 셋. 셋이 둘
_오시마 유미코, 『솜나라 별』

1. 벚꽃나무 아래에서

고등학교 1학년 봄. 입학식 날은 맑았다.

"벚꽃이 아름답게 피었고 …… 여러분의 새로운 출발에 …… 전통 있는 이 학교에서 …… 면학에 힘쓸 것이며 …… 늙기는 쉬우나 배움을 이루기는 어렵다는 옛말도……."

교장 선생님의 인사말은 끝도 없이 이어져 졸음을 불러왔다. 나는 안경을 고쳐 쓰는 척 입을 가리고 하품을 눌러 삼켰다.

입학식이 끝나고 교실로 가는 길에 나는 슬쩍 학교 건물을 빠져나왔다. 학교 뒤편의 벚나무 길을 천천히 걸었다. 주위에는 아무도 없었다.

나는 지금 열다섯. 15, 16, 17…… 졸업할 때는 열여덟이 되어 있겠지.

$15=3\cdot5$	
$16=2\cdot2\cdot2\cdot2=2^4$	네제곱수
$17=17$	소수
$18=2\cdot3\cdot3=2\cdot3^2$	

지금쯤 교실에서는 자기소개가 한창일 것이다. 자기소개는 질색이다. 대체 나에 대해 어떤 얘기를 하라는 걸까?

"수학을 좋아합니다. 취미는 수식 전개고요. 잘 부탁합니다."

이렇게 말하라고?

뭐, 됐다. 중학교 때처럼 조용히 수업이나 듣고, 아무도 없는 도서실에서 수식을 전개하며 3년을 보내면 되겠지.

눈앞에는 주변에 있는 것보다 한 아름은 더 큰 벚나무가 보였다.

한 소녀가 선 채로 그 벚나무를 올려다보고 있었다.

신입생인가? 나랑 똑같이 슬쩍 빠져나온 걸까?

나도 덩달아 벚나무를 올려다보았다. 흐린 빛이 하늘을 뒤덮고 있었다.

바람이 불어왔다. 벚꽃 잎이 춤추며 소녀를 둘러쌌다.

소녀가 나를 보았다.

훌쩍 큰 키에 긴 검은 머리.

꽉 다문 입술에 진지한 표정, 그리고 금속 테 안경.

소녀는 분명한 발음으로 이렇게 말했다.

"하나, 하나, 둘, 셋."

1 1 2 3

네 개 수를 말하고 입을 다문 채로 나를 가리켰다. 마치 '자, 거기 너. 다음에 나올 수를 대답해'라고 말하는 것처럼.

나는 나를 가리켰다.

나한테 대답하라고?

소녀는 말없이 고개를 끄덕였다. 손가락은 나를 가리키고 있었다.

뭐지 이건? 벚나무 길을 걷다가 난데없이 수 맞추기라. 음, 뭐라고 했더라?

'1, 1, 2, 3 ….'

흠, 과연 알았다.

"1, 1, 2, 3 뒤에 이어질 수는 5야. 그리고 8. 다음은 13, 그다음은 21. 그리고……."

소녀는 내게 손바닥을 보였다. 그만하라는 신호다.

이번엔 다른 문제다. 또 네 개의 수.

1 4 27 256

소녀는 다시 나를 가리켰다.

테스트인가?

'1, 4, 27, 256, ….'

나는 금방 규칙을 발견했다.

"1, 4, 27, 256 다음은 3125겠군. 그다음은…… 암산으론 무리야."

소녀는 '암산으론 무리'라는 내 말에 표정이 어두워지더니, 두어 번 고개를 젓고 답을 가르쳐 주었다.

"1, 4, 27, 256, 3125, 46656, …." 맑은 목소리다.

거기서 소녀는 눈을 감았다. 그대로 벚나무를 올려다보는 것처럼 고개를 조금 위로 향했다. 그러다가 허공으로 쓱 손가락을 들더니 휙, 휙 흔들었다.

소녀는 아직 수 외에는 아무 말도 하지 않았다. 담담하게 수를 늘어놓고 약간의 제스처만 내보일 뿐이다. 하지만 나는 이 이상한 여자아이에게서 눈을 뗄 수 없었다.

대체 어떤 생각으로…….

소녀가 나를 보았다.

6 15 35 77

또 수 네 개다.

'6, 15, 35, 77, ….'

이건 어려운데……. 나는 두뇌를 풀가동했다. 6과 15는 3의 배수군. 하지만 35는 다르다. 35와 77은 7의 배수고……. 종이에 쓰면 바로 풀 수 있을 것 같은데.

흘끔 소녀를 바라보자 벚나무 아래에서 똑바로 선 채 나를 진지하게 쳐다보고 있었다. 머리칼에 붙은 벚꽃 잎을 털어 내려고도 하지 않는다. 이 진지함은 역시, 시험이라는 걸까?

"알았다."

내가 그렇게 말하자, 소녀는 눈을 빛내며 살짝 미소 지었다. 처음으로 지은 미소였다.

"6, 15, 35, 77 다음은 133이야." 내 목소리가 한층 높아졌다.

소녀는 이런, 하는 표정을 짓고 고개를 저었다. 긴 머리칼이 흔들렸다. 꽃잎이 머리에서 춤을 추며 떨어져 내렸다.

"계산 미스." 소녀는 손가락으로 안경을 만졌다.

계산 미스? 확실히 그랬다. 11×13=143이었지. 133이 아니다.

소녀는 계속했다. 다음 문제.

6 2 8 2 10 18

이번엔 수 여섯 개. 나는 잠시 생각에 잠겼다. 마지막이 18이라니 안타깝군. 이게 2였다면 좋았을 텐데. 무작위로 배열된 수 같았지만…… 아니, 전부 짝수잖아?…… 알았다!

"다음은 4, 12, 10, 6, … 이건 너무한데." 내가 말했다.

"그래? 하지만 풀었잖아, 너."

소녀는 후련한 얼굴로 말하고는 내게 다가와 손을 내밀었다. 손가락이 길고 가늘었다.

악수?

난 영문을 모른 채 손을 잡았다. 부드럽고 무척 따뜻한 손이었다.

"난 미르카야. 잘 부탁해."

미르카와 나의 첫 만남이었다.

2. 집

밤.

나는 밤이 좋다. 가족들이 모두 잠든 자유로운 시간이 내 앞에 펼쳐지기 때문이다. 아무에게도 방해받지 않는 세계가 있다. 거기서 나는 혼자 즐긴다. 책을 펼치고 세계를 탐색한다. 수학을 생각하고 깊은 숲으로 들어간다. 희귀한 동물이나 놀랄 만치 맑은 호수, 올려다봐야 할 정도로 커다란 나무를 발견한다. 이제껏 보지 못한 아름다운 꽃과도 마주친다.

미르카.

처음 만난 사이인데도 그런 얘기를 하다니 별난 아이였다. 아마도 수학을 좋아하는 것이겠지. 설명도 없이 바로 수열 퀴즈라니. 마치 시험 같다. 나는 합격한 걸까? 악수. 희미한 향기. 정말 희미한 여자아이의 향기.

나는 책상 위에 안경을 올려 두고 눈을 감은 후 미르카와의 대화를 떠올려 보았다.

처음 문제. 1, 1, 2, 3, 5, 8, 13, …은 **피보나치 수열**이다. 1, 1, 그다음부터는 앞의 두 개 수를 더한 것이 다음 수가 된다.

$1,\ 1,\ 1+1=2,\ 1+2=3,\ 2+3=5,\ 3+5=8,\ 5+8=13,\ \cdots$

다음 문제. 1, 4, 27, 256, 3125, 46656, …은,

$$1^1,\ 2^2,\ 3^3,\ 4^4,\ 5^5,\ 6^6,\ \cdots$$

이라는 수열이다. 즉, 일반항은 n^n이라는 형태로 나타낸다. 4^4나 5^5까지는 암산으로 한다 쳐도 6^6은 어림없다고.

다음 문제. 6, 15, 35, 77, 143, …은,

$$2\times3, 3\times5, 5\times7, 7\times11, 11\times13, \cdots$$

즉, '소수×다음 소수'의 형태다. 11×13 계산을 실수하다니. 미르카는 똑 부러지는 목소리로 '계산 미스'라고 말했다.

마지막 문제. 6, 2, 8, 2, 10, 18, 4, 12, 10, 6, …은 너무했다. 그건 십진법으로 나타낸 **원주율** π의 각 자릿수를 2배 해서 만든 수열이었으니까.

$\pi=3.141592653\cdots$	원주율 π 값
$\rightarrow 3,\ 1,\ 4,\ 1,\ 5,\ 9,\ 2,\ 6,\ 5,\ 3,\ \cdots$	각 자릿수
$\rightarrow 6,\ 2,\ 8,\ 2,\ 10,\ 18,\ 4,\ 12,\ 10,\ 6,\ \cdots$	각 자릿수를 2배

이 문제는 원주율 3.141592653…의 각 자릿수를 암기하고 있지 않다면 풀 수 없다. 기억에서 패턴을 떠올리지 못하면 풀 수 없는 문제다.

기억.

나는 수학이 좋다. 암기하는 것보다 생각하는 것이 우선이기 때문이다. 오래된 기억을 더듬는 것이 아니라 새롭게 발견하는 것이 수학이다. 암기해야 한다면 외울 수밖에 없다. 사람 이름, 지명, 단어, 원소 기호를 외워야 한다. 하지만 수학은 다르다. 문제와 조건이 주어진다면, 재료와 도구 모두 테이블 위에 펼쳐진다. 기억력 싸움이 아니라 사고력 싸움이다.

나는 그렇게 생각했다.

하지만 그렇게 단순한 문제가 아닐지도 모른다.

거기서 나는 깨달았다. 어째서 미르카는 '6, 2, 8, 2' 문제를 낼 때 6, 2, 8, 2뿐 아니라 6, 2, 8, 2, 10, 18까지 말했을까? 6, 2, 8, 2만으로는 π의 각 행을 2배로 만들었다는 결론을 내기에 필연성이 부족하기 때문이다. 더 간단한 다른 해답이 나올 수도 있다. 예를 들어 만약 6, 2, 8, 2, 10,…이 문제라면 다음과 같은 수열이라고 생각하는 편이 자연스럽다. 즉, 하나 건너 2가 들어가는

짝수열이다.

$$6, \underline{2}, 8, \underline{2}, 10, \underline{2}, 12, \underline{2}, \cdots$$

미르카는 거기까지 생각하고 내게 문제를 낸 것일까?

'하지만 풀었잖아, 너.'

그녀는 내가 풀어낼 것을 알고 있었다. 그 후련한 표정이 떠올랐다.

미르카.

봄의 햇살과 벚꽃 바람 속에서 뚜렷한 존재감을 드러내며 서 있던 그녀. 살랑거리는 검은 머리. 지휘자처럼 움직이는 가느다란 손가락. 따뜻한 손. 은은한 향기.

나는 어느새 미르카에 대한 생각으로 머리가 가득 찼다.

3. 수열 문제에 정답은 없다

"저기, 미르카. 그때 왜 수열 문제를 낸 거야?" 내가 물었다.

"그때?" 그녀는 계산하던 손을 멈추고 고개를 들었다.

이곳은 도서실. 열린 창문에서 기분 좋은 바람이 불어온다. 밖으로는 플라타너스의 초록 잎들이 보였다. 멀리 보이는 운동장에서 야구부가 연습하는 소리가 희미하게 들려왔다.

5월이다. 새로운 학교, 새로운 교실, 새로운 친구들이 만드는 신선함도 조금씩 흐려져, 어느새 당연한 듯 하루하루가 지나가고 있었다.

나는 어떤 부에도 들어가지 않았다. 그래도 방과 후에 바로 집으로 가지는 않았다. 수업이 끝나면 대개 도서실로 갔다. 수식을 풀기 위해서다.

중학교 때와 똑같았다. 특별 활동은 불참. 방과 후에는 도서실. 책을 읽거나 창밖을 바라보거나 예습, 복습을 했다.

제일 좋은 놀이는 수식을 전개하는 것이었다. 수업 시간에 배운 공식을 노트에 다시 정리했다. 주어진 정의를 다시 원래대로 돌리고, 거기서 이끌어 낼 수 있는 공식을 만들어 낸다. 정의를 변형해 보고 구체적인 예를 생각한다. 정리의 변화를 즐긴다. 증명을 생각한다. 그런 걸 노트에 적어 내려가는 게 즐거웠다.

스포츠는 젬병이었고 함께 놀러 갈 친구도 없었다. 내 즐거움은 혼자서 노트를 마주하는 것이었다. 수식을 쓰는 것은 나였지만 마음대로 쓸 수는 없다. 거기엔 규칙이 있다. 규칙이 있는 곳에 게임이 있는 법. 더할 나위 없이 엄밀하면서도 자유롭다. 위대한 수학자들이 도전해 왔던 게임이다. 샤프와 노트와 두뇌만 있다면 할 수 있는 게임. 나는 수학에 정신없이 빠져 있었다.

고등학생이 돼도 혼자 도서실에 다니면서 즐기리라고 마음먹고 있었다.

하지만 그 제멋대로인 바람은 조금 빗나갔다.

도서실에 다니는 학생이 나뿐만이 아니었던 것이다.

미르카.

그녀는 나와 같은 반이었다. 그리고 사흘에 한 번은 방과 후 시간을 도서실에서 보냈다.

내가 혼자서 계산하고 있을라치면, 그녀는 내 손에서 샤프를 빼앗아 들고는 노트에 무언가를 적기 시작한다. 말해 두지만, 그녀가 적어 내려가는 것은 내 노트다. 이걸 방약무인이라고 해야 하나, 아니면 자유분방이라고 해야 하나…….

하지만 나는 그게 싫지 않았다. 그녀가 이야기하는 수학은 어려웠지만 재미있었고 자극적이었다. 게다가…….

"그때라니, 언제를 말하는 거야?" 미르카는 샤프(내 것)로 관자놀이를 톡톡 두들기며 물었다.

"처음 만났을 때. 그…… 벚나무 아래에서 말이야."

"아, 그때? 수학 문제를 내는 데 무슨 이유가 필요해. 그냥 생각났을 뿐이야. 왜 갑자기 그런 걸 물어?"

"아니, 그냥 생각나서."

"그런 문제, 좋아해?"

"뭐, 싫진 않아."

"흠……. 수열 문제엔 정답이 없다는 말, 알아?"

"그게 무슨 말이야?"

"예를 들어 1, 2, 3, 4 다음에 올 수는 뭐라고 생각해?" 미르카가 물었다.

"물론 5겠지. 1, 2, 3, 4, 5, …로 계속되는 거야."

"하지만 꼭 그렇다곤 할 수 없어. 예를 들어 1, 2, 3, 4 다음에 급격하게 불어나서 10, 20, 30, 40, 더 나아가서 100, 200, 300, 400, …이라는 수열이 나올 수도 있지."

"말도 안 돼. 처음 네 개의 수만 내놓고 그다음부터 갑자기 수가 증가한다니. 1, 2, 3, 4 다음에 10이 올 거라고 어떻게 예상하겠어?" 나는 말했다.

"그래? 그러면 몇 개까지 보여 주면 돼? 수열이 **무한히** 계속된다고 가정했을 때, 몇 개까지 보여 주면 다음 수를 알 수 있는데?"

"'수열 문제에 정답은 없다'라는 말이 그거였어? 제시된 수열 다음 수에서 패턴이 크게 바뀔지도 모른단 말이지? 하지만 1, 2, 3, 4 다음이 바로 10이라는 건 수열 문제라고 하기엔 적합하지 않아."

"세상일이란 게 대개 그런 거 아니야? 다음에 무슨 일이 일어날지 모르는 거. 예상에서 벗어나는 거. 그건 그렇고, 이 수열의 일반항을 과연 알아낼 수 있겠어?"

미르카는 그렇게 말하고 노트에 수열을 적어 내려갔다.

$$1,\ 2,\ 3,\ 4,\ 6,\ 9,\ 8,\ 12,\ 18,\ 27,\ \cdots$$

"음. 알 것 같기도 하고……."

"1, 2, 3, 4라고 하면 보통은 그다음이 5라고 생각하지. 하지만 틀렸어. 5가 아니라 6이야. 적은 샘플로는 규칙을 끌어내기가 힘들지. 진짜 패턴이 보이지 않으니까."

"흠."

"1, 2, 3, 4, 6, 9로 가서, 그다음도 점점 커질 거라고 예측하지. 하지만 틀렸어. 9 다음엔 작아져서 8이 와. 점점 커진다고 생각했다가 갑자기 역전된 거야. 이 패턴, 알겠어?"

"음, 처음 1을 제외하면 나오는 것이 2의 배수 아니면 3의 배수뿐이네. 하지만 왜 작아졌는지 잘 모르겠는걸."

"예를 들어, 이런 대답도 가능해."

$$2^0 3^0,\ 2^1 3^0,\ 2^0 3^1,\ 2^2 3^0,\ 2^1 3^1,\ 2^0 3^2,\ 2^3 3^0,\ 2^2 3^1,\ 2^1 3^2,\ 2^0 3^3,\ \cdots$$

"이렇게 2와 3의 지수를 생각해 보면 구조가 떠오를 거야."

"응? 이해가 안 가는데. 0제곱은 1이니까."

$$2^0 3^0 = 1,\ 2^1 3^0 = 2,\ 2^0 3^1 = 3,\ \cdots$$

"이건 확실히 주어진 수열처럼 보이긴 하는데……."

"흐음. 지수를 써 줘도 모르겠어? 자, 그럼 이렇게 정리해 볼게."

$$\underbrace{2^0 3^0}_{\text{지수의 합은 0}},\ \underbrace{2^1 3^0,\ 2^0 3^1}_{\text{지수의 합은 1}},\ \underbrace{2^2 3^0,\ 2^1 3^1,\ 2^0 3^2}_{\text{지수의 합은 2}},\ \underbrace{2^3 3^0,\ 2^2 3^1,\ 2^1 3^2,\ 2^0 3^3}_{\text{지수의 합은 3}},\ \cdots$$

"……아하, 그렇구나."

"2와 3의 배수라고 하면……." 미르카가 말했다.

그때 도서실 입구에서 큰 소리가 들려왔다.

"미르카, 이제 연습하러 가자!"

"아, 오늘 연습하는 날이었나?"

미르카는 샤프를 내게 돌려주고 입구에 서 있는 여자아이 쪽으로 걸어갔다. 도서실에서 나가기 직전에 그녀는 내 쪽을 돌아보고 말했다.

"다음엔, '세상에 소수가 단 두 개뿐이라면'이라는 재미있는 이야기를 해

줄게."

그녀가 나가고 난 뒤 도서실 안에 혼자 남았다.

세상에 소수가 두 개뿐이라고?

대체 무슨 말이지?

수식이라는 이름의 러브 레터

내 마음은 그대 생각뿐.
_하기오 모토

1. 교문에서

2학년이 되었다. 앞자리가 1에서 2로 바뀌는 것뿐이다. 어제와 같은 오늘이 계속될 뿐이라고 나는 오늘 아침까지도 그렇게 생각했다.

"이, 이거 읽어 주세요!"

4월 말의 흐린 어느 날. 2학년으로 진급하고 한 달 무렵이 지난 어느 아침, 웬 여자아이가 교문에서 나를 불러 세웠다.

양손에 든 봉투를 나를 향해 내민다. 나는 영문도 모른 채 봉투를 받아 들었다. 그 여자아이는 내게 인사를 하고는 학교 쪽으로 달려갔다.

키는 나보다 훨씬 작은 편이다. 못 보던 아이인데, 이번에 입학한 신입생인가? 나는 서둘러 편지를 주머니에 넣고 교실로 향했다.

여자아이에게 편지를 받다니, 초등학교 이후로 처음이다. 감기로 학교를 쉬었을 때, 학급 위원이었던 여자아이가 숙제 프린트물과 함께 "모두 기다리고 있어요. 빨리 건강해지길 바라요"라는 내용의 편지를 가져왔었…… 아니지, 그건 단순한 연락용 메모였지.

예전에 미르카가 '다음에 무슨 일이 일어날지 모른다'고 했던 말이 떠올랐다. 어제와 같은 오늘이 계속된다고는 할 수 없다.

주머니 속에 있는 편지 봉투는 수업 내내 내 신경을 건드렸다.

2. 암산 퀴즈

“암산 퀴즈야. 1024의 약수는 몇 개일까?”

점심시간. 여자아이에게 받은 편지를 막 꺼내려던 순간, 킷캣을 깨작대던 미르카가 내 자리로 다가와 말했다. 반이 바뀌지 않아서 2학년 때도 미르카와 같은 반이었다.

“암산으로?” 나는 편지를 다시 주머니에 집어넣었다.

“열까지 셀 테니까 그때까지 대답해. 0, 1, 2, 3, …….”

“잠깐 기다려.”

1024의 약수…… 1024를 나눌 수 있는 수인가? 1, 그리고 2, 3은 무리다. 1024는 3으로 나눌 수 없다. 4로는 나눌 수 있다. 아, 1024는 2^{10}이니까……. 나는 당황한 채로 수를 헤아렸다.

“……9, 10. 시간 다 됐어. 자, 답은 몇 개?”

“11개. 1024의 약수는 11개야.”

“정답. 어떻게 계산한 거야?” 미르카는 초콜릿이 묻은 손가락을 쪽 핥고는 내 대답을 기다렸다.

“1024를 소인수분해하면 2의 10제곱이지. 따라서 1024는 이렇게 풀어 볼 수 있어.”

$$1024 = 2^{10} = \underbrace{2 \times 2 \times 2 \times 2 \times 2 \times 2 \times 2 \times 2 \times 2 \times 2}_{2\text{가 } 10\text{개}}$$

나는 계속해서 말했다. “1024의 약수는 1024를 나눌 수 있지. 즉 약수는 반드시 2^n이라는 형태로 나타낼 수 있어. n은 0부터 10까지야. 따라서 1024의 약수는 11개가 되는 거야.”

$$2^0, 2^1, 2^2, 2^3, 2^4, 2^5, 2^6, 2^7, 2^8, 2^9, 2^{10}$$

내 대답에 미르카는 고개를 끄덕였다. "맞아. 그럼, 다음 문제. 1024의 약수를 모두 더한다면 그 합은……."

"미안, 미르카. 잠깐 일이 있어서. 나중에 봐." 나는 그렇게 말하고 자리에서 일어났다.

문제를 내는 도중에 끊는 건 너무했나? 1024의 약수의 합이라……. 나는 옥상으로 향하면서 생각했다.

3. 편지

옥상에는 점심시간인데도 사람이 거의 없었다. 날씨가 좋지 않기 때문일 것이다.

봉투에는 흰 편지지에 쓴 글이 들어 있었다. 만년필로 가로쓰기한 예쁜 글씨다.

저는 올해 봄에 입학한 테트라예요. 선배와 같은 중학교 출신 후배이고요. 선배에게 수학 공부에 대해 상담하고 싶은 것이 있어 이렇게 편지를 쓰게 됐어요.

수학에 흥미가 있기는 하지만 중학교에 입학하고부터 수업을 좇아가기 힘들어요. 고등학교에 들어가면 수학이 본격적으로 어려워진다고 하던데, 이 부담을 어떻게든 극복하고 싶어요.

번거롭게 해드려 죄송하지만, 이야기를 한번 들어주실 수 없을까요? 오늘 방과 후에 계단 교실에서 기다릴게요.

- 테트라

나는 편지를 네 번이나 반복해서 읽었다.

그런가, 테트라라는 이름이구나. 모노(mono). 디(di). 트리(tri). 테트라(tetra). 같은 중학교 출신이라는데 전혀 기억에 없다. 수학에 자신 없는 학생들이 많기도 하구나. 신입생이라면 더 말할 것도 없겠지.

그건 그렇다 치고, 이 편지도 연락용 메모 비슷한 거구나. 조금 맥이 빠졌다. 뭐 별로 상관없지만.

방과 후에 계단 교실이라…….

4. 방과 후

"답은?"

수업이 끝나고 계단 교실로 향하려는데 미르카가 갑자기 되물었다.

"2047." 나는 즉시 대답했다. 1024의 모든 약수의 합은 2047이 된다.

"생각할 시간은 충분했으니까."

"그렇긴 하네. ……그럼 안녕."

"도서실?" 미르카의 눈빛이 반짝 빛났다.

"아니, 오늘은 안 가지 싶어. 다른 일이 있어서."

"흐음…… 그럼, 숙제를 내 볼까?"

미르카의 숙제
양의 정수 n이 주어졌을 때 n의 '약수의 합'을 구하는 방법을 제시하라.

"n을 사용한 식으로 약수의 합을 내라는 말이야?"

"아니, 구하는 순서만 보여 주면 돼."

5. 계단 교실

"죄, 죄송해요. 이런 곳으로 불러서…… 저기……."

계단 교실로 들어가자 긴장한 기색이 역력한 여자아이 테트라가 혼자서 기다리고 있었다. 노트와 필통을 가슴에 꼭 껴안고서.

"서, 선배한테 상담하고 싶었는데, 어떻게 해야 할지 몰라서 친구들에게 물어보니 여기라면 이야기하기 편할 거라고 해서요."

계단 교실. 학교 본관에서 작은 중정을 빙 돌아오면 다다르는 곳으로, 주로 물리나 화학 수업 때 쓰인다. 교실 전체가 계단 형태라 제일 아래에 교단이 있어서 선생님의 모의 실험을 내려다보기 쉽다.

테트라와 나는 제일 뒤에 있는 긴 책상에 앉았다. 나는 주머니에서 오늘 아침에 받은 편지를 꺼내며 말했다.

"이거 잘 읽었는데. 미안하지만, 난 너에 대한 기억이 전혀 없어."

그녀는 내 앞에서 오른손을 휘휘 내저으며 말했다.

"당연해요. 전혀 기억하지 못하실 거예요."

"그런데 나를 어떻게 알고 있는 거야? 중학교 때 난 그렇게 눈에 띄는 학생이 아니었다고 생각하는데." 특별 활동도 안 하고 방과 후에는 도서실에만 왔다 갔다 하는 남학생이 눈에 띌 리 없다.

"아, 저, 그, 선배는 유명했어요. ……전, 그……."

"뭐 아무래도 좋지만. ……그런데 수학이 어려워서 상담하고 싶다니, 무슨 얘기야?"

"아, 네. 감사해요. ……저 초등학생 때는 산수 계산 문제를 재미있다고 생각했는데요, 중학교에 입학하고 나서는 수업을 들어도 교과서를 봐도, 내가 뭔가 '이해를 못 하고 지나치고 있는 부분이 있는 것 같은데……'라고 느낄 때가 많아졌어요. 선생님께서 고등 수학은 중요하니까 차근차근 공부해야 한다고 하셔서, 저도 힘내자고는 생각하고 있는데, 그 '완전히 이해를 못 하고 지나친 것 같은 느낌'을 어떻게든 해결하고 싶어서요."

"네가 말하는 '이해를 못 하고 지나친 것 같은 느낌' 때문에 성적이 떨어졌어?"

"아뇨, 딱히 그렇지는……."

테트라는 엄지손가락을 입술 위에 올리고 생각에 잠겼다. 짧은 머리에 데구르르 움직이는 커다란 눈동자. 활발한 작은 동물, 다람쥐 같은, 아니면 새끼 고양이? 그런 인상이다.

"정기 모의고사처럼 범위가 정해져 있을 때에는 그렇게 어렵게 느끼지 않았어요. 하지만 실력 테스트에선 정말 끔찍한 점수를 받을 때도 있고요. 편차가 심한 편이에요."

"수업 시간엔 어때? 따라갈 수 있어?"

"수업은…… 내용은 알 것 같은데……."

"실제로는 이해를 못 하고 있는 느낌?"

"맞아요. 그런 느낌이에요. 문제는 풀 수 있는데, 그럭저럭 풀 수는 있어요. 수업도 전혀 이해할 수 없는 건 아니에요. 그럭저럭 이해는 가요. 하지만 핵심을 이해 못 하고 있는 느낌이에요."

소수의 정의

"조금 더 구체적으로 물어볼까? **소수** 알지?"

"네. 알고 있다고 생각해요."

"'생각해요'라…… 그럼 소수를 정의해 보렴. '**소수란 무엇인가?**'에 대해 답해 봐. 수식은 쓰지 말고, 말로 해도 괜찮으니까."

"소수란 무엇인가. 음…… 5라든가 7…… 말인가요?"

"응. 5도 7도 소수지. 그건 맞아. 하지만 5나 7은 소수의 예시에 불과해. '예시'는 '정의'가 아니지. 소수는 뭘까?"

"아, 네. 소수란…… '1과 자기 자신만으로 나눌 수 있는 수'지요. 이건 수학 선생님이 꼭 외우라고 해서 기억하고 있어요." 테트라는 말하고는 고개를 끄덕였다.

"그럼 넌 다음 정의가 참이라고 생각하겠구나."

양의 정수 p가 1과 p만으로 나눌 수 있을 때 p를 소수라 한다. (?)

"네. 참이라고 생각해요."

"아니야, 틀렸어."

"네? 하지만 예를 들어 5가 소수라면 1과 5만으로 나눌 수 있는데요?"

"응. 5가 소수라는 건 참이지. 하지만 이 정의로는 1도 소수가 되어 버려. 왜냐하면 p가 1과 같을 때, p는 1과 p만으로 나눌 수 있는 수이니까. 하지만 1은 소수에 포함하지 않는 게 맞지. 제일 작은 소수는 2야. 소수를 작은 순으로 늘어놓으면 이렇게 2부터 시작해."

$$2, 3, 5, 7, 11, 13, 17, 19, \cdots$$

나는 말을 이어 갔다. "그러니까 위에 쓴 정의는 거짓. 소수의 바른 정의는 다음과 같이 조건을 붙일 수밖에 없어."

양의 정수 p가 1과 p만으로 나눌 수 있을 때 p를 소수라 한다. 단, 1은 제외한다.

"혹은, 처음에 조건을 붙이고 정의하는 것도 좋지."

1보다 큰 정수 p가 1과 p만으로 나눌 수 있을 때 p를 소수라 한다.

"조건은 수식의 형태로 써도 좋아."

$p>1$인 정수 p가 1과 p만으로 나눌 수 있을 때 p를 소수라 한다.

"1은 소수가 아니군요……. 확실히 그렇게 배웠던 건 기억나요. 선배가 말하는 정의도 알겠어요. 하지만……."

거기서 테트라는 갑자기 고개를 들었다.

"소수에는 1이 포함되지 않는다. 그건 알겠어요. 하지만…… 아직 완전히 이해는 못 하겠어요. 어째서 소수에 1이 포함되지 않는 거죠? 포함해서는 안 되는 건가요? 소수에 1을 포함시키지 않는 근거는 뭐죠?"

"근거?"

"정당한 이유, 원리적 설명, 이론적 근거…… 말이에요."

어, 이 아이는 이해하는 것의 중요성을 잘 알고 있구나.

"선배?"

"아, 미안. 소수에 왜 1이 포함되지 않는가? 답은 간단해. **소인수분해의 유일성** 때문이야."

"소인수분해의 유일성…… 그게 뭔가요?"

"소인수분해의 유일성이란, 어떤 양의 정수 n의 소인수분해는 오직 한 가지뿐이라는 성질을 말해. 예를 들어, 24의 소인수분해는 $2 \times 2 \times 2 \times 3$ 한 가지뿐이지. 아, 소인수의 순서는 무시하고. $2 \times 2 \times 3 \times 2$든 $3 \times 2 \times 2 \times 2$든, 소인수의 순서가 다를 뿐이니까 같은 소인수분해로 봐. 소인수분해의 유일성은 수학에서는 무척 중요한 개념이기 때문에 이 성질을 지키기 위해서 1은 소수에 포함하지 않아."

"소인수분해의 유일성을 지키기 위해서요? 그건 너무 주관적인 정의 아닌가요?"

"괜찮아. 주관적이라는 말은 좀 지나치지만 말야……. 수학자들은 수학의 세계를 구축하기 위해 유용한 수학적 개념을 찾아내지. 그리고 거기에 이름을 붙여. 그게 정의지. 그 개념을 확실히 규정해 놓기만 했다면 일단 정의로서 합격이야. 그러니까 네가 말하는 것처럼 소수에 1을 포함시킨다는 정의도 가능하긴 해. 하지만 정의가 가능한 것과, 그 정의가 유용한 것은 다른 문제야. 소수에 1을 포함시킨다는 네 정의를 따르게 되면, 소인수분해의 유일성이 무너지지. 그런데 이 소인수분해의 유일성은 이해가 가?"

"네, 이해한 것…… 같아요."

"어떻게 해도 '같아요'인가……. 스스로 이해했다는 걸 자기 자신이 깨달아야 하는데……."

나는 '자기 자신'에 강세를 두어 말했다.

"'이해를 했는지 못 했는지를 자기 자신이 깨닫는다'는 게 무슨 말인가요?"

"적절한 예시를 들어서 이해했는지를 확인해 보자. '예시는 이해의 시금석'이니까. 예시가 정의는 아니지만, 적절한 예시를 살펴보면서 정말 이해했는지를 스스로 테스트해 볼 수 있거든. 그래서 시금석이란 말을 쓴 거야."

1을 소수에 포함하면, 소인수분해의 유일성이 깨진다는 것을 보이시오.

"이런 걸까요? 1을 소수에 포함하면, 24의 소인수분해가 이렇게 한가득 생기게 돼요……."

$$2\times2\times2\times3$$
$$1\times2\times2\times2\times3$$
$$1\times1\times2\times2\times2\times3$$
$$\cdots$$

"응, 그렇지. 이건 소인수분해의 유일성을 무너뜨리는 예가 돼."

내 말에 테트라가 한결 안심한 표정을 지었다.

"단 '한가득' 생긴다는 표현보다 '복수' 혹은 '2개 이상' 생긴다는 표현이 좋겠지. 왜냐하면 그 편이……."

"엄밀하게 규정할 수 있어서요?"

테트라가 말을 잘랐다.

"맞아. '한가득'이라는 표현은 엄밀하지 않지. 몇 개 이상이어야 한가득인지 확실하지 않으니까."

"선배…… 저, 왠지 머리가 깨끗하게 정리되는 것 같아요. '정의'라는 거요. '예시'도 그렇고요. '소수', '소인수분해', '유일성'…… 그리고 엄밀하게 규정하는 말을 쓰는 것. 수학은 용어가 중요하군요."

"바로 그거야! 넌 똑똑하구나. 수학은 용어가 중요해. 되도록 오해가 생기지 않게끔 수학은 용어를 엄밀하게 쓰지. 엄밀한 용어의 최고봉은 바로 수식이라 할 수 있지."

"수식……."

"수학의 언어, 수식에 대해 이야기해 보자. 칠판이 필요하니까 밑으로 내려갈까?"

나는 계단 교실 앞쪽으로 걸어갔다. 테트라는 내 뒤를 따라왔다. 두세 걸음 내려왔을 때 뒤에서 '엄마야' 하는 소리가 들렸다. 그 직후 내 등에 강렬한 충격이 전해져 왔다.

"으앗!"

"죄, 죄송해요!"

테트라가 계단에서 발을 헛디뎌 나와 몸을 부딪쳤다. 꼼짝없이 둘이 엉켜 굴러떨어질 뻔했으나, 가까스로 다리에 힘을 주어 버텼다. 큰일 날 뻔했네.

절댓값의 정의

"**절댓값**이라고 알아?" 우리는 칠판을 앞에 두고 나란히 섰다.

"네, 알 것 같아요. 5의 절댓값은 5이고, -5의 절댓값도 5지요. 마이너스 부호를 떼기만 하면 되니까요."

"음…… 그럼 x의 절댓값의 정의를 써 볼 텐데, 이해가 안 되면 말해." 나는 칠판에 수식을 써 내려갔다.

x의 절댓값 $|x|$의 정의

$$|x| = \begin{cases} x & (x \geqq 0\text{일 경우}) \\ -x & (x < 0\text{일 경우}) \end{cases}$$

"아……. 그러고 보니 이건 의문을 가졌던 부분이에요. x의 절댓값은 마이너스를 떼기만 하면 되는데 어째서 $-x$가 나오는지 이상해요."

"'마이너스를 뗀다'라는 건 수학적으로는 애매한 말이야. 무슨 말을 하고 싶은지는 알겠지만."

"그럼, '마이너스를 플러스로 바꾼다'는 말은 어때요?"

"그것도 애매해. 예를 들어서 $-x$의 절댓값은 뭐가 될까?" 나는 칠판에 썼다.

$$|-x|$$

"마이너스를 떼면 x지요. 즉 $|-x|=x$예요."

"틀렸어. 만약에 $x=-3$이라면 어쩔래?"

"네? x가 -3이라면……." 테트라가 칠판에 썼다.

$$\begin{aligned} |-x| &= |-(-3)| && x=-3\text{이므로} \\ &= |3| && -(-3)=3\text{이므로} \\ &= 3 && |3|=3\text{이므로} \end{aligned}$$

"네가 말한 것처럼 $|-x|=x$라고 한다면, $x=-3$일 때 $|-x|=-3$이 되어야 해. 하지만 실제로는 $|-x|=3$이 되지. 이건 $|-x|=-x$가 된다는 거야."

내 설명을 듣고 식을 본 테트라가 곰곰이 생각에 잠겼다.

"아, 그렇구나. x가 원래 음수일 때는 마이너스를 더 붙여 주지 않으면 양수가 될 수 없네요. x라고 하면 3이나 5같이 양수일 거라고 무의식중에 생각하고 있었어요."

"그렇지. x라는 문자 앞에는 부호가 붙어 있지 않아. 그러니까 보통 x가 -3과 같다고는 생각하지 않지. 하지만 그 부분은 중요해. 일부러 x처럼 문자를 쓰는 것은, 구체적으로 많은 수를 예시로 보이지 않아도 x의 절댓값이라는 것을 정의할 수 있기 때문이야. '마이너스를 뗀 것이 절댓값'이라는 정의는 너무 허술해. 더 주의 깊게 조건을 체크하지 않으면 안 돼. 과민 반응이라고 보일 정도로 깊게 생각할 필요가 있어. 엄밀함에 익숙해지면 수식에, 그리고 수학에도 금방 익숙해질 거야."

테트라는 맨 앞줄 의자에 풀썩 앉았다. 손에 든 노트 귀퉁이를 손으로 만지작거리면서 잠자코 무언가를 생각하고 있다.

나는 그녀의 말을 기다렸다.

"저, 중학교 때 너무 시간을 헛되이 보낸 것 같아요."

"무슨 뜻이야?"

"전에는 그냥 공부만 했어요. 하지만…… 교과서에 나오는 정의나 수식을 그렇게 엄밀하게 읽지 못했어요. ……저의 수학은 빈틈투성이에 건성건성이었네요, 진짜."

그녀는 그 말을 하고 크게 한숨을 쉬었다. 어딘가 맥이 빠진 기분이 나에게까지 전해졌다.

"……저기." 나는 말했다.

"네?" 테트라가 나를 보았다.

"만약에 네가 그렇게 생각한다면 앞으로 확실히 하면 돼. 과거는 어쩔 수 없으니까. 너는 현재를 살고 있어. 지금 느낀 걸 앞으로 살려 가면 되지."

테트라는 눈을 동그랗게 뜨고 곧바로 일어섰다.

"그, 그렇네요! 이미 지난 일을 후회해 봤자 소용없지요. 앞으로 살려 가면…… 정말 그렇네요, 선배."

"그럼, 이제 슬슬 돌아갈까? 날이 저물고 있어. 나머지는 다음에 하자."

"다음에요?"

"응. 나는 방과 후에 대부분 도서실에 있으니까 물어보고 싶은 게 있으면 찾아와."

그녀는 순간 눈을 반짝이며 기쁜 듯이 미소 지었다.

"네!"

6. 집으로 가는 길

"쏟아지기 시작하네."

밖으로 막 나왔을 때 테트라가 하늘을 올려다보았다. 구름이 넓게 퍼지면서 빗방울이 떨어지기 시작했다.

"우산 없어?"

"아침에 서둘러 나오느라 깜빡했어요. 일기 예보는 봤는데…… 괜찮아요. 아직 보슬비니까 그냥 달려가면 돼요!"

"역까지 가면 쫄딱 젖을걸. 어차피 같은 방향이니까 함께 쓰고 가. 내 우산은 크니까."

"죄송해요……. 고맙습니다."

여자아이와 같이 우산을 쓰고 걷는 건 처음이다. 부드러운 느낌으로 와닿는 봄비. 우리는 천천히 걸었다. 처음에는 어색했지만, 내가 그녀의 걸음에 맞추면서 금방 편해졌다. 조용한 길이었다. 거리의 소란스러움이 모두 빗속으로 빨려 들어간 것 같았다.

오늘 그녀와 꽤 오랜 시간 대화를 나누었지만 재미있었다. 이렇게 따르는 후배가 있다는 건 좋은 거구나. 테트라와는 이야기하기 편했다. 표정이 분명히 드러나서 이해를 하고 있는지 아닌지 금방 알 수 있기 때문이다.

"선배는 어떻게 그렇게 바로 이해해요?"

"뭘?"

"오늘 이야기를 해 보니까 제가 모르는 걸 선배는 어떻게 알고 있을까 하는 생각이 들어서요."

아, 깜짝이야. 텔레파시인 줄 알았네.

"오늘 했던 이야기, 소수나 절댓값에 대한 이야기는 내가 예전에 똑같이 고민했던 문제니까. 수학을 공부하면서 이해를 못 하는 부분이 나오면 고민하게 되지. 며칠 골똘히 생각하거나 책을 읽다 보면 어느 순간 '아, 그렇구나' 하고 깨닫게 돼. 그건 무척이나 기분 좋은 경험이지. 그리고 그런 경험이 반복되면 점점 수학이 좋아지고 자신감이 생겨. 아, 커브 길에서 이쪽으로 돌

거야."

"커브 길…… 'The Bend in the Road'네요. 여기서도 역으로 갈 수 있나요?"

"응. 이 커브를 돌아서 주택가를 가로질러 가는 편이 훨씬 빨라."

"그렇게 빨리 도착하나요?"

"맞아. 아침 등교 때도 이쪽 길이 빨라."

어라, 갑자기 테트라의 발걸음이 느려졌다. 내가 너무 빨리 걸었나? 보조를 맞춰 걷는 건 힘들군.

역에 도착했다.

"그럼 난 서점에 잠깐 들렀다가 갈 테니까 내일 봐. 아, 우산은 빌려줄게."

"네? 여기서요? 어…… 저기……."

"응?"

"아니요……. 아무것도 아니에요. 우산 감사합니다. 내일 돌려 드릴게요. 오늘은 정말 감사했습니다!"

테트라는 양손을 모으고 나를 향해 깊이 고개를 숙였다.

7. 집

밤.

내 방에서 오늘 테트라와 나눈 이야기를 떠올려 보았다. 그녀는 솔직하고 의욕이 넘쳤다. 앞으로 더 크게 성장하지 않을까? 수식의 즐거움을 그녀도 알면 좋을 텐데.

테트라와 이야기할 때는 내가 그녀를 가르치는 역할을 맡는다. 미르카와 이야기할 때와는 다르다. 미르카는 나를 시종일관 휘두른다. 어떻게 보면 내가 가르침을 받는 역할이다.

미르카 이야기를 하니 생각났는데, 숙제를 냈었지? 같은 반 친구에게 숙제라니…….

미르카의 숙제

양의 정수 n이 주어졌을 때 n의 '약수의 합'을 구하는 방법을 제시하라.

이 문제는 n의 약수를 전부 구하면 물론 해결된다. 약수를 전부 구해 더하기만 하면 '약수의 합'이 된다. 하지만 이런 대답은 시시하지. 한 걸음 더 나아간 답을 생각해 보자. ……그래, 정수 n을 소인수분해하는 거야.

점심시간에 푼 문제는 $1024=2^{10}$에 대한 것이었지 아마. 이걸 조금 일반화하자. 예를 들어, 다음과 같이 n이 소수의 **거듭제곱**으로 나타나는 경우를 생각해 보자.

$$n=p^m \qquad p\text{는 소수, } m\text{은 양의 정수}$$

$n=1024$는 위 식에서 $p=2$, $m=10$이라는 특수한 경우에 해당한다. 1024의 약수를 열거했을 때와 똑같이 생각해 보면 n의 약수는 다음과 같다.

$$1,\ p,\ p^2,\ p^3,\ \cdots,\ p^m$$

따라서 $n=p^m$의 경우, n의 '약수의 합'은 다음과 같이 구할 수 있다.

$$(n\text{의 약수의 합})=1+p+p^2+p^3+\cdots+p^m$$

이상으로 $n=p^m$ 이라는 식에서 정수 n에 관한 답은 구했다. 다음엔 더 일반화해서 생각하면 되는데……. 그렇구나. 생각만큼 어렵지는 않구나. 소인수분해를 그냥 쓰면 된다.

양의 정수 n은 일반적으로 다음과 같이 소인수분해할 수 있다. $p, q, r, \cdots$을 소수라 하고 $a, b, c, \cdots$를 양의 정수라 했을 때,

$$n=p^a\times q^b\times r^c\times\cdots$$

잠깐, 잠깐만! 알파벳으로는 일반화를 표현하기 힘들다. 지수가 있어야 할 곳에 $a, b, c, \cdots$를 써 버리면, p, q, r도 지수에 쓰게 될 수도 있어. 이래서는 수식에 혼란이 오니까 $2^3\times3^1\times7^4\times\cdots\times13^3$과 같은 형태, 즉 소수의 거듭제곱 꼴로 써야 한다.

좋아, 그럼 이렇게 해 보자. 소수를 $p_0, p_1, p_2, \cdots, p_m$으로 나타낸다. 그리고 지수를 $a_0, a_1, a_2, \cdots, a_m$으로 나타낸다. 이렇게 **첨자**로 $0, 1, 2, \cdots, m$을 쓰면 수식은 좀 어수선하겠지만 일반적으로 쓸 수 있다. 여기서 $m+1$은 'n을 소인수분해했을 때의 소인수 개수'가 된다. 그럼 다시 한번…….

양의 정수 n은 일반적으로 다음과 같이 소인수분해할 수 있다. 단 $p_0, p_1, p_2, \cdots, p_m$을 소수라 하고 $a_0, a_1, a_2, \cdots, a_m$을 양의 정수라 한다.

$$n=p_0^{a_0}\times p_1^{a_1}\times p_2^{a_2}\times\cdots\times p_m^{a_m}$$

n이 이와 같은 구조를 가질 때, n의 약수는 다음과 같은 형태가 된다.

$$p_0^{b_0}\times p_1^{b_1}\times p_2^{b_2}\times\cdots\times p_m^{b_m}$$

단, $b_0, b_1, b_2, \cdots, b_m$은 다음과 같은 정수로 한다.

$$\begin{gathered}
b_0=0,\ 1,\ 2,\ 3,\ \cdots,\ a_0 \text{ 중 하나}\\
b_1=0,\ 1,\ 2,\ 3,\ \cdots,\ a_1 \text{ 중 하나}\\
b_2=0,\ 1,\ 2,\ 3,\ \cdots,\ a_2 \text{ 중 하나}\\
\vdots\\
b_m=0,\ 1,\ 2,\ 3,\ \cdots,\ a_m \text{ 중 하나}
\end{gathered}$$

……음, 제대로 쓰려고 하니까 너무 구구절절하군. 요점은, 소인수는 이대

로 두고, 지수를 0, 1, 2, …처럼 바뀌는 것이 약수가 된다고 말하고 싶을 뿐인데. 일반화하면 문자가 너무 많아지는 문제에 빠져 버렸다.

하지만 여기까지 일반화하는 데 성공했다면 이다음은 간단하지. 약수의 합은 약수를 전부 더하기만 하면 된다.

$$
\begin{aligned}
(n\text{의 약수의 합}) = &\ 1+p_0+p_0^2+p_0^3+\cdots+p_0^{a_0} \\
&+ 1+p_1+p_1^2+p_1^3+\cdots+p_1^{a_1} \\
&+ 1+p_2+p_2^2+p_2^3+\cdots+p_2^{a_2} \\
&+ \cdots \\
&+ 1+p_m+p_m^2+p_m^3+\cdots+p_m^{a_m} \quad (?)
\end{aligned}
$$

어…… 잠깐잠깐. 이래서는 '모든 약수의 합'이 되지 않는다. 이건 약수 중에서 소인수의 제곱 형태만을 띤 것의 합이구나. 실제 약수는 다음과 같은 형태가 되니까…….

$$p_0^{b_0} \times p_1^{b_1} \times p_2^{b_2} \times \cdots \times p_m^{b_m}$$

소인수의 제곱 모두를 조합해서 골라내고, 곱한 다음 합을 구해야 하나? 말로 하니까 오히려 더 이해하기 힘들군. 식 전개를 이용해서 수식으로 써야겠어.

$$
\begin{aligned}
(n\text{의 약수의 합}) = &(1+p_0+p_0^2+p_0^3+\cdots+p_0^{a_0}) \\
&\times (1+p_1+p_1^2+p_1^3+\cdots+p_1^{a_1}) \\
&\times (1+p_2+p_2^2+p_2^3+\cdots+p_2^{a_2}) \\
&\times \cdots \\
&\times (1+p_m+p_m^2+p_m^3+\cdots+p_m^{a_m})
\end{aligned}
$$

미르카가 낸 숙제에 대한 답

양의 정수 n을 다음과 같이 소인수분해한다.

$$n = p_0^{a_0} \times p_1^{a_1} \times p_2^{a_2} \times \cdots \times p_m^{a_m}$$

단, $p_0, p_1, p_2, \cdots, p_m$은 소수, $a_0, a_1, a_2, \cdots, a_m$은 양의 정수다.

이때 n의 '약수의 합'은 다음 식으로 구할 수 있다.

$$\begin{aligned}(n\text{ 의 약수의 합}) = &(1 + p_0 + p_0^2 + p_0^3 + \cdots + p_0^{a_0})\\ &\times (1 + p_1 + p_1^2 + p_1^3 + \cdots + p_1^{a_1})\\ &\times (1 + p_2 + p_2^2 + p_2^3 + \cdots + p_2^{a_2})\\ &\times \cdots\\ &\times (1 + p_m + p_m^2 + p_m^3 + \cdots + p_m^{a_m})\end{aligned}$$

더 간단하게 쓸 수 없을까? 으음, 이거 맞는 건지 모르겠는데…….

8. 미르카의 풀이

"맞아. 좀 어수선하긴 하지만."

다음 날 미르카는 내 답을 보고 똑 부러지게 말했다.

"더 간단하게 쓸 순 없을까?" 내가 물었다.

"되지." 미르카가 즉시 대답했다.

"우선 합 부분은 다음 식으로 쓸 수 있어. $1 - x \neq 0$이라는 가정하에……."

미르카는 이야기하면서 내 노트에 써 내려가기 시작했다.

$$1 + x + x^2 + x^3 + \cdots + x^n = \frac{1 - x^{n+1}}{1 - x}$$

"아, 그렇구나." 나는 말했다. **등비수열의 합** 공식이다.

"증명은 간단해."

$$1-x^{n+1}=1-x^{n+1} \qquad \text{양변이 같은 식}$$

$$(1-x)(1+x+x^2+x^3+\cdots+x^n)=1-x^{n+1} \qquad \text{좌변을 인수분해}$$

$$1+x+x^2+x^3+\cdots+x^n=\frac{1-x^{n+1}}{1-x} \qquad \text{양변을 } 1-x \text{로 나눔}$$

"이걸 쓰면 네가 쓴 제곱의 합은 모두 분수가 돼. 그리고 곱은 Π를 쓰는 거야."

"Π는 π의 대문자인데……." 내가 말했다.

"맞아. 하지만 원주율하고는 아무 관계 없어. Π(Product)는 ∑(Sum)의 곱셈 버전이야. 곱(Product)의 머리글자 P를 그리스문자 Π로 바꾼 것뿐이지. 마치 합(Sum)의 머리글자 S를 그리스문자 ∑로 쓰는 것과 같아. Π의 정의식은 이거야."

$$\prod_{k=0}^{m} f(k)=f(0)\times f(1)\times f(2)\times f(3)\times\cdots\times f(m) \qquad \text{정의식}$$

"Π를 사용하면 곱 부분도 간단히 풀어낼 수 있어." 미르카가 말했다.

미르카의 풀이

1보다 큰 양의 정수 n을 다음과 같이 소인수분해한다.

$$n=\prod_{k=0}^{m} p_k^{a_k}$$

단, p_k를 소수, a_k를 양의 정수라 한다.
이때 'n의 약수의 합'은 다음 식으로 구할 수 있다.

$$(n\text{의 약수의 합})=\prod_{k=0}^{m}\frac{1-p_k^{a_k+1}}{1-p_k}$$

"과연 그러네. 간단해졌는데 문자는 많아졌어. 참, 미르카, 오늘 도서실에 갈 거야?" 내가 물었다.

"안 가. 오늘은 예예네 집에서 연습. 신곡이 완성됐대."

9. 도서실

"선배, 이것 좀 봐 주세요. 중학교 수학 교과서에 나온 정의를 전부 써 봤어요. 그다음 정의의 예도 만들어 봤어요."

도서실에서 계산을 하고 있던 나를 찾아와 테트라는 싱글벙글하며 노트를 펼쳐 보였다.

"어…… 대단하네." 게다가 하룻밤 만에.

"저, 이런 거 좋아해요. 단어장을 만드는 것 같아서……. 다시 교과서를 보면서 생각해 봤는데요. 산수와 수학의 큰 차이는 식 안에 문자가 있느냐 없느냐일지도 몰라요."

방정식과 항등식

"그럼 문자와 수식에 관한 이야기를 해 볼까? 방정식과 항등식에 대해 알아보자. 테트라는 이런 **방정식** 풀어 본 적이 있지?"

$$x-1=0$$

"네, 있어요. $x=1$이죠?"

"응. $x-1=0$이라는 방정식은 이걸로 해결. 그럼 다음 식은?"

$$2(x-1)=2x-2$$

"네, 식을 정리해서 풀어 볼게요."

$$\begin{aligned} 2(x-1)&=2x-2 && \text{문제의 식} \\ 2x-2&=2x-2 && \text{좌변을 전개} \\ 2x-2x-2+2&=0 && \text{우변을 좌변으로 이항} \\ 0&=0 && \text{좌변을 계산} \end{aligned}$$

"어라? $0=0$이 되어 버렸어요."

"실은 이 $2(x-1)=2x-2$는 방정식이 아니라 항등식이야. 좌변 $2(x-1)$를 전개하면 우변 $2x-2$가 되지. 즉, 이 식은 x에 어떤 수를 대입해도 성립돼. 항상 성립하는 식이라서 이걸 **항등식**이라고 하지. 엄밀하게 말하면 x에 대한 항등식."

"방정식과 항등식은 다른가요?"

"달라. 방정식은 '어떤 수를 x에 대입하면 이 식이 성립한다'고 주장하지. 항등식은 '아무 수나 x에 대입해도 이 식이 성립한다'야. 다르지? 방정식에서 다루는 문제는 '이 식을 성립시킬 수 있는 '어떤 수'의 값을 구하시오'야. 이건 식을 푸는 문제이지. 항등식에서 다루는 문제는 '이 식이 '아무 수'나 대입해도 성립하는 것은 참인가?'야. 이건 증명하는 문제이지."

"그, 그렇구나……. 그런 차이점을 전혀 의식하지 못했어요."

"응. 보통은 그렇지. 하지만 의식하고 있는 편이 좋아. 공식으로 나오는 등식은 대부분 항등식이니까."

"식을 보면 바로 그게 방정식인지 항등식인지 알 수 있나요?"

"바로 알 때도 있고 아닐 때도 있어. 문맥으로 판단해야만 할 때도 있지. 그러니까 등식을 쓴 사람이 어떤 의도(방정식과 항등식 중 어느 쪽인지)였는지를 알아낼 필요가 있어."

"쓴 사람……."

"식을 변형할 때에는 항등식을 써. 자, 이걸 봐."

$$\begin{aligned} (x+1)(x-1)&=(x+1)\cdot x-(x+1)\cdot 1 \\ &=x\cdot x+1\cdot x-(x+1)\cdot 1 \end{aligned}$$

$$
\begin{aligned}
&= x \cdot x + 1 \cdot x - x \cdot 1 - 1 \cdot 1 \\
&= x^2 + x - x - 1 \\
&= x^2 - 1
\end{aligned}
$$

“등호를 계속 쓰고 있지? 이건 어떤 x에 대해서든 이 등식은 성립한다고 말하고 있는 거야. 그러니까 항등식의 연쇄가 되는 거지. 한 걸음 한 걸음 나아간 후에, 마지막으로 다음 식이 항등식이라는 걸 증명하고 있어.”

$$(x+1)(x-1) = x^2 - 1$$

“네.”

“항등식의 연쇄는 식 변형 과정을 느린 동작으로 보여 주는 게 목적이야. 그러니까 ‘으으, 수식이 한가득이네’ 하고 뒤로 물러설 필요 없이 차근차근 읽어 내려가면 돼. 말이 나와서 말인데, 이 수식은 어때?”

$$
\begin{aligned}
x^2 - 5x + 6 &= (x-2)(x-3) \\
&= 0
\end{aligned}
$$

“등호는 두 개야. 처음에 나온 등호는 항등식을 만들고 있지. 즉, ‘$x^2 - 5x + 6 = (x-2)(x-3)$은 x가 어떤 수라도 성립한다’라고 말이야. 두 번째 등호는 방정식을 만들고 있지. 그러니까 위 수식의 의미는 전체적인 ‘$x^2 - 5x + 6 = 0$을 푸는 대신에, 항등식으로 변형한 $(x-2)(x-3) = 0$이라는 방정식을 풀어라’야.”

“아하……. 그런 식으로 이해할 수도 있네요…….”

“방정식과 항등식 외에 **정의식**이라는 것도 있어. 복잡한 식이 나왔을 때 거기에 이름을 붙이고 식을 간단하게 만드는 거야. 이름을 붙일 때는 등호를 써. 정의식은 방정식처럼 푸는 것도 아니고, 항등식처럼 증명할 필요도 없어. 자기가 편한 대로 정하면 돼.”

"정의식은 예를 들면 어떤 건가요?"

"예를 들어, s라는 이름을 $\alpha+\beta$라는 조금 복잡한 식에 붙였다고 치자. 그 다음 이름 붙인 것을 이렇게 써 보는 거야."

$$s=\alpha+\beta \qquad \text{정의식의 예}$$

"질문 있어요!"

테트라가 힘차게 손을 들었다. 눈앞에 있으면서 그렇게까지 손을 들 필요는 없는데. 재밌는 애네.

"선배, 전 여기서 항복이에요. 왜 s인가요?"

"별 뜻 없어. 이름으로 쓸 뿐이니까. s든 t든 상관없어. 일단 $s=\alpha+\beta$라고 정의하면 그다음 증명에서 일일이 $\alpha+\beta$라고 쓸 필요 없이 s라고 쓰면 되니까. 스스로 정의하는 데 익숙해지면, 읽기 편하고 알기 쉬운 수식을 쓸 수 있게 돼."

"네. 그리고 α와 β는 뭔가요?"

"응. 그건 어딘가 다른 곳에서 정의한 문자라고 치자. 정의식을 $s=\alpha+\beta$라고 쓰면 좌변의 문자로 우변 수식에 이름을 붙인 형식이 돼. 이미 다른 데서 정의한 α와 β를 써서 만든 수식에 s라는 문자로 이름을 붙인 거지."

"정의식으로 쓰는 이름은 어떤 것도 상관없나요?"

"응. 이름은 기본적으로 아무거나 상관없어. 하지만 다른 의미로 정의된 이름과 같은 걸 쓰면 안 돼. 예를 들어 어딘가에서 $s=\alpha+\beta$라고 정의하고 있는데, 그다음에 $s=\alpha\beta$라고 정의해 버리면 읽는 사람이 이해를 못 할 테니까."

"그건 그렇네요. 이름을 붙인 의미가 없어지죠."

"원주율을 π라고 쓰거나 허수 단위를 i라고 쓰는 것은 매우 일반적이니까 일부러 다른 이름으로 바꾸는 건 이상하지. 수식을 읽을 때 새로운 문자가 튀어나오면 당황하지 말고 '아, 이건 정의식이구나'라고 생각해도 좋아. 설명문에 's를 다음과 같이 정의한다'라거나 '$\alpha+\beta$를 s라 한다'라는 말이 들어 있으면 틀림없는 정의식이지."

"아하……."

"아 참, 테트라. 이번엔 수학 책에 나와 있는 문자를 포함한 등식을 찾아 봐. 방정식인지 항등식인지, 아니면 다른 건지."

"네, 해 볼게요."

"수학 책에는 수식이 많이 나오니까. 그 수식은 모두 누군가가 자기 생각을 알리기 위해 쓴 거야. 메시지를 보내고 있는 사람이 수식 저편에서 우리를 기다리고 있는 거지."

"메시지를 보내고 있는 사람……."

곱의 형태와 합의 형태

"그리고 수식을 읽을 때는 수식이 전체적으로 어떤 형식을 띠고 있는지 먼저 주목해야 해."

"전체의 형식이라고 하면?"

"예를 들어, 다음과 같은 방정식을 생각해 보자."

$$(x-\alpha)(x-\beta)=0$$

"이 식의 좌변은 곱셈의 형식, 즉 **곱의 형태**를 띠고 있지. 일반적으로 곱셈식을 구성하고 있는 하나하나의 식을 **인수** 또는 **인자**라고 해."

$$\underbrace{(x-\alpha)}_{\text{인수}}\underbrace{(x-\beta)}_{\text{인수}}=0$$

"인수와 인자가 인수분해와 관련이 있나요?"

"응, 있지. 인수분해는 곱의 형태로 분해하는 거니까. 소인수분해는 소수의 곱의 형태로 분해하는 거고. 곱셈 기호 ×는 보통 생략하니까 아래 세 개의 수식은 모두 똑같아. 여기서는 모두 같은 방정식이지."

$(x-\alpha)\times(x-\beta)=0$ × 를 쓴 경우

$(x-\alpha)\cdot(x-\beta)=0$ · 를 쓴 경우

$(x-\alpha)(x-\beta)=0$ 생략한 경우

"네."

"그런데 $(x-\alpha)(x-\beta)=0$이라면 인수 두 개 중 적어도 하나는 0과 같아지지. 그렇게 말할 수 있는 건 식이 곱의 형태이기 때문이야."

"네, 이해했어요. 두 수를 곱한 결과가 0이니까 한쪽이 0이라는 거지요?"

"말로 표현하자면 '한쪽이 0'이라기보단 '적어도 한 쪽이 0과 같다'로 하는 게 좋아. 두 인수 모두가 0일 수도 있으니까."

"아, '적어도'라는 말도 엄밀한 표현이라는 거군요."

"맞아. 그럼 적어도 한 인수가 0과 같다는 건, $x-\alpha=0$ 또는 $x-\beta=0$이 성립한다는 말이야. 바꾸어 말하면 $x=\alpha$ 또는 $x=\beta$가 이 곱의 형태를 띤 방정식의 해라는 거지."

"네."

"다음. 여기서 $(x-\alpha)(x-\beta)$라는 식을 전개해 보자. 다음 식은 방정식일까?"

$$(x-\alpha)(x-\beta)=x^2-\alpha x-\beta x+\alpha\beta$$

"아니요, 항등식이에요."

"응, 그렇지. 전개는 곱을 합으로 바꾸는 거야. 좌변은 곱의 형태인 두 개의 인수가 있지. 우변은 합의 형태로 네 항이 있어."

"어떻게요?"

"합을 구성하고 있는 하나하나의 식을 **항**이라고 해. 알기 쉽게 괄호를 써서 설명하자면 이렇게 되지."

$$\underbrace{(x-\alpha)}_{\text{인수}}\underbrace{(x-\beta)}_{\text{인수}} \underset{\text{인수분해}}{\overset{\text{전개}}{=}} \underbrace{(x^2)}_{\text{항}}+\underbrace{(-\alpha x)}_{\text{항}}+\underbrace{(-\beta x)}_{\text{항}}+\underbrace{(\alpha\beta)}_{\text{항}}$$

"그런데 다음 식은 아직 정리되지 않았어. 아직 어수선하지. 어떻게 하면 정리가 될까?"

$$x^2-\alpha x-\beta x+\alpha\beta$$

"네. $-\alpha x$ 나 $-\beta x$처럼 x가 붙어 있는 것을……."

"'것'이 아니라 '항'이라고 하자. 그리고 $-\alpha x$나 $-\beta x$처럼 x를 하나만 포함하는 항은 'x에 대한 1차 항' 혹은 단순하게 '1차 항'이라고 부르자고."

"네. 'x에 관한 1차 항'을 정리해 볼게요. 이런 거지요?"

$$x^2+\underbrace{(-\alpha-\beta)x}_{\text{1차 항을 정리}}+\alpha\beta$$

"항에 대한 설명은 맞았어. 하지만 대개는 조금 더 정리해서 마이너스를 밖으로 끌어내."

$$x^2-(\alpha+\beta)x+\alpha\beta$$

"이렇게 식을 바꾸는 것을 '동류항을 정리한다'라고 한다는 건 알지?"

"네. '동류항을 정리한다'는 건 알고 있어요. 그다지 의식해 본 적은 없지만요."

"그럼 여기서 퀴즈를 낼게. 다음 식은 항등식일까, 방정식일까?"

$$(x-\alpha)(x-\beta)=x^2-(\alpha+\beta)x+\alpha\beta$$

"식을 전개해서 동류항을 정리한 거네요. x가 어떤 수라도 성립하기 때문에…… 항등식이에요."

"정답! 그럼 여기서 더 들어가 보자. 처음에는 다음과 같은 방정식을 생각했어. 이건 **곱의 형태**를 하고 있지."

$$(x-\alpha)(x-\beta)=0 \qquad \text{곱의 형태의 방정식}$$

"지금 항등식을 쓰면 이 방정식은 이렇게 쓸 수 있어. 이쪽은 **합의 형태**의 방정식이야."

$$x^2-(\alpha+\beta)x+\alpha\beta=0 \qquad \text{합의 형태의 방정식}$$

"이 두 가지 방정식은 형태는 다르지만 같은 방정식이야. 항등식을 써서 좌변을 바꾼 것이니까."

"네."

"우리는 곱의 형태를 봤을 때 '아, 이 방정식의 해는 $x=\alpha$ 또는 $x=\beta$구나'라는 걸 알 수 있어. 이 말은 합의 형태인 방정식의 해도 $x=\alpha$ 또는 $x=\beta$라는 뜻이야. 똑같은 방정식이니까."

$$(x-\alpha)(x-\beta)=0 \qquad \text{곱의 형태의 방정식 (해는 } x=\alpha \text{ 또는 } x=\beta\text{)}$$

$$\Updownarrow$$

$$x^2-(\alpha+\beta)x+\alpha\beta=0 \qquad \text{합의 형태의 방정식 (역시 해는 } x=\alpha, \beta\text{)}$$

"간단한 이차방정식은 보기만 해도 풀 수 있어. 다음 두 개의 방정식을 비교해 보자. 형태가 비슷해."

$$x^2-(\alpha+\beta)x+\alpha\beta=0 \quad \text{(해는 } x=\alpha \text{ 또는 } x=\beta\text{)}$$

$$x^2-5x+6=0$$

"확실히 비슷하네요. $\alpha+\beta$는 5이고, $\alpha\beta$가 6이에요."

"그래. 따라서 $x^2-5x+6=0$을 풀려면 더해서 5가 되고 곱해서 6이 되는 두 개의 수를 찾으면 되는 거야. 그러니까 $x=2$ 또는 $x=3$이 해가 되지."

"확실히 그렇네요."

"곱의 형태, 합의 형태라는 건 수식의 형태의 한 예일 뿐이야. 합의 형태=0일 때는 해를 구하기 힘들어. 하지만 **곱의 형태**=0이면 한눈에 알 수 있지."

"아, 알 것 같아요. '방정식을 푼다'는 것과 '곱의 형태를 만든다'는 것은 밀접한 관련이 있는 거군요."

10. 수식 저편에 있는 건 누구?

"선생님은 왜 선배처럼 차근차근 가르쳐 주지 않는 걸까요?"

"너와 나는 지금 대화를 하고 있어. 너는 궁금한 점을 바로 물어보고, 나는 대답해 주고. 그러니까 알기 쉽다고 느끼는 것뿐이야. 한 발 한 발 확인해 가면서 나아가는 느낌이 드니까 그럴 거야. 선생님의 수업을 듣기만 하지 말고 이해가 가지 않는 점은 물어보는 게 좋아……. 물론 선생님의 역량에 따라 대답이 다르겠지만."

테트라는 진지한 표정으로 내 말을 들었다. 그리고 문득 생각난 듯 말했다.

"선배는 책을 읽다가 이해 안 가는 부분이 나오면 어떻게 하세요?"

"음…… 자세히 읽어도 도저히 이해가 안 가면 그 자리에 표시를 해. 그리고 진도를 나가지. 좀 더 읽다가 표시한 부분으로 돌아가서 다시 한번 읽어 봐. 그래도 모르겠으면 좀 더 읽어 보지. 다른 책도 읽고. 그리고 몇 번이고 되돌아오는 거야. 예전에 수식 전개가 도저히 이해가 안 되는 적이 있었어. 꼬박 나흘을 생각하다가 이건 틀린 거라고 판단하곤 출판사 쪽에 문의했지. 결과는 출판사 측 오류였어."

"대단해요……. 하지만 그렇게 세심하게 공부하면 시간이 걸리지 않나요?"

"응, 시간은 걸리지. 무척 많이 걸려. 하지만 그건 당연한 거야. 생각해 봐.

수식의 배후엔 역사가 있어. 수식을 읽을 때 우리는 무수한 수학자들의 싸움을 지켜보고 있는 거야. 이해하는 데 시간이 걸리는 건 당연해. 하나의 식을 전개하는 동안 우리는 몇백 년이나 되는 시간을 뛰어넘는 거지. 수식을 마주할 때 우리는 작은 수학자가 돼."

"작은 수학자요?"

"응. 수학자가 된 것처럼 수식을 차근히 읽어 보잖아. 읽을 뿐만 아니라 스스로 손을 움직여 써 보기도 하고. 나는 내가 정말로 그 식을 이해하고 있는지 항상 두려워. 그래서 직접 써 보면서 확인해."

테트라는 작게 고개를 끄덕이며 약간 흥분한 듯이 말했다.

"선배가 전에 말했던 '수식은 언어'라는 말은 저에게 있어서도 큰 발견이었어요. 수식 저편에 내게 메시지를 전달하려고 하는 사람이 반드시 있다는 것. 그 사람은 학교 선생님일 수도 있고 교과서를 쓴 사람일 수도 있죠. 혹은 몇백 년 전의 수학자일지도 모르고요……. 왠지 수학을 더 공부해 보고 싶다는 생각이 들었어요."

테트라는 꿈꾸듯이 말했다.

그러고 보니 테트라는 상담하고 싶다는 말을 하기 위해 교문에서 나를 불러 세웠지…….

그녀는 "읏차" 하며 기지개를 켰다. 그리고 혼잣말처럼 중얼거렸다.

"아, 정말로 내 마음은 선배의 그 말……."

그녀는 거기까지만 말하고 당황한 듯 두 손으로 입을 가렸다.

"내 말?"

"아, 아뇨! 아무것도 아니에요……."

테트라는 얼굴을 붉히며 고개를 숙였다.

ω의 왈츠

수학의 본질은 자유.
_칸토어

1. 도서실에서

여름이 되었다.

기말 시험이 끝난 날, 텅 빈 도서실에서 수식을 가지고 놀고 있는데 미르카가 들어왔다. 그녀는 곧 내 옆으로 다가왔다.

"회전?" 그녀는 선 채로 내 노트를 내려다보며 말했다.

"응."

미르카의 안경은 금속 테, 렌즈는 엷은 푸른색이었다. 나는 렌즈에 비친 고요한 눈동자를 보았다.

"축 위의 단위 벡타가 어디로 옮겨 갈지를 생각하면 금방 알 수 있는 문제야. 외울 필요도 없는 거 아니야?"

미르카는 나를 보고 말했다. 말투가 항상 직설적이고 어딘가 이상하다. 벡터(vector)를 항상 '벡타'라고 발음한다.

"괜찮아. 연습하고 있을 뿐이니까."

"수식을 가지고 놀기에는 세타만큼 회전을 두 번 하면 재미있을 거야."

미르카는 내 옆자리에 앉아 내 귀에 입을 바싹 대고 속삭였다. 그녀는 θ를 '세타(theta)'라고 발음한다. 혀와 이빨 사이로 빠져나오는 건조한 음이 귓가를 간질였다.

"θ만큼 회전을 두 번 하고 식을 전개하는 거야. 'θ만큼 회전을 두 번 하는 것은 2θ 회전과 같다'고 보는 거지. 그럼 두 가지 등식을 세울 수 있어. θ에 관한 항등식이야."

미르카는 내 손에서 샤프를 빼어 들고 노트 왼쪽 구석에 작은 글씨로 두 개의 식을 적었다. 미르카의 손이 내 손과 닿았다.

$$\cos 2\theta = \cos^2\theta - \sin^2\theta$$
$$\sin 2\theta = 2\sin\theta\cos\theta$$

"자, 이게 뭐게?"

노트의 식을 보면서 나는 마음속으로 '배각 공식'이라고 대답했다. 하지만 입 밖으로는 내지 않았다.

"모르겠어? 배각 공식이잖아."

미르카는 몸을 일으켰다. 옅은 감귤 향이 났다.

그녀는 내 답변을 기다리지도 않고 가르치는 말투로 계속 이야기했다. 뭐, 항상 있는 일이다.

◆◆◆

각 θ의 회전은 이렇게 행렬로 나타내.

$$\begin{pmatrix} \cos\theta & -\sin\theta \\ \sin\theta & \cos\theta \end{pmatrix}$$

'각 θ만큼 회전을 두 번 한다'는 것은 이 행렬의 제곱과 같지.

$$\begin{pmatrix} \cos\theta & -\sin\theta \\ \sin\theta & \cos\theta \end{pmatrix}^2 = \begin{pmatrix} \cos^2\theta - \sin^2\theta & -2\sin\theta\cos\theta \\ 2\sin\theta\cos\theta & \cos^2\theta - \sin^2\theta \end{pmatrix}$$

그런데, '각 θ만큼 회전을 두 번 한다'는 것은, '각 2θ만큼 회전한다'와 같다고 할 수 있어. 따라서 위 행렬은 다음 행렬과 같아지지.

$$\begin{pmatrix} \cos 2\theta & -\sin 2\theta \\ \sin 2\theta & \cos 2\theta \end{pmatrix}$$

여기서 행렬의 원소끼리 비교하면 두 가지 등식을 도출해 낼 수 있어.

$$\cos 2\theta = \cos^2\theta - \sin^2\theta$$
$$\sin 2\theta = 2\sin\theta\cos\theta$$

즉 $\cos 2\theta$와 $\sin 2\theta$를 $\cos\theta$와 $\sin\theta$를 써서 표현한 거지. 2θ를 θ로 나타낸 식이 **배각 공식**이야. 회전을 행렬로 표현하고, 그 의미를 다시 해석해서 배각 공식을 도출했어.

'2θ회전 1회'와 'θ회전 2회'. 등호를 써서 두 공식이 같다고 주장하지. 둘이 실제로는 하나라는 것을 깨닫는 거야. 그러면 아주 멋진 일이 벌어지지.

◆◆◆

미르카의 목소리를 들으면서 나는 다른 생각을 하고 있었다. 똑똑한 여자아이. 예쁜 여자아이. 한 사람이 두 모습을 갖는다면 어떤 멋진 일이 일어날까?

하지만 나는 아무 말도 하지 않고 잠자코 그녀의 이야기를 들었다.

2. 진동과 회전

"행렬은 잠깐 나중으로 미루고……"라고 말하면서 미르카는 내 노트에 문제를 적었다.

문제 3-1 아래 수열의 일반항 a_n을 n으로 나타내라.

n	0	1	2	3	4	5	6	7	$\cdots$
a_n	1	0	-1	0	1	0	-1	0	$\cdots$

"풀 수 있겠어?" 미르카는 말했다.

"간단해. 1, 0, −1을 왕복하는 행렬이네. 진동이라고 하는 편이 더 맞으려나?" 나는 말했다.

"흐음, 넌 이 행렬을 그렇게 읽었구나."

"아니야?"

"아니, 네 생각이 틀리지는 않아. 그럼…… 그 '진동'을 일반항으로 표현해 줬으면 하는데."

"일반항…… 그럼 a_n을 n을 써서 나타내면 되는 거지? 경우에 따라 나누면 금방 할 수 있겠는데."

$$a^n = \begin{cases} 1 & (n=0,\ 4,\ 8,\ \cdots,\ 4k,\ \cdots) \\ 0 & (n=1,\ 3,\ 5,\ 7,\ \cdots,\ 2k+1,\ \cdots) \\ -1 & (n=2,\ 6,\ 10,\ \cdots,\ 4k+2,\ \cdots) \end{cases}$$

"음, 확실히 틀리진 않았어. 그런데 진동처럼 보이진 않아."

미르카는 눈을 감고 검지를 빙글빙글 돌렸다.

"그럼 이번엔 이 문제의 일반항은 어떻게 되는지 생각해 보자." 그녀는 눈을 뜨고 말했다.

문제 3-2 아래 수열의 일반항 b_n을 n으로 나타내라.

n	0	1	2	3	4	5	6	7	$\cdots$
b_n	1	i	-1	$-i$	1	i	-1	$-i$	$\cdots$

"i는 $\sqrt{-1}$이야?"

"허수 단위 말고 어떤 i가 또 있는데?"

"아니, 뭐…… 그건 둘째치고 이 수열 b_n은, n이 짝수라면 $+1$ 또는 -1이 오고, n이 홀수라면 $+i$ 혹은 $-i$가 오겠지. 이것도 진동 같은 건가?"

"그것도 틀리진 않아. 너는 이 수열도 진동이라고 봤구나."

"다르게 볼 수도 있어?" 나는 말했다.

미르카는 순간 눈을 감고 대답했다.

"**복소평면**으로 생각해 보자. 복소평면 즉, x축을 실수축으로 하고, y축을 허수축으로 한 좌표평면을 생각하는 거야. 그렇게 하면 모든 복소수는 이 평면상의 한 점으로 표현할 수 있어."

$$\text{복소수} \longleftrightarrow \text{점}$$
$$x+yi \longleftrightarrow (x,\ y)$$

"문제 3-2의 수열 b_n을 복소수의 수열로 생각하자. 1은 $1+0i$고, i는 $0+1i$가 되니까……."

$$1+0i,\ 0+1i,\ -1+0i,\ 0-1i,\ 1+0i,\ 0+1i,\ -1+0i,\ 0-1i,\ \cdots$$

"이 수열 b_n을 복소평면 위에 나열한 점들이라 하고 좌표평면에 그려 보자."

$$(1,\ 0),\ (0,\ 1),\ (-1,\ 0),\ (0,-1),\ (1,\ 0),\ (0,\ 1),\ (-1,\ 0),\ (0,-1),\ \cdots$$

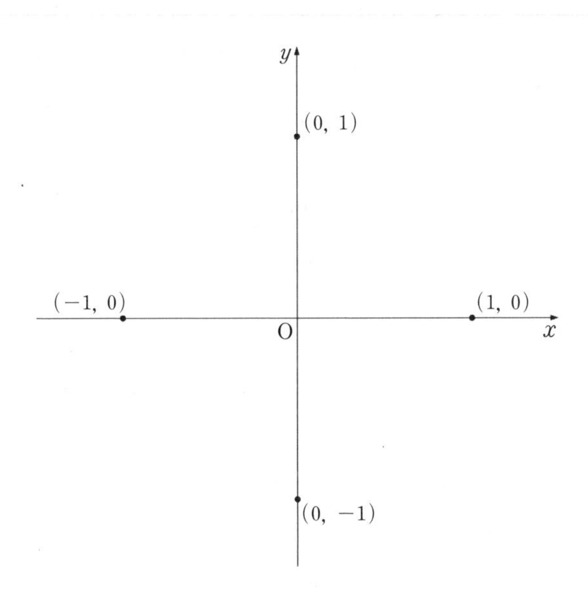

"아하, 마름모꼴…… 아니, 정사각형으로 꼭짓점이 이동하는 거군."
나는 그렇게 말하고 좌표평면에 선을 그려 넣었다.

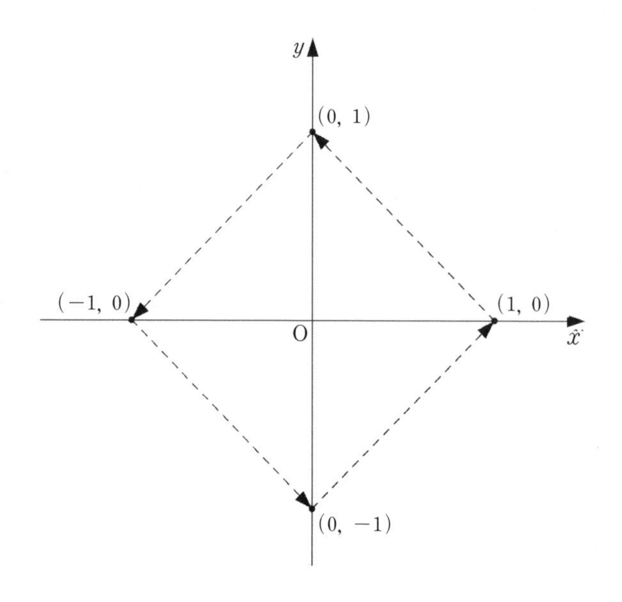

"아, 넌 이 수열의 점들을 그런 도형으로 봤구나. 그것도 틀린 건 아니지."
"정사각형 말고 어떤 도형이 생기는데?" 내가 물었다.
"너 의외로 머리가 딱딱하구나. 이러면 어때?" 미르카가 답했다.

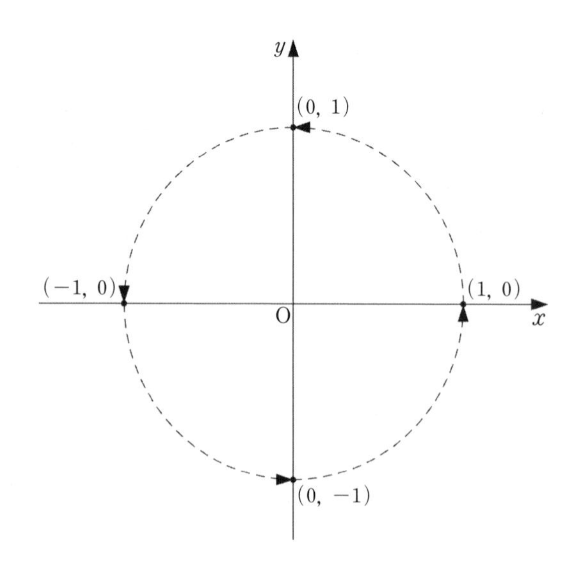

"원……인가?"

"그래. 원이야. 반지름이 1인 원, 즉 **단위원**이지. 복소평면에서 원점을 중심으로 한 단위원이지. 복소수의 수열을 단위원 위에 나열된 점으로 보는 거야."

"단위원……."

"일반적으로 단위원 위의 점은 다음 복소수로 나타내지."

$$\cos\theta + i\sin\theta$$

"θ는…… 그렇구나. 단위 벡터 $(1, 0)$의 회전각이군."

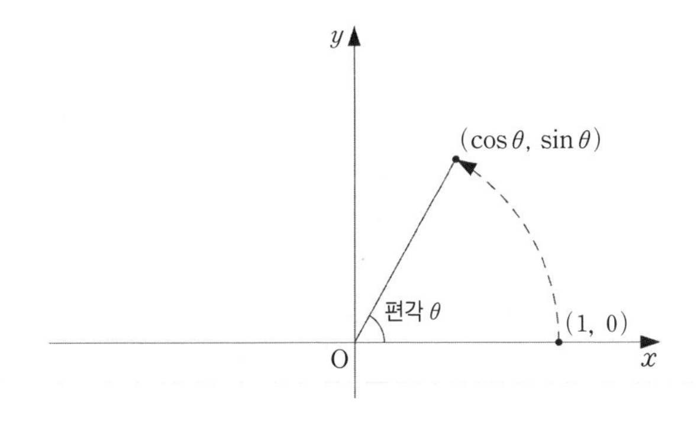

"맞아. θ를 **편각**이라고 해. 복소수와 점과의 대응 관계는 이렇고."

$$\text{복소수} \longleftrightarrow \text{점}$$
$$\cos\theta + i\sin\theta \longleftrightarrow (\cos\theta,\ \sin\theta)$$

"문제 3-2의 수열 b_n을 정사각형이 아니라 원주를 4등분한 **점**으로 구했다고 치자. 4등분한 점은 어떤 복소수로 나타낼 수 있을까?" 미르카는 나를 보고 말했다.

"θ를 90도, 즉 $\frac{\pi}{2}$라디안씩 늘려 가면 되니까 편각은 $\theta = 0, \frac{\pi}{2}, \pi, \frac{3}{2}\leqq -, \cdots$ 이지. 그러니까 이 네 점의 복소수가 원둘레의 4등분점이 되는 거야."

$$\cos 0\cdot\frac{\pi}{2}+i\sin 0\cdot\frac{\pi}{2}$$

$$\cos 1\cdot\frac{\pi}{2}+i\sin 1\cdot\frac{\pi}{2}$$

$$\cos 2\cdot\frac{\pi}{2}+i\sin 2\cdot\frac{\pi}{2}$$

$$\cos 3\cdot\frac{\pi}{2}+i\sin 3\cdot\frac{\pi}{2}$$

"맞아. 그렇게 하면 수열의 일반항 b_n은 다음과 같은 형태가 되지." 미르카가 말했다.

풀이 3-2 $b_n=\cos n\cdot\frac{\pi}{2}+i\sin n\cdot\frac{\pi}{2} \qquad (n=0,\ 1,\ 2,\ 3,\ \cdots)$

"여기서 문제 3-1의 a_n으로 돌아가 보자."

$$\langle a_n\rangle=\langle 1,\ 0,\ -1,\ 0,\ 1,\ 0,\ -1,\ 0,\ \cdots\rangle$$

"넌 a_n을 1, 0, -1의 '진동'이라고 했지? 그 문제도 사실 같은 형태로 나타낼 수 있어."

풀이 3-1 $a_n=\cos n\cdot\frac{\pi}{2} \qquad (n=0,\ 1,\ 2,\ 3,\ \cdots)$

"응? 왜……지?"

"도형으로 생각해 봐. 아까의 4등분점 b_n을 **실수축에 대한 정사영**으로 그려 봐. 그럼 진동이 나타나지. 즉 '진동은 회전의 정사영'인 거야."

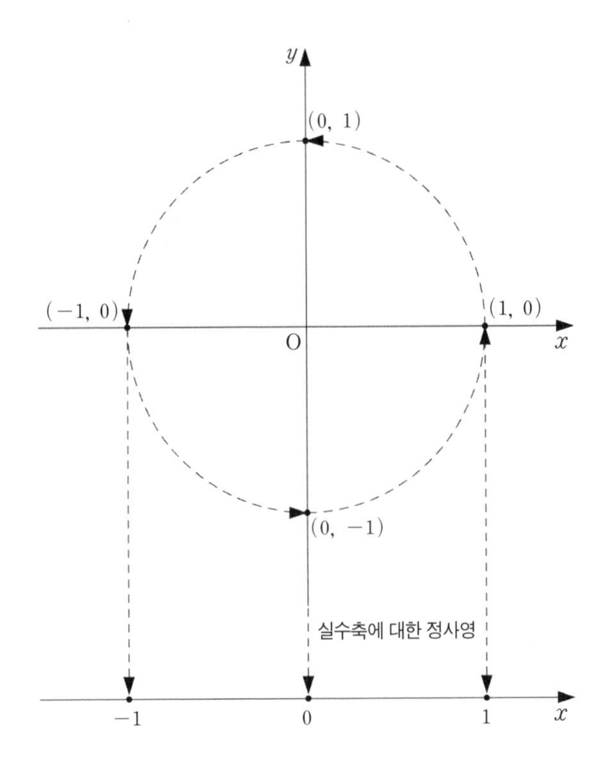

"수열 a_n은 몇 가지 관점으로 볼 수 있어. '정수가 단순히 나열되어 있다'고 보는 시점. 그리고 '실수의 수직선상에서 점이 진동하고 있다'고 보는 시점. 그리고 '복소평면 위에서 점이 회전하고 있다'고 보는 시점. 자기가 보고 있는 것이 1차원의 그림자(정사영)에 불과하다는 걸 깨달으면 2차원의 원이라는 구조를 끌어낼 수 있어. 자기가 보고 있는 것이 그림자에 불과하다는 걸 알게 되면 그 뒤에 숨은 고차원 구조를 발견할 수 있는 거야. 하지만 그림자 뒤에 숨어 있는 구조를 꿰뚫어 보기란 어려워."

"……."

"정수에서 실수의 수직선으로, 수직선에서 복소평면으로, 보다 고차원적인 세계를 생각해 봐. 그러면 표현이 간단해져. 간단해져야 더 잘 '이해'했다고 말할 수 있을까? 행렬의 일부가 주어지고 다음 수를 생각하는 건 단순한 퀴즈가 아니야. 일반항을 찾는 건 곧 숨겨진 구조를 밝혀내는 일이야."

나는 아무 말도 할 수 없었다.

"필요한 건 눈이야. 이 눈 말고."

미르카는 자신의 눈을 손가락으로 가리키며 말했다.

"구조를 꿰뚫어 보는 마음의 눈이 필요하다구."

3. ω의 왈츠

"그럼, 다음 문제." 미르카가 말했다.

문제 3-3 아래 수열의 일반항 c_n을 n으로 나타내라.

n	0	1	2	3	4	5	$\cdots$
c_n	1	$\frac{-1+\sqrt{3}i}{2}$	$\frac{-1-\sqrt{3}i}{2}$	1	$\frac{-1+\sqrt{3}i}{2}$	$\frac{-1-\sqrt{3}i}{2}$	$\cdots$

"뭐야, 이 수열은?" 나는 말했다.

"너, 아직 몰라?"

이럴 때 그녀는 깔보는 어투로 말하지 않는다. 그저 순수하게 놀란다. '넌, 네 오른손 손가락이 다섯 개인 것도 모르는 거야?' 같은 뉘앙스다.

그녀의 반응에 부끄러웠지만 나는 감정을 다스려 어떻게든 수학으로 화제를 돌리려 했다.

"'1, $\frac{-1+\sqrt{3}i}{2}$, $\frac{-1-\sqrt{3}i}{2}$라는 세 개의 수가 반복해서 나타난다'라는 답은 너무 뻔하지?" 나는 그녀의 표정을 힐끔힐끔 살피면서 말했다.

"시시한 답이네. 수수께끼도 못 풀고, 구조도 파악 못 하고, 본질도 모르고 있어." 그녀는 일축했다.

"그럼 이 수열의 본질은 뭐야?"

"본질은 '1, $\frac{-1+\sqrt{3}i}{2}$, $\frac{-1-\sqrt{3}i}{2}$라는 세 개의 수는 무엇인가?'라는 거야. 하지만 너는 이 세 개를 모르지. 그러면 수열을 조사하는 상투적인 수단을 써 봐야 하지 않겠어?" 미르카가 말했다.

"수열을 조사하는 상투적인 수단…… 계차수열을 만들어 봐야겠네." 나는 노트에 써 내려가기 시작했다.

수열 c_n에 대하여 아래와 같은 수열 d_n을 생각해 보자.

$$d_n = c_{n+1} - c_n \ (n = 0, 1, 2, \cdots)$$

$$\begin{array}{ccccccccccccc} c_0 & & c_1 & & c_2 & & c_3 & & c_4 & & c_5 & \cdots \\ & \diagdown\diagup & & \diagdown\diagup & & \diagdown\diagup & & \diagdown\diagup & & \diagdown\diagup & & \\ & d_0 & & d_1 & & d_2 & & d_3 & & d_4 & \cdots & \end{array}$$

$c_1 - c_0,\ c_2 - c_1,\ c_3 - c_2,\ \cdots$ 이런 식으로 계산해서 d_n을 구한다.

n	0	1	2	3	4	5	$\cdots$
d_n	$\frac{-3+\sqrt{3}i}{2}$	$-\sqrt{3}i$	$\frac{3+\sqrt{3}i}{2}$	$\frac{-3+\sqrt{3}i}{2}$	$-\sqrt{3}i$	$\frac{3+\sqrt{3}i}{2}$	$\cdots$

으음, 아직 잘 모르겠는데.

"어때?" 미르카가 물었다. 이럴 때의 미르카는 정말 이상할 정도로 인내심을 발휘한다. 문제 해결의 길이 분명할 때는 조급하게 서두르지만, 길을 탐색하는 도중에는 서두르지도 당황하지도 않는다.

"아직 모르겠어." 나는 솔직하게 말했다.

"너는 수열을 조사하는 무기가 계차수열밖에 없다고 생각해?" 그녀는 생긋 웃으면서 말했다.

"그럼 두 항의 차가 아니라 비를 구해 볼까……."

"빨리 해 봐."

예예, 알겠습니다요……. 이번에는 $e_n = \frac{c_{n+1}}{c_n}$이라는 수열 e_n을 생각해 보자. c_n은 0이 되지 않으니까 0으로 나눌 걱정은 안 해도 되지. 계산해 보면…….

n	0	1	2	3	4	5	$\cdots$
e_n	$\frac{-1+\sqrt{3}i}{2}$	$\frac{-1+\sqrt{3}i}{2}$	$\frac{-1+\sqrt{3}i}{2}$	$\frac{-1+\sqrt{3}i}{2}$	$\frac{-1+\sqrt{3}i}{2}$	$\frac{-1+\sqrt{3}i}{2}$	$\cdots$

"아차!" $\frac{-1+\sqrt{3}i}{2}$, 이런 수가 줄줄이 나와서 나는 흠칫 놀랐다.

"뭘 놀라고 그래?"

"아니, 비를 구하니까 같은 수가 계속……."

"그렇지. 수열 c_n은 초항 $c_0=1$에서 공비 $\frac{-1+\sqrt{3}i}{2}$의 등비수열이니까 사실은 1, $\frac{-1+\sqrt{3}i}{2}$, $\frac{-1-\sqrt{3}i}{2}$라는 세 개의 수는, 모두 세제곱을 하면 1이 되는 수야. 그러니까 이 세 수는 전부 아래와 같은 삼차방정식을 만족시킨다는 거지."

$$x^3=1$$

"$x^3=1$을 만족시킨다……."

"그래. $x^3=1$은 삼차방정식이니까 이걸 만족시키는 복소수는 세 개야. 이 방정식을 푸는 법, 알겠어?"

"응. 할 수 있을 것 같아. $x=1$이 방정식을 만족한다는 건 알고 있으니까 $(x-1)$을 써서 인수분해하면 돼."

$x^3=1$	주어진 방정식
$x^3-1=0$	1을 좌변으로 이항, 우변을 0으로
$(x-1)(x^2+x+1)=0$	좌변을 인수분해

"그리고?" 미르카가 물었다.

"그다음 $x^2+x+1=0$은 이차방정식 $ax^2+bx+c=0$의 근의 공식인 $x=\frac{-b\pm\sqrt{b^2-4ac}}{2a}$를 써서 풀면 돼." 나는 그렇게 말하고 계산했다.

$$x=1,\ \frac{-1+\sqrt{3}i}{2},\ \frac{-1-\sqrt{3}i}{2}$$

내 설명을 듣고 미르카는 가볍게 고개를 끄덕였다.

"그렇지. 그런 다음 복소수 $\frac{-1+\sqrt{3}i}{2}$를 ω라고 하는 거야."

$$\omega=\frac{-1+\sqrt{3}i}{2}$$

"ω^2은 $\frac{-1-\sqrt{3}i}{2}$와 같아."

$$\begin{aligned}\omega^2&=\left(\frac{-1+\sqrt{3}i}{2}\right)^2\\&=\frac{(-1+\sqrt{3}i)^2}{2^2}\\&=\frac{(-1)^2-2\sqrt{3}i+(\sqrt{3}i)^2}{4}\\&=\frac{1-2\sqrt{3}i-3}{4}\\&=\frac{-2-2\sqrt{3}i}{4}\\&=\frac{-1-\sqrt{3}i}{2}\end{aligned}$$

"1에 ω를 계속 곱해 나가면, 다음과 같은 수열이 생겨." 미르카는 노트에 써 내려가기 시작했다.

$$1,\ \omega,\ \omega^2,\ \omega^3,\ \omega^4,\ \omega^5,\ \cdots$$

"$\omega^3=1$이니까 이 수열은 다음과 같이 쓸 수 있어."

$$1,\ \omega,\ \omega^2,\ 1,\ \omega,\ \omega^2,\ \cdots$$

"요컨대 이 수열 $1, \omega, \omega^2, 1, \omega, \omega^2, \cdots$은 c_n 그 자체인 거야. 그럼, 이 세 수 1, ω, ω^2을 복소평면으로 나타내 보자고. 빨리빨리."

미르카, 이렇게 즐거워하는 목소리라니.

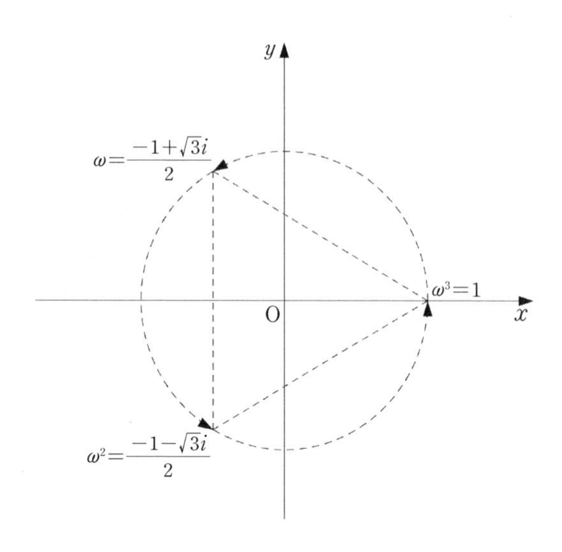

"엥? 정삼각형이 나오네."

"주기성에서 원을 연상하는 건 자연스러운 일이야. 반복되는 파동을 원으로 구하는 것도 자연스럽고. 실수의 수직선밖에 볼 수 없는 사람은 '진동'이라고 표현할 거야. 하지만 복소수의 복소평면이 보이는 사람은 '회전'이라는 걸 눈치채지. 숨어 있는 구조를 알아채는 거야. 알겠지?"

풀이 3-3 $c_n=\omega^n$ $(n=0, 1, 2, 3, \cdots)$ 단, $w=\frac{-1+\sqrt{3}i}{2}$이다.

미르카는 약간 홍조를 띤 뺨으로 열변을 토했다.

"지금까지 4등분점과 정사각형, 3등분점과 정삼각형에 대해 얘기했어. 다음엔 이걸 일반화시킨 n등분점과 정n각형에 대해 얘기할 거야. 이게 **드무아브르의 정리**로 연결돼."

드무아브르의 정리

$$(\cos\theta + i\sin\theta)^n = \cos n\theta + i\sin n\theta$$

"드무아브르의 정리는 '복소수 $\cos\theta + i\sin\theta$를 n제곱하면 복소수 $\cos n\theta + i\sin n\theta$가 된다'로 요약돼. 기하학적으로 보면 '단위원 위에서 θ의 회전을 n회 반복하는 것은 $n\theta$의 회전과 같다'는 결론이지. 수식 너머로, 단위원 위의 점이 회전하는 게 보이지 않니?" 미르카는 나를 가리키며 얼굴 앞에서 손가락으로 천천히 원을 그렸다.

"드무아브르의 정리로 $n=2$를 적용하면 배각 공식을 구할 수 있어."

$$(\cos\theta + i\sin\theta)^n = \cos n\theta + i\sin n\theta \qquad \text{드무아브르의 정리}$$

$$(\cos\theta + i\sin\theta)^2 = \cos 2\theta + i\sin 2\theta \qquad n=2\text{라고 할 때}$$

$$\cos^2\theta + i\cdot 2\cos\theta\sin\theta - \sin^2\theta = \cos 2\theta + i\sin 2\theta$$

좌변을 전개했을 때

$$(\cos^2\theta - \sin^2\theta) + i\cdot 2\cos\theta\sin\theta = \cos 2\theta + i\sin 2\theta$$

좌변을 정리했을 때

"이제 양변의 실수부와 허수부를 각각 등호로 묶기만 하면 돼."

$$\underbrace{(\cos^2\theta - \sin^2\theta)}_{\text{실수부}} + \underbrace{i\cdot 2\cos\theta\sin\theta}_{\text{허수부}} = \underbrace{\cos 2\theta}_{\text{실수부}} + \underbrace{i\sin 2\theta}_{\text{허수부}}$$

"자, 여기 배각 공식." 미르카가 말했다.

$$\cos^2\theta - \sin^2\theta = \cos 2\theta \qquad \text{실수부}$$

$$2\cos\theta\sin\theta = \sin 2\theta \qquad \text{허수부}$$

"너는 θ의 회전 행렬을 가지고 놀고 있었잖아? 어차피 놀 거라면 회전하고 있는 점을 도형으로 파악하거나, 삼각함수를 써서 구해 보거나, 복소수열로 구해 보는 것도 재밌지. 그렇지 않아?"

나는 미르카의 기세에 압도당해 아무런 말도 할 수 없었다.

"너는 $\omega^3=1$에서 단위원의 3등분점을 구할 수 있니? $\frac{2\pi}{3}$라는 편각, 복소평면의 정삼각형, 그리고 ω가 만들어 내는 3박자의 회전이 보여? 복소평면에서 $1, \omega, \omega^2$ 셋이 춤추는 게 보이니?"

미르카는 단숨에 거기까지 말하고는 싱긋 웃었다.

"너, ω의 왈츠가 보이니?"

피보나치 수열과 생성함수

우리가 아는 한, 수열을 다루는 제일 강력한 방법은
대상이 되는 수열을 생성하는 무한급수를 조종하는 것이다.
_그레이엄, 커누스, 파타슈닉, 『구체 수학: 컴퓨터과학의 기초를 다지는 단단한 수학』

1. 도서실

고등학교 2학년의 가을. 나는 방과 후 도서실에서 테트라에게 수학을 가르치고 있었다. 간단한 식의 전개였다.

$$\begin{aligned}(a+b)(a-b) &= (a+b)a-(a+b)b \\ &= aa+ba-ab-bb \\ &= a^2-b^2\end{aligned}$$

나는 식 $(a+b)(a-b)$를 a^2-b^2으로 전개해서 보여 준 다음, '합과 차의 곱은 제곱의 차'라고 외우면 된다고 설명했다. 그녀는 "잘 알겠어요. 선배의 설명을 들으면 조각나 있던 지식들이 하나로 맞춰지는 듯한 느낌이 들어요" 하고 말했다.

그때 미르카가 갑자기 끼어들었다. 그녀는 우리가 있는 곳으로 곧장 와서는 테트라가 앉아 있는 의자를 힘껏 걷어찼다. 엄청난 소리에 놀란 학생들의 시선이 일제히 모아졌다. 깜짝 놀란 테트라는 자리에서 일어나 미르카를 바라보더니 도서실을 나가 버렸다. 나는 일어선 채로 아무 말도 못 하고 테트라를 눈으로 좇았다.

미르카는 아무 일도 없었다는 듯 의자를 세우고는 앉아서 노트를 보았다. 그리고 서 있는 내 소매를 쭉쭉 잡아당겼다. 내가 앉자 미르카는 말했다.

"수식 전개야?"

후배가 질문해 와서 가르쳐 주고 있었던 거라고 나는 말했다.

미르카는 "흐응" 하더니 내 손에서 샤프를 빼앗아 빙글 돌렸다. 그러더니 "있잖아, 오늘은 패턴 찾기 하자" 하고 말했다.

패턴 찾기

제일 먼저, $(1+x)(1-x)$의 전개부터. 이건 $(a+b)(a-b)$의 특수한 경우지만.

$$\begin{aligned}(1+x)(1-x) &= (1+x)\cdot 1-(1+x)\cdot x \\ &= (1+x)-(x+x^2) \\ &= 1+\underbrace{(x-x)}_{\text{지워진다}}-x^2 \\ &= 1-x^2\end{aligned}$$

다음엔 식 $(1+x)(1-x)$에서 $(1+x)$를 $(1+x+x^2)$로 바꿔 보는 거야.

$$\begin{aligned}(1+x+x^2)(1-x) &= (1+x+x^2)\cdot 1-(1+x+x^2)\cdot x \\ &= (1+x+x^2)-(x+x^2+x^3) \\ &= 1+\underbrace{(x-x)}_{\text{지워진다}}+\underbrace{(x^2-x^2)}_{\text{지워진다}}-x^3 \\ &= 1-x^3\end{aligned}$$

패턴이 드러나지? 양 끝 항만 남고, 가운데 항들은 모두 없어지지. 쓰면서 계산하면 더 이해하기 쉬워. 예를 들어 $(1+x+x^2+x^3)(1-x)$는 다음과 같아. 양 끝 항만 남는 형태, 알겠지?

$$
\begin{array}{r}
1+x+x^2+x^3 \\
\times \qquad\qquad 1-x \\
\hline
-x-x^2-x^3-x^4 \\
1+x+x^2+x^3 \qquad \\
\hline
1 \qquad\qquad\qquad -x^4
\end{array}
$$

일반적으로 써 보자. n을 0 이상의 정수라 하면 다음과 같아져.

$$
\begin{aligned}
(1)(1-x)&=1-x^1 \\
(1+x)(1-x)&=1-x^2 \\
(1+x+x^2)(1-x)&=1-x^3 \\
(1+x+x^2+x^3)(1-x)&=1-x^4 \\
(1+x+x^2+x^3+x^4)(1-x)&=1-x^5 \\
&\vdots \\
(1+x+x^2+x^3+x^4+\cdots+x^n)(1-x)&=1-x^{n+1}
\end{aligned}
$$

◆◆◆

역시…… 하고 나는 생각했다. 하지만 그렇게 재미있지는 않았다. 흔한 식의 전개와 일반화다. 그보다 아까 의자가 걷어차여 나가 버린 테트라는 어떻게 되었을까, 하고 나는 생각했다. 미르카는 "여기까진 너무 뻔하지?"라며 이야기를 계속했다.

등비수열의 합

다음엔 어느 쪽으로 갈까? 좀 전의 식을 다시 한번 써 볼게.

$$(1+x+x^2+x^3+x^4+\cdots+x^n)(1-x)=1-x^{n+1}$$

여기서 양변을 $1-x$로 나눠. 0으로 나누지 않도록 $1-x\neq0$이라고 가정하고 말이야.

$$1+x+x^2+x^3+x^4+\cdots+x^n=\frac{1-x^{n+1}}{1-x}$$

아까는 '곱을 구하는 공식' 같았지만 이번엔 '합을 구하는 공식'으로 보이지? 실제로 이건 등비수열의 합의 공식이야. 엄밀하게 말하면, 제0항이 1이고, 공비가 x인 등비수열. 그러니까 $\langle 1,\ x,\ x^2,\ x^3,\ \cdots,\ x^n,\ \cdots \rangle$이라는 수열의 0항부터 n항까지의 합이지.

자, 다음엔 어디로 갈까?

◆◆◆

나는 등비수열의 무한급수를 생각하는 게 순서라고 말했다. n항까지의 유한합에서 그만두는 것이 아니라 무한합까지 해 보는 거다. 미르카는 생긋 웃으며 "그렇지" 하고 대답했다.

무한급수로

무한급수를 생각해 보자.

무한급수 $1+x+x^2+x^3+\cdots$은 등비수열의 부분합,

$$1+x+x^2+x^3+\cdots+x^n=\frac{1-x^{n+1}}{1-x}$$

의 극한으로 정의돼.

x의 절댓값이 1보다 작을 때, 즉 $|x|<1$이라는 조건은 $n\to\infty$이라면 $x^{n+1}\to 0$이 되니까 다음 식이 성립해.

$$1+x+x^2+x^3+\cdots=\frac{1}{1-x}$$

이렇게 해서 무한급수를 구했어. $|x|<1$이라는 조건은 $n\to\infty$일 때 x^{n+1}을 0으로 만들기 위해 필요해.

등비수열의 무한급수(등비급수의 공식)

$$1+x+x^2+x^3+\cdots=\frac{1}{1-x}$$

단, 초항이 1이고, 공비는 x, $|x|<1$이다.

있잖아, 재미있다는 생각 안 들어? 좌변은 무한하게 계속되는 수열의 합이고 항이 무수하게 많으니까 모든 항을 쓸 수가 없어. 그런데 우변은 분수 하나야. 무수한 항의 합을 하나의 분수로 정리하다니, 너무 멋지지 않아?

◆◆◆

창밖은 벌써 어두워져 있었다. 도서실에 남아 있는 사람은 나와 미르카뿐이었다. 미르카는 신난 듯 내 반응도 기다리지 않고 "이제 생성함수로 넘어가자"라고 말했다.

생성함수로

이제부턴 수렴 조건은 생략할 거야. 우선 좀 전에 본 등비수열의 무한급수를 x의 함수로 보자.

$$1+x+x^2+x^3+\cdots$$

이제 이 함수의 n개 항의 계수에 주목하기 위해 계수를 명시적으로 써 볼게.

$$\underline{1}x^0+\underline{1}x^1+\underline{1}x^2+\underline{1}x^3+\cdots$$

이렇게 각 계수는 $\langle 1, 1, 1, 1, \cdots\rangle$이라는 무한 수열이 되어 있지. 그럼 이런 대응을 생각할 수 있어.

$$\text{수열} \longleftrightarrow \text{함수}$$
$$\langle 1, 1, 1, 1, \cdots\rangle \longleftrightarrow 1+x+x^2+x^3+\cdots$$

즉, $\langle 1, 1, 1, 1, \cdots \rangle$이라는 수열과 $1+x+x^2+x^3+\cdots$라는 함수를 동일시 한다는 거야. $1+x+x^2+x^3+\cdots=\frac{1}{1-x}$이니까 이렇게 바꿔도 좋아.

$$\text{수열} \longleftrightarrow \text{함수}$$
$$\langle 1, 1, 1, 1, \cdots \rangle \longleftrightarrow \frac{1}{1-x}$$

수열과 함수의 대응을 다음과 같이 일반화할 수도 있어.

$$\text{수열} \longleftrightarrow \text{함수}$$
$$\langle a_0, a_1, a_2, a_3, \cdots \rangle \longleftrightarrow a_0+a_1x+a_2x^2+a_3x^3+\cdots$$

이렇게 수열에 대응되는 함수를 **생성함수**라고 해. 흩어진 무수한 항을 하나의 함수로 정리한 거야. 생성함수는 x의 제곱의 무한합, 즉 멱급수로 정의돼.

◆◆◆

미르카가 잠시 말을 멈추었다. 그러더니 미간을 살짝 찡그린 채 눈을 감는다. 천천히 호흡을 하면서 무언가 깊이 생각하는 모양이었다.

나는 방해가 되지 않게 가만히 미르카를 바라보았다. 예쁜 입술. 수열과 대응된 함수. 금속 테 안경. 등비수열의 무한급수, 그리고 생성함수.

미르카가 천천히 눈을 떴다.

"지금 주어진 수열에 대응하는 생성함수…… 생각해 봤어?" 하고는 다정한 목소리로 말하기 시작했다.

"만약, 생성함수로 닫힌 식을 구할 수 있다면 그 닫힌 식과 수열도 대응시킬 수 있어."

"그래서 조금 생각해 봤는데……." 미르카의 목소리가 점점 작아졌다. 마치 다른 사람에게 들켜서는 안 될 보물 장소를 말하려는 것처럼 얼굴을 내 쪽으로 가까이 댔다. 옅은 시트러스 향이 났다.

"지금부터 두 나라를 왔다 갔다 해 볼까 하고."

미르카가 속삭였다.

나는 비밀스러운 말을 놓치지 않으려고 바짝 귀를 기울였다. 두 나라?

"나는 수열을 잡고 싶어. 하지만 직접 잡기란 힘들지. 그럴 땐 일단 '수열의 나라'에서 '생성함수의 나라'로 건너가는 거야. '생성함수의 나라'를 횡단한 다음 '수열의 나라'로 돌아오는 거지. 그럼 수열을 붙잡을 수 있지 않을까……."

"퇴실 시간입니다."

커다란 소리가 들려와 우리는 깜짝 놀랐다. 얼굴을 맞대고 이야기에 열중하다가 등 뒤에 사서 미즈타니 선생님이 서 있는 줄도 몰랐던 것이다.

수열과 생성함수의 대응

$$\text{수열} \longleftrightarrow \text{생성함수}$$

$$\langle a_0, a_1, a_2, \cdots \rangle \longleftrightarrow a_0 + a_1 x + a_2 x^2 + \cdots$$

2. 피보나치 수열을 잡아라

우리는 근처 카페로 자리를 옮겨 음료를 주문하고 수열에 대한 얘기를 계속했다. 수열을 잡다니, 대체 무슨 말이지? 두 나라라니, 무슨 소리야? 내 질문에 미르카는 안경을 조금 만지작거리면서 "그렇지?" 하고 이야기를 시작했다.

피보나치 수열

조금 비유가 지나쳤나? '두 나라를 오가며 수열을 잡자'는 건 '**생성함수를 이용해서 수열의 일반항을 구하자**'는 말이야.

지금부터 여행 지도를 그려 볼게. 우선 수열에 대응하는 생성함수를 구해. 그다음 그 생성함수를 변형시켜서 닫힌 식을 만들어. 그리고 그 닫힌 식을 멱급수로 전개해서 수열의 일반항을 구하는 거야. 즉, 생성함수를 거쳐서 수열의 일반항을 발견하자는 얘기야.

<생성함수를 이용해서 수열의 일반항 구하기> 여행 지도

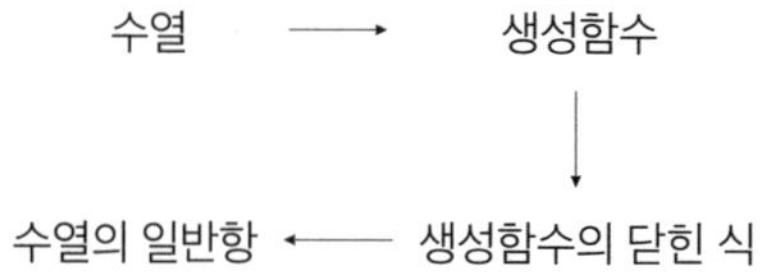

수열 ⟶ 생성함수

↓

수열의 일반항 ⟵ 생성함수의 닫힌 식

수열의 예로 **피보나치 수열**을 생각해 보자. 피보나치 수열은 알지?

$$\langle 0,\ 1,\ 1,\ 2,\ 3,\ 5,\ 8,\ \cdots \rangle$$

이건 인접한 두 항을 더해서 다음 항을 구하는 수열이야.

$$0,\ 1,\ 0+1=1,\ 1+1=2,\ 1+2=3,\ 2+3=5,\ 3+5=8,\ \cdots$$

1부터 시작하는 경우도 있는데, 여기서는 0부터 시작해 보자.

피보나치 수열의 일반항을 F_n이라고 하자. F_0은 0과 같고, F_1은 1과 같고, $n \geqq 2$일 때 $F_n = F_{n-2} + F_{n-1}$이 돼. 여기서 F_n은 이른바 **귀납적 형태**로 정의할 수 있어.

피보나치 수열의 귀납적 정의

$$F_n = \begin{cases} 0 & (n=0) \\ 1 & (n=1) \\ F_{n-2}+F_{n-1} & (n \geqq 2) \end{cases}$$

이 정의에는 '인접한 두 항을 더한 값이 다음 항이 된다'는 피보나치 수열의 성질이 확실히 나타나 있어. 또 $F_0, F_1, F_2, \cdots$처럼 피보나치 수열을 순서대로 계산해서 구할 수도 있지. 하지만 F_n은 '**n에 대해 닫힌 식**'으로 표현되지는 않아. 여기서 F_n은 n을 쓴 직접적인 식은 아니라는 이야기지. 이게 내가 말하는 '수열을 잡을 수 없는' 상태야.

지금 '피보나치 수열의 제1000항은 무엇인가?'라는 질문을 받았다고 쳐. 그럼 F_0+F_1로 F_2를 구하고, F_1+F_2로 F_3을 구하고, …… 이런 계산을 반복해서 마지막에는 $F_{998}+F_{999}$로 겨우 F_{1000}을 구한다면 말이 돼. 귀납적으로 피보나치 수 F_n을 구하려면 $n-1$번 계산해야 되는 거야. 이건 너무 지루하잖아? 난 F_n을 'n에 대해 닫힌 식'으로 나타내고 싶은 거야. 'n에 대해 닫힌 식'이란 건 쉽게 말해서 '잘 알려진 연산을 유한 번 반복하여 얻을 수 있는 식'을 말해.

즉, 나는 F_n을 'n에 대해 닫힌 식'으로 명명하고 피보나치 수열을 붙잡고 싶은 거야.

문제 4-1 피보나치 수열의 일반항 F_n을 'n에 대해 닫힌 식'으로 나타내라.

피보나치 수열의 생성함수

그럼 피보나치 수열에 대응하는 생성함수를 $F(x)$라고 부르자. 다음과 같은 대응 관계가 있다고 하자고.

$$\text{수열} \longleftrightarrow \text{생성함수}$$
$$\langle F_0, F_1, F_2, F_3, \cdots \rangle \longleftrightarrow F(x)$$

$F(x)$는 x^n항의 계수를 F_n이라고 하면 이렇게 구체적으로 쓸 수 있어. 이걸로 우리는 생성함수의 나라로 왔다고 할 수 있지.

$$\begin{aligned} F(x) &= F_0x^0 + F_1x^1 + F_2x^2 + F_3x^3 + F_4x^4 + \cdots \\ &= 0x^0 + 1x^1 + 1x^2 + 2x^3 + 3x^4 + \cdots \end{aligned}$$

$$= \qquad x + \quad x^2 + 2x^3 + 3x^4 + \cdots$$

이제 함수 $F(x)$의 성질을 알아낼 거야. 함수 $F(x)$의 계수 F_n은 피보나치 수열이니까, 이걸 잘 살리면 함수 $F(x)$에 대해 재미있는 성질을 알 수 있을 것 같아.

피보나치 수열의 성질은 뭐지? 물론 $F_n = F_{n-2} + F_{n-1}$이지. 이걸 잘 활용해 보자고. F_{n-2}, F_{n-1}, F_n이라는 계수는 $F(x)$ 식에서 이렇게 튀어나오지.

$$F(x) = \cdots + \underline{F_{n-2}x^{n-2}} + \underline{F_{n-1}x^{n-1}} + \underline{F_n x^n} + \cdots$$

계수 F_{n-2}와 F_{n-1}을 더했는데 x의 차수가 달라서 더하기가 성립되지 않아. 자, 어떡할래?

◆◆◆

미르카는 나를 보았다. 으음. 확실히 차수가 다르면 더하지 못한다. 동류항이 아니니까 정리하지 못하는 거다. 원래 수열과 생성함수를 대응시킬 수 있는 것은 x의 차수를 달리해서 계수가 섞이지 않도록 하기 때문 아닌가? 수열과 생성함수를 대응시키면 뭔가 정말 재미있는 일이 일어나려나?

급기야 미르카는 "답은 간단해"라며 설명하기 시작했다.

닫힌 식을 구하라

x의 차수가 다르다면 다른 부분은 x를 곱해 주면 돼. 곱하기를 하면 지수의 덧셈이 되지. 이른바 지수 법칙이야.

$$x^{n-2} \cdot x^2 = x^{n-2+2} = x^n$$

예로 $F_{n-2}x^{n-2}$에 x^2을 곱하면 $F_{n-2}x^n$이 되지. 이렇게 곱하기를 해 주면 모두 x^n으로 정리할 수 있어. 전체적으로 정리하기 위해서 1을 x^0이라고 표시해 봤어.

$$\begin{cases} F_{n-2}x^{n-2}\cdot x^2 = F_{n-2}x^n \\ F_{n-1}x^{n-1}\cdot x^1 = F_{n-1}x^n \\ F_{n-0}x^{n-0}\cdot x^0 = F_{n-0}x^n \end{cases}$$

이걸로 함수 $F(x)$에 대한 피보나치 수열을 귀납적으로 정의한 식을 쓸 수 있게 되었어. $F(x)$에 x^2, x^1, x^0을 각각 곱한 식을 써서 관찰해 보자구.

$$
\begin{aligned}
\text{식 A} : F(x)\cdot x^2 &= \qquad\qquad\qquad\qquad F_0x^2+F_1x^3+F_2x^4+\cdots \\
\text{식 B} : F(x)\cdot x^1 &= \qquad\quad F_0x^1+F_1x^2+F_2x^3+F_3x^4+\cdots \\
\text{식 C} : F(x)\cdot x^0 &= F_0x^0+F_1x^1+F_2x^2+F_3x^3+F_4x^4+\cdots
\end{aligned}
$$

이걸로 차수가 모두 정리되었어. 식 A, B, C를 써서 계산해 보자. 그러면 동류항 계수에 대해 F_n의 점화식을 쓸 수 있는 형태로 바꿀 수 있어.

$$\text{식 A} + \text{식 B} - \text{식 C}$$

이 계산을 하면 좌변은 이렇게 돼.

$$
\begin{aligned}
(\text{좌변}) &= F(x)\cdot x^2 + F(x)\cdot x^1 - F(x)\cdot x^0 \\
&= F(x)\cdot(x^2+x^1-x^0)
\end{aligned}
$$

그리고 우변은 이렇게 되지.

$$
\begin{aligned}
(\text{우변}) = {} & F_0x^1 - F_0x^0 - F_1x^1 \\
& + (F_0+F_1-F_2)\cdot x^2 \\
& + (F_1+F_2-F_3)\cdot x^3 \\
& + (F_2+F_3-F_4)\cdot x^4 \\
& + \cdots
\end{aligned}
$$

$$+(F_{n-2}+F_{n-1}-F_n)\cdot x^n$$
$$+\cdots$$

우변은 처음 $F_0 x^1 - F_0 x^0 - F_1 x^1$을 남기고 나머지는 모두 지워져. 왜냐하면 피보나치 수열의 점화식에서 $F_{n-2}+F_{n-1}-F_n$은 0과 같으니까 깨끗이 지워지지.

이제 x^0과 x^1이 지루하게 반복되는 방식 말고 1과 x로 쓸 거야. 그리고 $F_0=0$이랑 $F_1=1$도 써 보자. 그럼 이런 식을 구할 수 있어.

$$F(x)\cdot(x^2+x-1)=-x$$

양변을 x^2+x-1로 나눠서 정리하면 $F(x)$의 닫힌 식을 구할 수 있어. 이게 바로 $F(x)$의 실체야.

$$F(x)=\frac{x}{1-x-x^2}$$

피보나치 수열의 생성함수가 이렇게 간단한 닫힌 식이 되다니 멋지지 않아? 이 식에는 무한히 반복되는 피보나치 수열의 정보가 전부 압축되어 있는 거라구! 정말 깔끔하게 말이야.

$$\langle 0, 1, 1, 2, 3, 5, 8, \cdots\rangle \longleftrightarrow \frac{x}{1-x-x^2}$$

피보나치 수열의 생성함수 $F(x)$의 닫힌 식

$$F(x)=\frac{x}{1-x-x^2}$$

무한급수로 나타내자

우리는 피보나치 수열의 생성함수 $\mathrm{F}(x)$에 대해 생각해 봤지. $\mathrm{F}(x)$의 닫힌 식을 x의 무한급수로 나타낸다고 하면, 그 n차 항의 계수는 F_n이 될 거야.

그럼 다음 목표는,

$$\frac{x}{1-x-x^2}$$

을 어떻게든 x의 무한급수로 나타내는 거야.

분수 형태인 식을 다음과 같이 x의 무한급수로 바꾼 적이 있었지?

$$\frac{1}{1-x}=1+x+x^2+x^3+\cdots$$

그렇다면 $\frac{x}{1-x-x^2}$를 어떻게든 변형해서 $\frac{1}{1-x}$의 닮은꼴로 만들 수는 없을까? 그게 가능하다면 우리는 생성함수의 나라에서 수열의 나라로 돌아올 수 있어. 피보나치 수열의 일반항이라는 기념품을 들고 말이야. 어때?

미르카는 내 눈을 지그시 바라보았다. 그렇구나. 이다음엔 생성함수 $\mathrm{F}(x)$를 무한급수의 형태로 나타내면 피보나치 수열의 일반항을 구하게 되는 거구나. 나는 생성함수의 형태를 뚫어지게 쳐다보았다. 구조를 파악해야 한다.

$$\mathrm{F}(x)=\frac{x}{1-x-x^2}$$

분모인 $1-x-x^2$은 이차식이다. 우선 $1-x-x^2$를 인수분해해 볼까? 나는 노트에 써 가며 계산을 시작했다. 미르카는 나를 잠자코 기다렸다.

미지수 r, s가 있고, $1-x-x^2$을 다음과 같이 인수분해했다고 치자.

$$1-x-x^2=(1-rx)(1-sx)$$

위와 같이 인수분해를 했다면 다음과 같은 분수의 덧셈으로 통분했을 때 분모가 $1-x-x^2$으로 떨어지게 된다.

$$\begin{aligned}\frac{1}{1-rx}+\frac{1}{1-sx}&=\frac{\text{어떤 수}}{(1-rx)(1-sx)}\\&=\frac{\text{어떤 수}}{1-x-x^2}\end{aligned}$$

이 식을 계산하고 $\frac{x}{1-x-x^2}$가 되게끔 r, s를 정하면 된다. 계산해 보자.

$$\begin{aligned}\frac{1}{1-rx}+\frac{1}{1-sx}&=\frac{1-sx}{(1-rx)(1-sx)}+\frac{1-rx}{(1-rx)(1-sx)}\\&=\frac{2-(r+s)x}{1-(r+s)x+rsx^2}\\&=\cdots\end{aligned}$$

으음…… 분모 $1-(r+s)x+rsx^2$ 쪽은 r, s를 잘 선택하면 $1-x-x^2$이 될 것도 같은데. 그런데 분자 $2-(r+s)x$는 x로 만들 수가 없군. 상수항 2가 지워지지 않기 때문이다. 아깝지만 안 된다. 분하다…….

내가 끙끙거리자, 미르카는 "이러면 잘 될거야"라고 말했다.

해결

분자에도 매개변수를 넣는 거야. 즉, R, S, r, s라는 미지의 정수를 네 개 도입하면 이런 식을 써 볼 수 있지.

$$\frac{\mathrm{R}}{1-rx}+\frac{\mathrm{S}}{1-sx}$$

이제 계산하는 거야.

$$\frac{\mathrm{R}}{1-rx}+\frac{\mathrm{S}}{1-sx}=\frac{\mathrm{R}(1-sx)}{(1-rx)(1-sx)}+\frac{\mathrm{S}(1-rx)}{(1-rx)(1-sx)}$$

$$=\frac{(R+S)-(rS+sR)x}{1-(r+s)x+rsx^2}$$

다음 식이 성립되게끔 네 개의 정수 R, S, r, s를 정하면 돼.

$$\frac{(R+S)-(rS+sR)x}{1-(r+s)x+rsx^2}=\frac{x}{1-x-x^2}$$

양변을 비교해서 다음처럼 연립방정식을 풀면 된다는 말이야.

$$\begin{cases} R+S & =0 \\ rS+sR & =-1 \\ r+s & =1 \\ rs & =-1 \end{cases}$$

네 개의 미지수에 네 개의 독립된 식. 이 연립방정식을 풀어 보자고. 여기서부턴 손 운동에 불과해.

우선은 R과 S를 r과 s로 나타내 보자.

$$R=\frac{1}{r-s},\quad S=-\frac{1}{r-s}$$

이렇게 F(x)를 무한급수로 나타낼 수 있는 실마리가 잡혔어. r, s는 나중에 구하기로 하고 계속 계산해 보자고.

$$\begin{aligned} F(x)&=\frac{x}{1-x-x^2} \\ &=\frac{x}{(1-rx)(1-sx)} \\ &=\frac{R}{1-rx}+\frac{S}{1-sx} \end{aligned}$$

여기서 $R=\frac{1}{r-s}$, $S=-\frac{1}{r-s}$을 쓰는 거야.

$$=\frac{1}{r-s}\cdot\frac{1}{1-rx}-\frac{1}{r-s}\cdot\frac{1}{1-sx}$$
$$=\frac{1}{r-s}\left(\frac{1}{1-rx}-\frac{1}{1-sx}\right)$$

거기다 여기에 $\frac{1}{1-rx}=1+rx+r^2x^2+r^3x^3+\cdots$이랑 $\frac{1}{1-sx}=1+sx+s^2x^2+s^3x^3+\cdots$를 쓰는 거야.

$$=\frac{1}{r-s}\Big((1+rx+r^2x^2+r^3x^3+\cdots)$$
$$-(1+sx+s^2x^2+s^3x^3+\cdots)\Big)$$
$$=\frac{1}{r-s}\Big((r-s)x+(r^2-s^2)x^2+(r^3-s^3)x^3+\cdots\Big)$$
$$=\frac{r-s}{r-s}x+\frac{r^2-s^2}{r-s}x^2+\frac{r^3-s^3}{r-s}x^3+\cdots$$

정리하면 이렇게 되지.

$$\mathrm{F}(x)=\underbrace{0}_{\mathrm{F}_0}+\underbrace{\frac{r-s}{r-s}}_{\mathrm{F}_1}x+\underbrace{\frac{r^2-s^2}{r-s}}_{\mathrm{F}_2}x^2+\underbrace{\frac{r^3-s^3}{r-s}}_{\mathrm{F}_3}x^3+\cdots$$

이걸로 피보나치 수열의 일반항을 r, s로 나타냈어.

$$\mathrm{F}_n=\frac{r^n-s^n}{r-s}$$

이러면 r, s만 구하면 돼. r이랑 s의 연립방정식은 이거였지?

$$\begin{cases} r+s = 1 \\ rs = -1 \end{cases}$$

보통 연립방정식으로 푸는 것도 괜찮지만, 더하면 1이고 곱하면 -1인 두 개의 수 r, s는, 방정식 $x^2-(r+s)x+rs=0$의 근이잖아? 이른바 '이차방정식의 근과 계수의 관계'인 거지. 왜냐하면 이렇게 인수분해를 할 수 있으니까.

$$x^2-(r+s)x+rs=(x-r)(x-s)$$

그러니까 $r+s=1$, $rs=-1$에서 $x=r$, s는 다음 이차방정식의 근이 되는 거야.

$$x^2-(r+s)x+rs=x^2-x-1=0$$

이차방정식의 근의 공식을 쓰면 이런 근을 구할 수 있지.

$$x=\frac{1\pm\sqrt{5}}{2}$$

가령 $r>s$라면,

$$\begin{cases} r=\dfrac{1+\sqrt{5}}{2} \\ s=\dfrac{1-\sqrt{5}}{2} \end{cases}$$

$r-s=\sqrt{5}$이니까,

$$\frac{r^n-s^n}{r-s}=\frac{1}{\sqrt{5}}\left(\left(\frac{1+\sqrt{5}}{2}\right)^n-\left(\frac{1+\sqrt{5}}{2}\right)^n\right)$$

따라서 피보나치 수열의 일반항 F_n은 다음과 같지.

$$F_n=\frac{1}{\sqrt{5}}\left(\left(\frac{1+\sqrt{5}}{2}\right)^n-\left(\frac{1-\sqrt{5}}{2}\right)^n\right)$$

그럼, 이것으로 하나 해결!

풀이 4-1 피보나치 수열의 일반항

$$F_n = \frac{1}{\sqrt{5}}\left(\left(\frac{1+\sqrt{5}}{2}\right)^n - \left(\frac{1-\sqrt{5}}{2}\right)^n\right)$$

3. 되돌아보다

나는 납득할 수 없었다. 이 식은 정말로 맞는 걸까? 피보나치 수열은 전부 정수인데. 일반항에 $\sqrt{5}$가 나오다니 이해가 되지 않았다.

흡족한 표정으로 완전히 식어 버린 커피를 마시던 미르카는 나의 의문에 "다시 확인해 보지?" 하고 말했다.

자, $n=0, 1, 2, 3, 4$로 검산해 보자.

$$F_0 = \frac{1}{\sqrt{5}}\left(\left(\frac{1+\sqrt{5}}{2}\right)^0 - \left(\frac{1-\sqrt{5}}{2}\right)^0\right) = \frac{0}{\sqrt{5}} = 0$$

$$F_1 = \frac{1}{\sqrt{5}}\left(\left(\frac{1+\sqrt{5}}{2}\right)^1 - \left(\frac{1-\sqrt{5}}{2}\right)^1\right) = \frac{\sqrt{5}}{\sqrt{5}} = 1$$

$$F_2 = \frac{1}{\sqrt{5}}\left(\left(\frac{1+\sqrt{5}}{2}\right)^2 - \left(\frac{1-\sqrt{5}}{2}\right)^2\right) = \frac{4\sqrt{5}}{4\sqrt{5}} = 1$$

$$F_3 = \frac{1}{\sqrt{5}}\left(\left(\frac{1+\sqrt{5}}{2}\right)^3 - \left(\frac{1-\sqrt{5}}{2}\right)^3\right) = \frac{16\sqrt{5}}{8\sqrt{5}} = 2$$

$$F_4 = \frac{1}{\sqrt{5}}\left(\left(\frac{1+\sqrt{5}}{2}\right)^4 - \left(\frac{1-\sqrt{5}}{2}\right)^4\right) = \frac{48\sqrt{5}}{16\sqrt{5}} = 3$$

0, 1, 1, 2, 3으로 확실히 피보나치 수열이 된다. 아, 그렇구나. 실제로 n을 넣어 계산하니까 분자와 분모로 $\sqrt{5}$가 약분되는구나!

정말 굉장한걸. 나도 커피를 마시면서 오늘 해낸 것을 다시 생각해 보았다. 우리는 피보나치 수열의 일반항(즉, n에 대해 닫힌 식)을 구하려고 했다. 나는 이런 순서로 풀어냈다.

(1) 피보나치 수열 F_n을 계수로 갖는 생성함수 $F(x)$를 생각한다.

(2) 함수 $F(x)$의 닫힌 식(여기서는 x에 대한 닫힌 식)을 구한다. 이때 피보나치 수열을 귀납적으로 정의한 식을 썼다.
(3) 함수 $F(x)$의 닫힌 식을 무한급수의 형태로 나타낸다. 이때 x^n의 계수는 피보나치 수열의 일반항이다.

즉, 수열을 계수로 가진 함수(생성함수)를 써서 '수열을 잡은' 것이다. 정말 멀고 먼 여정이었군…….

'피보나치 수열의 일반항 구하기' 여행 지도

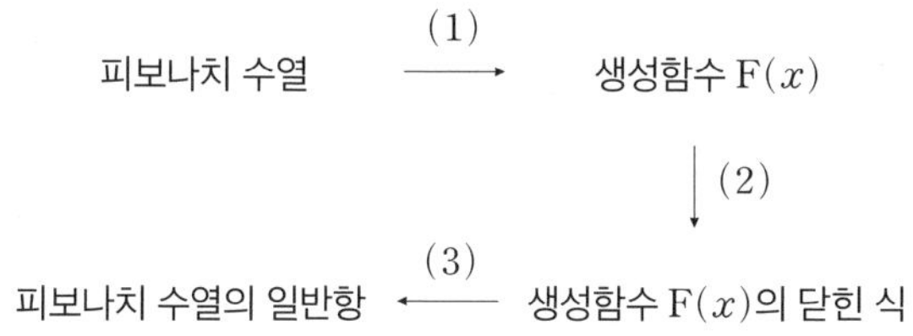

$$\begin{array}{ccc} \text{피보나치 수열} & \xrightarrow{(1)} & \text{생성함수 } F(x) \\ & & \downarrow (2) \\ \text{피보나치 수열의 일반항} & \xleftarrow{(3)} & \text{생성함수 } F(x)\text{의 닫힌 식} \end{array}$$

미르카가 이야기하기 시작했다. "생성함수는 수열을 다루는 강력한 방법이야. 왜냐하면 우리가 알고 있는 함수의 해석 기법이 생성함수의 나라를 여행할 때 도움이 되기 때문이지. 함수로 다져진 기술이 수열 연구에 보탬이 돼."

미르카의 말을 듣고 있자니 다른 것이 걱정됐다. 무한급수를 계산할 때 덧셈의 순서를 바꾸면 안 되는 거 아니었니? 문제 없는 거지? 미르카…….

"조건을 확실히 밝혀 두지 않으면 안 되긴 하지만…… 이번에는 괜찮아. 생성함수를 써서 찾아냈다는 건 비밀로 해 두고, 튀어나온 일반항을 수학적 귀납법으로 증명해 버리면 되니까."

미르카는 가뿐한 표정으로 말했다.

길고 긴 식을 전개한 이유는 생성함수라는 중요한 방법을 써서
우선 등식을 발견하는 방법부터 보여 주기 위해서다.
_커누스, 『컴퓨터 프로그래밍의 예술』

산술평균과 기하평균의 관계

모든 창조의 기쁨은 이미 이루어진 것들의
경계선상에서 놀며 얻어지는 것이다.
_호프스태터, 『초마법적 주제』

1. 별관 로비에서

다음 날.

방과 후 나는 서둘러 교정의 가로수 길로 향했다. 잰걸음으로 걸으면서 주머니에서 쪽지를 꺼내 다시 한번 읽어 본다. 딱 한 줄이 적혀 있었다.

오늘 방과 후에 별관 로비에서 기다릴게요. 테트라.

가로수 길을 빠져나와 별관 로비에 도착했을 때, 테트라가 입구에 서서 나를 기다리고 있었다.

테트라는 내 얼굴을 보자마자 머리를 숙였다.

"죄송했어요. 어제는, 저기……."

"아니, 사과는 내가 해야지. 어쨌든 안으로 들어가자. 여기는 너무 추워."

로비는 휴식 공간이다. 매점이 있고 여기저기 의자와 테이블이 놓여 있어 자유롭게 이야기를 나눌 수 있다. 오늘은 그다지 사람이 많지 않았다. 위층에는 문과와 예능 계열 동호회실이 자리 잡고 있다. 누군가가 연습 중인지 플루트 소리가 들려왔다.

자판기에서 커피를 뽑아 적당한 자리에 앉았다. 테트라는 맞은편에 앉았다.

한 학년 후배인 테트라는 같은 중학교를 나왔지만 마주친 적은 없었다.

"저…… 어젠 정말 깜짝 놀라서 아무 말도 못 하고 그냥 나왔어요. 죄송해요." 테트라는 깊이 머리를 숙였다.

"아니, 나도 미안. 그러니까 그, 여러 가지로……."

테트라는 긴장한 표정으로 나를 보았다. 크고 동그란 눈, 가녀린 체구. 도토리를 갉아 먹는 다람쥐 같다. 포송포송하고 커다란 꼬리가 어울릴 것 같은 모습. 나는 미소 지었다.

"어, 저, 선배. 서, 서, 선배는, 그분과 사, 사귀세요?"

"사, 사귀는 사이냐고?"

"아뇨, 저 그, 그분이 여자 친구인가 해서요."

"아, 미르카? 아니, 딱히 그런 관계는 아닌데……."

미르카.

나는 그녀를 떠올리며 마음속에서 무언가를 확인했다. 음, 사귀는 사이는 아니지.

"그런데, 제가 뻔뻔스럽게 선배 옆에 앉아서, 그……그러신 것 같아요."

테트라는 내 안색을 살피면서 말했다.

"그리고 저어…… 만약 폐가 되지 않는다면…… 앞으로도 수학을 가르쳐 주셨으면 좋겠는데……."

"응, 좋아. 질문이 있다면 언제든지, 지금처럼. 잠깐, 그럼 이 쪽지에 적힌 용건이 그거야? 앞으로도 수학을 가르쳐 줬으면 좋겠다고?"

내가 쪽지를 보여 주자 테트라는 고개를 끄덕였다.

"나오시게 해서 죄송해요. 제가 도서실에 가면 또 어제 같은 일이……."

어제 같은 일, 또 미르카에게 당하면 분명 화가 나겠지.

"하지만 저…… 선배와 공부하는 시간에 그분이 또다시 의자를 걷어차러 오실까요?"

나는 테트라의 이상한 존댓말에 웃음을 터뜨렸다.

"미르카 말이지. 어떠려나…… 으음, 걷어차러 올지도. 그녀는 뭐랄까…… 음, 미르카에겐 내가 얘기해 둘게."

테트라는 그 말에 처음으로 미소 지었다.

2. 넘쳐나는 의문

"오래전부터 궁금했는데, 아무에게도 물어보진 못한 거라…… 어제 선배가 말했던 $(a+b)(a-b)=a^2-b^2$이라는 공식 있잖아요? 참고서를 찾아봤는데 $(x+y)(x-y)=x^2-y^2$이라고 쓴 곳도 있었어요."

"응, 그렇지. 같은 공식인데…… 신경 쓰여?"

"네. a와 b를 쓰는 것과 x와 y를 쓰는 것이 뭐가 다를까 궁금해서요."

"그렇지."

"수학에서 식이 나올 때마다 '왜 이렇게 쓰는 걸까?' 하고 생각하다 보면 앞으로 나아갈 수가 없잖아요? 선생님께 질문하려고 해도 어떻게 물어야 할지 잘 모르겠고……. 그러다가 수학이 싫어진 거라서요."

"싫어졌다고?"

"전 뭔가를 할 때 남보다 배 이상으로 시간이 걸려요. 그런데도 의문은 꼬리에 꼬리를 물고 계속 생겨나요. 게다가 전부 남들한테 묻기 힘든 것뿐이에요. 그래서 나중엔 질려서……."

"그렇구나."

"난 수학하고 안 맞는 걸까, 하고 생각했어요. 수학을 잘하는 친구에게 물어도, 내가 뭘 고민하는지 모르더라고요. '그런 거 일일이 신경 쓰지 마'라는 말만 하고요. 그렇구나, 그렇게 신경 쓰지 않아도 되는구나, 하고 내버려 두는데, 어떤 때에는 '이런 건 확실히 해 둬야 해'라는 말을 듣기도 하고요. 신경 써야 할 부분이 무엇인지 애매모호해요."

"의문을 자주 품는다는 건, 오히려 수학과 잘 맞는 거 아닐까?"

나는 말했다.

"영어라면……" 하고 테트라는 말을 계속했다. "단어의 의미를 모르면 사전을 찾으면 돼요. 이해하기 어려운 관용어는 외우면 되고요. 문법은 까다롭지만 예문과 같이 외워 버리면 돼요. 공부하면 조금씩 알게 되니까요."

'그건 문제를 단순화하는 거 아닌가?' 하고 말하고 싶었지만 말을 끊기도 그래서 가볍게 고개를 끄덕였다.

"하지만 수학은 달라요. 어떤 때에는 완벽하게 이해가 돼요. 하지만 이해가 가지 않을 때에는 전혀 모르겠어요. 중간이 없어요."

"뭐, 중간 식까지는 맞았는데 계산을 틀리는 일도 있긴 하지."

"제가 말하고 싶은 건 조금 달라요. 아, 죄송해요. 아까부터 선배 앞에서 쓸데없는 푸념만 늘어놓고 있네요. 푸념…… 푸념이 아니라, 그런 말을 하고 싶은 게 아니라요, '전 지금 정말 공부를 하고 싶다고요! 확실히 알아 가면서 공부하고 싶어요!'라고 말하고 싶었어요."

테트라는 "공부하고 싶어요!"라고 말하면서 힘껏 주먹을 쥐었다.

"저…… 이 고등학교에 들어와서 좋았어요. 나중에 할 수만 있다면 컴퓨터 관련 일을 하고 싶거든요. 어떤 방향으로 가든 수학이 필요하다고 생각해요. 그래서 열심히 공부하고 싶어요."

테트라는 힘차게 고개를 끄덕이며 말했다.

"선배는 평소 어떻게 공부를 하시나요?"

"문제를 풀 때도 있지만 그저 수식을 끄적거릴 때도 있지. 예를 들면…… 응, 그렇지. 오늘 같이 해 볼까?"

"네, 네!"

3. 부등식

테트라는 "실례해요"라면서 내 옆자리로 의자를 옮겨 내 노트를 들여다보았다. 은은하게 풍기는 달콤한 향기. 아, 미르카와는 다른 향기다. 당연하지만.

"그럼 시작할게. 우선 r을 실수라고 하자. 이때 r을 제곱한 수 r^2에 대해 뭐라고 말할 수 있을까 생각해 보자."

$$r^2$$

내 질문에 테트라는 몇 초 생각하더니 말했다.

"r^2은 2제곱이니까 0보다 커요…… 맞죠?"

"그렇지. 하지만 'r^2은 0보다 큰 수'라고 하기보다 'r^2은 0보다 크거나 같다'라고 말하는 게 맞아. 'r^2은 0보다 큰 수'라고 하면 0이 포함되지 않으니까."

"아, 그렇네요. r이 0이라면 r^2도 0이니까요. 그럼 'r^2은 0보다 크거나 같다'예요."

테트라는 납득한 듯 고개를 끄덕였다.

"그러니까 r이 어떤 실수라도 다음 **부등식**이 성립해. 알겠지?"

$$r^2 \geqq 0$$

"네? 아, 그렇네요. r이 실수라면 r^2은 0 이상이죠."

"실수 r은 양수거나 0이거나 음수야. 그리고 어떤 경우라도 제곱수는 0 이상이 돼. 그러니까 $r^2 \geqq 0$이 성립하지. 이건 'r이 실수'라는 조건일 때 주의해야 할 중요한 성질이야. 등호가 성립하는 건 $r=0$일 경우고."

"저…… 그건 당연한 거 아닌가요?"

"그렇지, 당연한 말이야. 하지만 당연한 것부터 출발하는 습관을 들이는 게 좋아."

"아, 네."

"부등식 $r^2 \geqq 0$은, 어떠한 실수 r이라도 성립돼. 이렇게 어떤 실수에 대해서도 성립하는 부등식을 **절대부등식**이라고 하지."

"절대부등식이요……."

"'어떤 수에 대해서도'라는 관점에서 보면 절대부등식과 항등식은 서로 닮았어. 절대부등식은 부등식이고, 항등식은 등식이라는 차이는 있지만 말야."

"그렇네요."

"그럼, 여기서 조금 더 나아가 보자. a와 b가 실수라고 가정해 보면 다음 부등식도 성립하게 되지. 이해가 가?"

$$(a-b)^2 \geqq 0$$

"음…… 네. $a-b$는 실수. 실수니까 제곱하면 0과 같거나 크게 되지요. ……아, 잠깐만요. 아까는 $r^2 \geqq 0$이라고 r이라는 문자를 썼었죠? 어째서 이번에는 a와 b를 쓰신 건가요? 항상 이런 데서 전 고민에 빠져 버려요. 고민하다 보면 선생님 설명은 벌써 저만큼 앞서 나가 있고요."

"아, 괜찮아. 아까 r은 실수(real number)의 머리글자야. 하지만 'x는 실수'라고 하면서 x를 써도 되고, 'ω는 실수'라고 하면서 ω를 써도 상관없어. 일반적으로는 정수일 때 a, b, c를 쓰고, 변수일 때에는 x, y, z를 쓸 때가 많으니까. 여기까진 이해가 돼?"

"네. 정말 후련해졌어요. 말을 끊어서 죄송해요. 항상 이런 문자 사용이 신경이 쓰여서요……. 하지만 $(a-b)^2 \geqq 0$에 대해서는 확실히 이해했어요."

테트라는 싱긋 웃으며 눈을 빛내고는 '그래서 다음은요?'라는 표정으로 나를 바라보았다. 정말 표정이 풍부한 여자애군. 게다가 자기가 이해할 때까지 파고드는 점도 좋다.

"그럼 다음엔 어느 쪽으로 가 볼까?"

내가 말하자 테트라는 큰 눈을 이리저리 굴리며 당황했다.

"어느 쪽이냐니…… 뭐가요?"

"아무거나. $(a-b)^2 \geqq 0$을 이해했으니까 다음엔 어떤 수식에 대해 생각하고 싶으냐는 얘기였어. 뭐라도 좋으니까 말해 봐. 아니면 써 볼래?"

샤프를 그녀에게 내밀었다.

"네…… 그럼 저, 써 볼게요."

$$
\begin{aligned}
(a-b)^2 &= (a-b)(a-b) \\
&= (a-b)a-(a-b)b \\
&= aa-ba-ab+bb \\
&= a^2-2ab+b^2
\end{aligned}
$$

"이렇게 하면 되나요?"

"응, 좋아. 그럼 이번엔 이 두 개의 식이 무엇을 말하는지를 생각해 보자."

$$(a-b)^2 \geqq 0, \quad (a-b)^2 = a^2-2ab+b^2$$

"음……."

"대단한 게 아니라도 괜찮아. 예를 들면, 모든 실수 a와 b에 대해 이렇게 말할 수 있지."

$$a^2-2ab+b^2 \geqq 0$$

"$(a-b)^2$은 0과 같거나 크니까 전개한 결과도 0과 같거나 크다는 거지? 테트라."

테트라는 수식을 보고 있다가 갑자기 고개를 들고 두세 번 눈을 깜박이더니 생긋 웃었다. 왠지 기뻐 보인다.

"네, 맞아요. ……그럼 이제 어떻게 하면 되나요?"

"응. 식을 좀 비틀어 볼 거야. 예를 들면, 항 $-2ab$를 우변으로 이항해 볼까? 이항하면 $-2ab$의 부호가 바뀌어서 $2ab$가 되지."

$$a^2+b^2 \geqq 2ab$$

"네, 알겠어요."

"그다음에 양변을 2로 나누면 이렇게 돼."

$$\frac{a^2+b^2}{2} \geqq ab$$

"네."

"이 식은 뭘까?"

"글쎄요."

"좌변을 잘 보면 $\frac{a^2+b^2}{2}$은 a^2과 b^2의 평균으로 보이지?"

"아…… 그렇네요. a^2과 b^2을 더하고 2로 나눴으니까요."

"응. 이 식의 좌변은 a^2과 b^2을 쓰고 있으니까. 여기서 난 우변의 ab도 똑같이 a^2하고 b^2을 써서 전개해 보려고 해."

"아, 네……."

"뭔가 정해진 규칙이 있는 게 아니라 마침 그런 생각이 들었다는 거야."

"네."

"다음 단계는 살짝 어려울 수 있으니까 주의해서 봐. 우변의 ab를 a^2과 b^2으로 표현하기 위해 이렇게 바꿔 보자고. 이 등식은 항상 성립하는 걸까?"

$$ab = \sqrt{a^2b^2} \qquad (?)$$

"음, 제곱을 한 다음 $\sqrt{\ }$를 씌운 거네요. 제곱을 하고 루트를 씌우면…… 도로 원점. 네, 항상 성립하는 거 같아요."

"아니, 틀렸어. 제곱을하고 $\sqrt{\ }$를 씌웠을 때 원래대로 돌아오는 건 0과 같거나 큰 수뿐이야. ab는 음수일 수도 있으니까 위 등식은 조건 없이는 성립하지 않아."

"아차차, 조건이 필요하군요."

"그렇지. 예를 들어, $a=2$와 $b=-2$를 생각해 보면 금방 알 수 있어. 좌변은 $ab=2\cdot(-2)=-4$지만, 우변은 $\sqrt{a^2b^2}=\sqrt{2^2\cdot(-2)^2}=\sqrt{16}=4$지?"

"그렇네요…… 확실히." 테트라는 내가 쓴 계산식을 하나하나 확인하면서 고개를 끄덕였다.

"그럼 여기서부터는 조건을 붙여 보자. $ab \geqq 0$이라는 조건 말야. 이 조건을 붙이면 다음 등식이 성립되지."

$$ab=\sqrt{a^2b^2} \qquad \text{단, } ab \geqq 0$$

"그럼 아까의 부등식 $\frac{a^2+b^2}{2} \geqq ab$는 이렇게 쓸 수 있지."

$$\frac{a^2+b^2}{2} \geqq \sqrt{a^2b^2} \qquad \text{단, } ab \geqq 0$$

"앗, 저어" 하고 테트라는 입을 열고는 진지한 표정으로 생각에 잠겼다.

"선배, 뭔가 이상한데요. 이 $ab \geqq 0$이라는 조건이 꼭 필요한 걸까요? 이해가 안 가요. $ab<0$일 때에도 이 부등식이 성립하는 거 아닌가요? 그러니까 예를 들어 볼게요. $a=2, b=-2$라고 하면 좌변과 우변이 이렇게 돼요."

$$(\text{좌변})=\frac{a^2+b^2}{2}=\frac{2^2+(-2)^2}{2}=4$$
$$(\text{우변})=\sqrt{a^2b^2}=\sqrt{2^2\cdot(-2)^2}=\sqrt{16}=4$$

"그러니까 (좌변)$\geqq$(우변)이 성립한다구요, 선배."

"잘 알아차렸네. 확실히 $ab \geqq 0$이라는 조건은 붙이지 않아도 될 것 같아. 어떻게 하면 좋을까?"

테트라는 또다시 생각에 잠기더니 결국엔 고개를 저었다.

"모르겠어요."

"$ab \geqq 0$이라는 조건을 없애기 위해서는 $ab<0$일 때에도 이 부등식이 성립된다는 걸 나타내면 돼."

나는 계속 말했다.

"$ab<0$일 때 a와 b 중 한쪽은 양수고, 다른 쪽은 음수가 되지. 그러니까 가령 $a>0$이고 $b<0$이라고 치자. 그리고 $c=-b$를 충족시키는 수 c에 대해서 생각해 보자. $b<0$이니까 $c>0$이 되지. $\frac{a^2+b^2}{2} \geqq ab$는 어떤 실수를 대입해도 성립하니까, a와 c와 대해서도 성립하지. 즉, 이런 식이 성립해."

$$\frac{a^2+c^2}{2} \geqq ac$$

"이 식의 좌변과 우변을 잘 봐봐."

$$
\begin{aligned}
(\text{좌변}) &= \frac{a^2+c^2}{2} \\
&= \frac{a^2+(-b)^2}{2} \qquad c=-b\text{이므로} \\
&= \frac{a^2+b^2}{2}
\end{aligned}
$$

$$
\begin{aligned}
(\text{우변}) &= ac \\
&= \sqrt{a^2c^2} \qquad ac>0\text{이므로} \\
&= \sqrt{a^2(-b)^2} \qquad c=-b\text{이니까} \\
&= \sqrt{a^2b^2}
\end{aligned}
$$

"여기서 이런 식이 성립하는 거야."

$$\frac{a^2+b^2}{2} \geqq \sqrt{a^2b^2} \qquad \text{단, } a>0,\ b<0$$

"지금까지 했던 논의는 'a가 양수이고, b가 음수'라는 것이었지만, 'a가 음수이고, b가 양수'일 때에도 똑같이 성립해. 따라서 임의의 실수 a와 b에 대해서도 다음 부등식이 성립하게 되지."

$$\frac{a^2+b^2}{2} \geqq \sqrt{a^2b^2} \qquad \text{단, } a\text{와 } b\text{는 } \textbf{임의의 실수}$$

테트라는 노트에 적힌 수식을 빤히 바라보며 생각에 잠겼다. 꽤 시간이 지난 후 그녀는 고개를 끄덕이며 얼굴을 들었다.

"알겠어요. 이해가 갔어요. ……아, 한 가지만 더요. '**임의**'라는 건 어떤 의미인가요?"

"'임의'란 '어떠한'이나 '모든'이라는 의미야. 영어로 any에 해당하지. '모든 ~에 대해'라고 표현할 때도 있지만 말야. 영어라면 'for all~'로 표현할 수 있겠지."

"아, 알겠어요. '임의의 실수'란 '어떤 실수라도'라는 의미군요."

나는 계속해서 말했다.

"자, 여기서 양변을 a^2과 b^2 식으로 나타내 봤어. a^2과 b^2에 각각 다른 이름을 붙여 보자고. a^2에는 x라는 이름을, b^2에는 y라는 이름을 붙이는 거야. 이름을 붙이는 데는 이런 정의식을 쓰지."

$$x=a^2,\ y=b^2$$

"x와 y는 실수를 제곱한 수니까 둘 다 0보다 크거나 같지. 즉, $x \geqq 0$, $y \geqq 0$이 돼. 그러면 아까 부등식은 이렇게 쓸 수 있지. 꽤나 깔끔하지? 이 식, 본 적 있어?"

$$\frac{x+y}{2} \geqq \sqrt{xy} \qquad \text{단, } x \geqq 0\text{이고 } y \geqq 0$$

"이건 알아요. 이게 **산술기하평균 부등식**이지요?"

"응, 맞았어. 부등식의 좌변이 '두 수를 더해 2로 나눈다'라는 산술평균 $\frac{x+y}{2}$이고, 우변이 '두 수를 곱해서 제곱근을 구한다'라는 기하평균 $\sqrt{xy}$지. 산술기하평균 부등식이라는 건, 산술평균은 기하평균보다 크거나 같다는 것을 말해."

"네. $r^2 \geqq 0$에서 출발해서 이런 공식이 나왔네요." 테트라가 감개무량한 듯 말했다.

"'공식'이라는 이름을 들으면 통째로 암기해야만 할 것처럼 생각되기 쉽잖아? 내가 건드려서는 안 되는 어떤 것처럼 느끼기 쉽지. 하지만 식을 변형하는 연습을 평소에 계속하다 보면 공식을 대하는 태도 자체가 점점 바뀌어 가. 점토를 만지다 보면 점점 부드러워지는 것처럼."

"아…… 공식이란 걸 스스로 만들 수도 있는 거군요."

"스스로 만들어 낸다기보다 **도출**하는 것, 수식을 이끌어 낸다는 것이지. 실은 수학 교과서나 수업에서도 이런 도출을 하고 있어. 앞으로는 이 점을 의식하고 수업을 들어 봐. 도출이 예제 형태인 경우도 있고, 연습 문제인 경우도 있어."

"그렇군요……. 이제부터 신경 써서 봐야겠어요. 전 공식만 보면 '서둘러 암기해야 해'라고 생각하게 돼요."

"수식의 도출은 처음부터 암기하려고만 하면 오히려 익히기 힘들어. 우선은 스스로 손으로 풀이하면서 이해해 보는 것이 중요해. 이해하지도 못하면서 기억한다는 건 힘든 일이야."

"아아……."

"그런데 산술기하평균 부등식에서 등호가 성립하는 때는 언제일까?"

$$\frac{x+y}{2}=\sqrt{xy}$$

"그러니까, 위 등식이 성립하는 건 x와 y가 어떤 관계에 있을 때일까?"

"네? 'x도 y도 0일 때'인가요?"

"그건 아니야. ……아니, 그것으로는 충분하지 않아."

"네? 그렇지만 $x=0$이고 $y=0$이라면 좌변도 우변도 0이 되는데요?"

"그 말도 맞아. 하지만 반드시 x와 y가 0과 같을 필요는 없어. $x=y$라면 괜찮지만."

"네? 그런가요? 그럼 $x=3$이고 $y=3$이라고 하고, 확인해 볼게요. 좌변은 $\frac{x+y}{2}=\frac{3+3}{2}=3$일 때, 우변은 $\sqrt{xy}=\sqrt{3\times3}=3$……. 아, 정말이네요."

"응. 그렇게 구체적인 예로 확인해 보는 건 중요해. '예시는 이해의 시금석'이니까."

"그럼, 다른 예로도 확인해 볼게요. $x=-2$이고 $y=-2$일 때는요? 좌변은 $\frac{x+y}{2}=\frac{(-2)+(-2)}{2}=-2$가 되고, 우변은 $\sqrt{xy}=\sqrt{(-2)\times(-2)}=2$……. 어라? 이거 틀린데요?"

"잠깐, 테트라. 지금 너 $x \geqq 0, y \geqq 0$이라는 조건을 잊어버린 것 같은데."

"아차차, 그렇네요. 이런 조건을 깜박해서 자주 틀리곤 해요. 이것저것 생각하다 보면 잊어버린다니까요."

테트라는 혀를 살짝 내밀며 머리를 긁적였다.

"테트라. 이번 수식이 $(a-b)^2 \geqq 0$이라는 부등식에서 출발했다는 걸 생각하면, $a=b$일 때(즉, $x=y$일 때) 등호가 성립한다는 걸 이해할 수 있을 거야."

산술평균과 기하평균의 관계

$$\frac{x+y}{2} \geqq \sqrt{xy}$$

단, $x \geqq 0, y \geqq 0$이며, $x=y$일 때는 등호가 성립한다.

4. 한 걸음 더

"지금은 수식을 가지고 노느라 조금 빙빙 돌아왔지만, 산술평균, 기하평균 부등식을 증명할 뿐이라면 사실 $(\sqrt{x}-\sqrt{y})^2 \geqq 0$의 좌변을 전개하기만 하면 끝나. 대신 조건은 $x \geqq 0, y \geqq 0$이어야 하지."

$$
\begin{aligned}
(\sqrt{x}-\sqrt{y})^2 &= (\sqrt{x})^2 - 2\sqrt{x}\sqrt{y} + (\sqrt{y})^2 \\
&= x - 2\sqrt{x}\sqrt{y} + y \\
&= x - 2\sqrt{xy} + y && x \geqq 0,\ y \geqq 0 \text{에서} \\
&\geqq 0 && (\sqrt{x}-\sqrt{y})^2 \geqq 0 \text{에서}
\end{aligned}
$$

"즉, 이렇게 되는 거야."

$$x - 2\sqrt{xy} + y \geqq 0$$

"그다음 $2\sqrt{xy}$를 이항하고 양변을 2로 나누면 다음 식이 바로 나오지."

$$\frac{x+y}{2} \geqq \sqrt{xy} \qquad \text{단, } x \geqq 0,\ y \geqq 0$$

"어라? 하지만 지금 $x \geqq 0, y \geqq 0$이라는 조건은 어디서 튀어나온 건가요?"

"지금은 실수를 생각하고 있으니까. $\sqrt{\ }$ 안의 x나 y는 0보다 크거나 같아야만 하거든."

"$\sqrt{\ }$ 안의 수가 0보다 작다면요?"

"0보다 작다면 허수가 돼 버리니까."

"그렇군요……."

"이 산술기하평균 부등식을 조금 더 비틀어 볼까? 아까 썼던 식에서는 '산술평균'과 '기하평균'이라는 말의 리듬이 느껴지지 않지?"

"말의…… 리듬이요?"

"그래. 지금 합과 곱, 그리고 $\sqrt{\ }$ 표기를 변형해 보자고. 합은 $x+y$면 돼. 곱은 $x \times y$와 같이 명시적으로 $\times$를 써 주자고. 2로 나누는 건 $\frac{1}{2}$로 표시하고, 제곱근은 $\frac{1}{2}$제곱으로 표시하는 것으로 하자. 그렇게 하면 이런 식이 성립하지. 이것도 산술기하평균 부등식이야. 이런 방법은 양변의 유사성이 또렷하게 보여서 기분이 좋아."

$$(x+y) \cdot \frac{1}{2} \geqq (x \times y)^{\frac{1}{2}} \qquad (x \geqq 0,\ y \geqq 0)$$

테트라가 손을 번쩍 들었다.

"선배…… 또 질문이요. **제곱근**은 $\sqrt{\ }$를 말하는 거지요? '$\frac{1}{2}$제곱'이 뭔가요?"

"'어떤 수의 제곱근을 구한다'는 것은 '어떤 수에 $\frac{1}{2}$제곱'을 한다는 거야. '$\frac{1}{2}$제곱'이라는 말을 들으면 이게 뭐지 싶은 생각이 들겠지만 이건 정의니까……. 이건 지수 법칙을 생각해 보면 자연스럽게 이해가 될 거야."

"$\frac{1}{2}$제곱이 자연스러운 건가요?"

"예를 들어, $x \geqq 0$이라고 하면 x의 제곱근이 $x^{\frac{1}{2}}$과 같다는 걸 간단하게 설명해 줄게. 우선은 $(x^3)^2$이 무언지 생각해 보렴."

"$(x^3)^2$요? $(x \cdot x \cdot x)^2$이라는 거니까…… 전체적으로는 6제곱이 되네요. $(x^3)^2 = x^6$이라고 생각해요."

"맞았어. 일반적으로는 다음 식이 성립하지. 거듭제곱수의 거듭제곱은 지수의 곱셈이 된다는 뜻이야."

$$(x^a)^b = x^{ab}$$

"네, 알겠어요."

"그럼 이제까지 말했던 것들을 다시 생각하면서 이 식을 잘 보렴. 여기서 a는 어떤 수가 되는 것이 자연스러울까?"

$$(x^a)^2 = x^1$$

"지수의 곱셈이니까 a의 2배가 1이 되네요. 따라서 $a = \frac{1}{2}$이에요."

"응, 그게 자연스러운 생각이지. 그런데, $(x^a)^2 = x^1$을 자세히 보자고. x^1은 x와 같으니까 이 식은 'x^a을 제곱하면 x가 된다'라고 주장하는 것이 돼. 그렇다는 건 x^a이라는 건……."

"제곱하면 x가 되는 0 이상의 수군요…… 아, 이거 $\sqrt{x}$지요? 우와…… 정말 멋져요!"

"응, 멋지지? 이걸로 $\frac{1}{2}$제곱은 제곱근이라는 게 이해가 가지?"

제곱근은 $\frac{1}{2}$제곱

$$x^{\frac{1}{2}} = \sqrt{x} \qquad (x \geqq 0)$$

"뭔가 이상하지만 확실히 자연스럽게 느껴지기 시작했어요."

"아 참, 산술기하평균 부등식을 일반화할 수 있지 않을까? 다음 식을 증명해 보면 재미있을 것 같은데."

$$(x_1+x_2+\cdots+x_n)\cdot\frac{1}{n}\geqq(x_1\times x_2\times\cdots\times x_n)^{\frac{1}{n}} \qquad (x_k\geqq 0)$$

"이 식을 $\sum$와 Π를 써서 다시 나타내면 다음과 같아. 좌변은 합의 형태로, 우변은 곱의 형태로 나타나지. 산술기하평균 부등식은 합과 곱 사이의 부등식이었지?"

$$\left(\sum_{k=1}^{n}x_k\right)\cdot\frac{1}{n}\geqq\left(\prod_{k=1}^{n}x_k\right)^{\frac{1}{n}} \qquad (x_k\geqq 0)$$

"선배, 재미있는 이야기긴 한데요…… 이제 더 이상 못 따라가겠어요."

5. 수학을 공부한다는 것

테트라는 잠깐 쉬고는 내 맞은편 자리로 돌아와 수학을 공부한다는 것에 대해 이야기하기 시작했다.

"수학 공부에 지치는 건 목적을 알 수 없다는 점 때문일 수도 있어요. 문제를 풀어도 어쩐지 시시하달까. 집에서 공부를 해도 재미있지 않아요. 무엇을 위해 공부하는지 알 수 없으니까요. 그렇다고 '수학이 장래의 나에게 도움이 될까요?'라는 흔해 빠진 질문을 하려는 건 아니에요. 지금 하고 있는 식의 변형들이, 어제 배운 것과 내일 배울 것들하고 어떻게 관련되어 있는지 알고 싶을 뿐이에요. 전체적인 그림이 보고 싶어요. 하지만 선생님들은 그걸 가르쳐 주지 않고요."

"……."

"어쩔 땐 작은 손전등만 하나 든 채로 완전히 컴컴한 방 안에 던져진 기분이 들어요. 손전등으로 비추면 앞으로는 나갈 수 있죠. 하지만 그 빛은 비추는 범위가 좁아요. 자신이 어디를 걷고 있는지 알 수 없어요. 뒤를 보아도 앞을 보아도 새까만 암흑뿐이죠. 밝은 곳은 조그만 원뿐이에요. 정말 어려운 것이라면 어쩔 수 없지만, 식 변형 자체는 그다지 어렵지 않아요. 그러니까 수학이 간단한 건지, 어려운 건지 감을 못 잡겠어요. 하나하나는 간단한데 전체를 볼 수 없어요. 지도가 없으니 길을 잃을 것 같은 불안한 느낌이 들고요."

"그렇구나."

테트라의 불안감이 이해가 갔다. 다음에 무엇이 올지 모른다는 것…….

"선배는 제 이야기를 잘 들어주세요. 친구들은 달라요. 수학을 잘하는 친구들도 있지만 이런 이야기를 하기가 힘들어요. 놀림당하는 걸요. '그런 말 하지 말고, 그냥 외워'라는 말을 들었을 땐 그녀석…… 아니, 그 사람하고는 더 이상 이야기하고 싶지 않아요."

테트라의 이야기에 이끌리듯 나도 말하기 시작했다.

"나는 수학이 좋아. 도서실에서 수식을 계속 바라보면서 시간을 보내. 수업 중에 나왔던 식을 스스로 재구성해 보거나. 그렇게 하면서 한 걸음 한 걸음 앞으로 나아가는 거야. 배운 것을 확실히 재현할 수 있는지를 확인하면서."

테트라는 잠자코 내 말을 들었다.

"학교는 배울 소재만 줄 뿐이야. 선생님들은 입시만 생각하고 있지. 그건 그것대로 괜찮아. 하지만 나는 내가 좋아하는 것을 생각하면서 시간을 보내고 싶어. 부모님이 시켜서 식 변형을 하는 게 아니야. 내가 어떤 수식을 가지고 노는지 부모님은 관심 없어. 책상 앞에 앉아 있는 내 모습만 보실 뿐이지. 그러니까 나는 하고 싶은 것을 해. 원래도 공부하라는 소리를 많이 듣진 않았어."

"선배는 성적이 좋으니까요. 전 그렇지 않거든요. 항상 '공부해' 소리만 듣고 살아요. 저희 집은 시끄럽거든요."

"난 종종 도서실에서 생각에 빠지곤 해. 노트를 펼쳐 놓고 식을 떠올리지. 어째서 그 정의여야만 하는지를 고민해. 정의를 바꾸면 어떻게 될지 상상해 보고. 제일 중요한 것은 스스로 생각하는 거야. 선생님이 나쁘다거나, 친구가 나쁘다고 생각해 봤자 소용이 없잖아? 아까, 식이 튀어나올 때마다 '왜 이렇게 쓰는 걸까?' 의문이 든다고 했지? 그건 나쁜 게 아니야. 시간은 걸릴지 모르지만 스스로 끌어안은 의문을 적당히 넘기지 않고 계속 생각하는 건 중요한 일이야. 난 그게 바로 공부라고 생각해. 부모님도, 친구들도, 선생님도, 테트라의 의문을 해결해 줄 수는 없어. 적어도 모두는 대답해 줄 수 없지. 아마 화를 낼지도 몰라. 인간은 스스로 대답할 수 없는 문제가 주어지면 화를 내거나, 문제 낸 사람을 원망하고 되레 바보 취급 하기 마련이거든."

"선배는 대단하네요……. 어제 도서실에서 해 준 이야기도 재미있었고요. 간단한 식 변형인데도 뭔가 두근두근했어요. 오늘 이야기도 많은 도움이 되었어요. ……저, 이런 이야기를 그분과도 하나요?"

"그분?"

"……미르카 선배요."

"아하, 글쎄. 좀 더 구체적인 이야기를 많이 하긴 해. 도서실에서 내가 계산하고 있으면 가끔 미르카가 찾아와서 이야기를 하지. 화제는 그때 하고 있던 계산에 대해서. 하지만 이야기를 하는 건 거의 미르카야. 똑똑한 친구야. 난 상대가 안 될 정도로. 그 애는 나보다 넓고 깊게, 또 많은 것을 알고 있어."

"저는 선배가 그분하고, 음…… 사귀는 거라고 생각했어요. 볼 때마다 함께 계시는 것 같아서요."

"같은 반이니까."

"도서실에서도 항상……."

"……."

"저어, 선배가 전교 1등이죠?"

"아니, 그렇지 않아. 수학은 아마 미르카가 1등일걸. 그리고 쓰노미야가 있으니까. 종합적으로 보면 쓰노미야가 1등일 거야."

"어떻게 그렇게 다 잘할 수 있을까요?"

"모두 자기가 좋아하는 걸 하고 있을 뿐이야. 운동도 잘하는 쓰노미야는 별개로 치고, 나도 미르카도 운동은 젬병인걸. 미르카는 모르겠고 나는 많은 사람들 앞에서 이야기를 잘 못 해. 하지만 수학은 좋아해. 좋아하니까 하는 거야. 그런 거지. 테트라도 뭔가 좋아하는 게 있지 않아?"

"영어가…… 좋아요. 정말 좋아해요."

"지금 네 가방 안에 영어 책이 들어 있지? 그리고 서점에 가면 제일 먼저 외국 서적 코너로 향할 테고. 틀렸어?"

"아뇨, 맞아요. 선배…… 잘 아시네요."

"나도 그러니까. 나는 이공계 서적 쪽으로 가거든. 어떤 서점을 가더라도 항상. 자주 가는 서점에선 어디에 이공계 책들이 진열되어 있는지 알아. 책장을 훑어보기만 해도 어떤 게 신간인지 알지. 그런 거야. 난 내가 좋아하는 걸 하고 있을 뿐이야. 좋아하는 일에 시간을 쓰면서 좋아하는 일에 공을 들이지. 누구라도 그래. 깊게 깊게 생각하고 싶어. 계속 생각하고 싶어. 좋아한다는 건 그런 기분이잖아?"

내 마음속 어딘가에 있던 스위치가 켜지는 기분이었다. 내 안에서 계속 말들이 쏟아져 나왔다.

"학교라는 세계는 무척 작고 좁지. 그 안에는 가짜가 널려 있어. 학교 밖에도 가짜들은 많지만, 자르면 피가 쏟아져 나올 것만 같은 진짜도 많이 있지."

"학교 안에 진짜는 없는 걸까요?"

"아니, 그런 뜻이 아니야. 선생님을 예로 들어 보자. 무라키 선생님 알지? 괴짜라는 소리를 많이 듣지만 아는 게 많으셔. 나도 쓰노미야도, 아마 미르카도 같은 의견일 거야. 선생님은 우리에게 좋은 문제를 내 주시고, 재미있는 책을 소개해 주셔."

테트라는 고개를 갸웃했다. 나는 신경 쓰지 않고 이야기를 계속했다. 켜진 수다 스위치는 좀처럼 꺼지지 않았다.

"좋아하는 걸 확실히 추구하다 보면 진짜와 가짜를 구분할 수 있는 능력도 생기기 마련이지. 언제나 큰소리를 내는 학생들이 있는가 하면, 자못 똑똑한 척하는 학생들도 있지. 그런 아이들은 자기 주장이 강하고 자존심이 중요해. 하지만 자신의 머리를 써서 생각하는 습관이 있고 진짜의 맛을 알고 있는 사람에게 그런 자기주장은 필요없어. 큰소리 치면서도 점화식은 못 풀지. 똑똑한 척하면서도 방정식은 못 풀고. 누가 어떻게 생각하든, 누구에게 어떤 소리를 듣든 스스로 납득할 때까지 생각하는 게 중요하다고 생각해. 좋아하는 것을 추구하고 진짜를 좇아가는 것이……."

나는 말을 멈추었다. 너무 많이 떠들었다. 자기주장을 해도 소용없다고 큰 소리로 주장하다니, 스스로가 정말 머저리 같았다. 스위치 오프.

테트라는 천천히 고개를 끄덕이면서 무언가를 생각하고 있었다. 어느새 플루트 롱 톤 연습이 끝나고 트릴 연주로 바뀌어 있었다. 학생들이 늘어나 로비도 북적이기 시작했다.

"선배…… 그렇게…… 좋아하는 공부를 하고 있을 때, 바보 같은 후배가…… 저…… 방해가 되나요?" 테트라가 기어들어 가는 목소리로 물었다.

"응?"

"바보 같은 후배가 얼쩡대는 게 혹시 성가시지 않아요?"

"아니, 그렇지 않아. 내가 생각한 것을 말하고 그걸 들어주는 제대로 된 상대가 있으면 대화가 즐거워. 난 일부러 스스로를 고립시키지는 않아."

"왠지 선배가 부러워요. 저도 수학 공부를 열심히 하고 싶은데 수준 자체가 다르니까……."

테트라가 엄지 손톱을 가볍게 깨물었다.

침묵.

잠시 후 테트라가 고개를 들었다.

"아니, 그렇지 않아요. 다른 사람을 부러워할 때가 아니에요. 제게 진짜인 것을 추구하면 되는 거죠! 선배, 저 왠지 힘이 나는 것 같아요! 저기, 부탁이 있는데요……. 앞으로 가끔이라도 괜찮으니까 제 이야기를 들어주시면 안 될까요? 부탁드려요!"

테트라가 진지한 얼굴로 말했다.

"응, 괜찮아 난."

특별히 문제는 없다, 아마도. 왠지 오늘은 테트라에게 몇 번이나 '부탁'을 받고 그때마다 '괜찮아'라고 말한 듯한 느낌이 든다. 그다지 문제는 없을 것이다, 아마도. 나는 로비의 시계를 보았다.

"선배는 도서실로 가나요?"

"그래야지."

"저도 도서실…… 아, 아니에요. 오늘은 이만 돌아갈게요. 나중에 또 질문이 있으면 찾아가도 괜찮을까요? 도서실이나 교실로요."

"괜찮고 말고."

또 '괜찮아' 추가.

그때 "테트라, 안녕" 하며 여자아이 셋이 테트라의 뒤를 지나갔다.

"안녕." 테트라는 그녀들 쪽을 돌아보며 큰 소리로 대답했다.

바로 그때.

테트라는 양손으로 입을 막고 이쪽을 돌아보았다. 아차, 하는 얼굴. 귀까지 새빨개져 있었다. 내 앞에서 평소대로 인사하는 게 부끄러웠던 모양이다.

그런 테트라가 꽤나 귀엽다고 느껴졌던 고등학교 2학년 가을.

미르카 옆에서

해석은 연속을 연구한다.
수학 이론은 이산(離散)을 연구한다.
오일러는 그 둘을 하나로 엮었다.
_윌리엄 던햄

1. 미분

나는 언제나처럼 아무도 없는 도서실에서 수식을 가지고 놀고 있었다.

미르카가 들어오더니 주저 없이 내 옆자리에 앉았다. 옅은 오렌지 향이 났다. 그녀는 내 노트를 들여다보며 물었다.

"미분?"

"그렇지." 나는 대답했다.

미르카는 턱을 괴고 내 계산을 잠자코 바라보았다. 계속 말없이 보기만 하다니, 왠지 쑥스러웠다.

"왜 그래?" 미르카가 물었다.

"아니…… 뭘 보고 있나 해서." 나는 말했다.

"네 계산." 그녀가 대답했다.

뭐, 그야 그렇겠지만…….

미르카는 단순히 보기만 하는 게 아니라서 곤란하다. 거리감이 다른 사람과는 다르다. 내 쪽으로 얼굴을 들이밀고는 식이 내 손에 가려지면 고개를 더 내밀어 노트를 들여다본다.

아, 그렇지. 나는 테트라와의 약속을 떠올렸다.

'미르카에게는 내가 말해 둘게.'

"저, 미르카. 저번 일 말인데……."

"잠깐만." 미르카가 말했다. 그리고 고개를 들고 눈을 감더니 예쁜 입술을 속삭이듯 움직였다. 뭔가 재미있는 것이라도 생각난 모양이다. 나는 끼어들지 못했다.

7초 후 그녀는 눈을 떴다. "미분은 말이지, 쉽게 말해서 변화량이야"라고 말하며 내 노트에 멋대로 써 내려가기 시작했다.

◆◆◆

미분은 쉽게 말하면 변화량이야.

예를 들어, 직선 위의 현재 위치를 x라고 하자. 그리고 거기서 조금 떨어진 위치를 $x+h$라고 하는 거지. h는 그다지 크지 않아. '바로 곁'이야.

이제부터는 f라는 함수의 변화에 대해 생각해 봐. x에 대응하는 함수 f의 값은 $f(x)$야. $x+h$에 대응하는 함수 f의 값은 $f(x+h)$가 되지.

$x+0$에서 $x+h$까지 이동했을 때 x의 변화량은,

$$(\text{이동 후의 위치})-(\text{이동 전의 위치})$$

그러니까 $(x+h)-(x+0)$, 즉 h가 되지. 똑같이 $x+0$에서 $x+h$로 이동했을 때 f의 변화량은 $f(x+h)-f(x+0)$으로 구해지고.

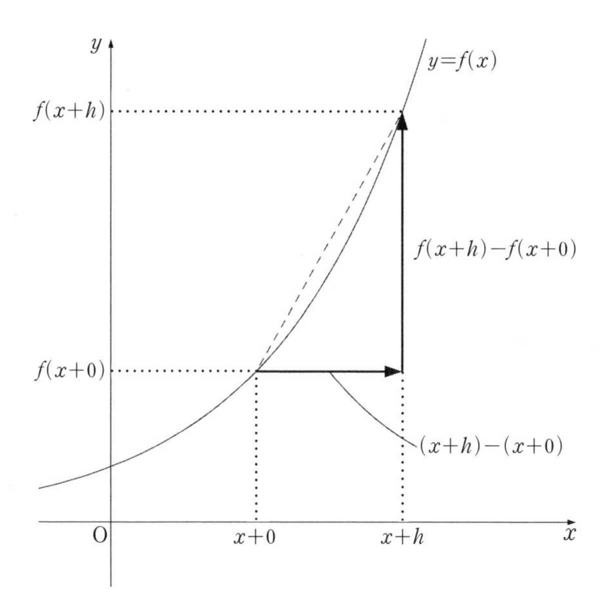

위치 x에서 함수 f의 변화, 그러니까 순간적인 변화를 알아보자. x의 변화량 $(x+h)-(x+0)$이 커지면 f의 변화량도 커질 수 있으니까 이번에는 둘의 비를 구해 볼 거야. 이 비는 위 그래프에서 사선인 점선의 기울기에 해당해.

$$\frac{(f\text{의 변화량})}{(x\text{의 변화량})}=\frac{f(x+h)-f(x+0)}{(x+h)-(x+0)}$$

위치 x에서의 변화를 알고 싶은 거니까 h는 되도록 작게 잡고 싶어. h를 더 작게, 더 작게 만들어서 $h \to 0$의 **극한**을 생각해 보는 거야.

$$\lim_{h\to 0}\frac{f(x+h)-f(x+0)}{(x+h)-(x+0)}$$

이게 함수 f의 **미분**이야. 도형으로 보자면 그림에서 점 $(x, f(x))$에서의 **접선**의 기울기야. 접선의 기울기가 급격하게 우측으로 올라가면 $f(x)$는 급격히 증가했다는 거야. 즉, 이 지점에서의 변화량이 크다는 말이 돼.

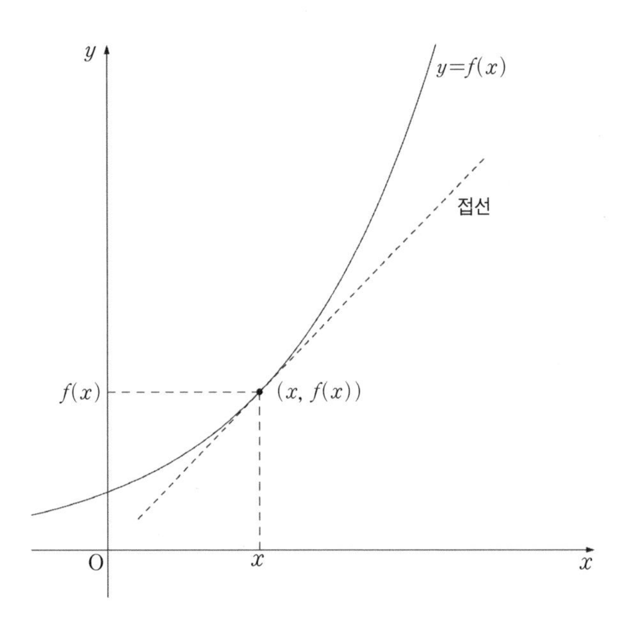

함수 f에 대한 '미분'을 Df라고 표시하자. 그러니까 **미분 연산자** D를 이렇게 정의하는 거야.

미분 연산자 D의 정의

$$\mathrm{D}f(x) = \lim_{h \to 0} \frac{f(x+h) - f(x+0)}{(x+h) - (x+0)}$$

이렇게 정의해도 좋아. 똑같은 말이니까. 어찌 됐든 미분 연산자 D는 함수에서 함수를 만드는 고계함수가 되는 거니까.

$$\mathrm{D}f(x) = \lim_{h \to 0} \frac{f(x+h) - f(x)}{h}$$

여기까지는 **연속적인 세계**에서 통하는 이야기였어. x는 완만하게 이동했지. 지금부터는 이산적인 세계로 옮겨 가서 지금까지 한 이야기를 살펴보자.

이산적인 세계, 그러니까 정수값이 정확히 떨어지는 값을 얻을 수 있는 세계 말야. 연속적인 세계에서는 x를 h만큼, 말하자면 '바로 곁'까지 이동시켜서 f의 변화량을 생각해 봐야 했어. 그리고 $h \to 0$의 극한을 생각해서 미분을 정의했지. 미분을 이산적인 세계로 가져오면 어떤 일이 벌어질까?

문제 6-1 연속적인 세계의 미분 연산자 D에 대응하는 이산적인 세계에서의 연산자를 정의하라.

2. 차분

나는 미르카가 낸 문제를 고민했다. 연속적인 세계의 '바로 곁'에 대응하는 개념을, 이산적인 세계에서 찾아내면 되는 문제임이 틀림없다. 도서실을 빙 둘러보았다. 바로 옆에 앉아 있는 미르카의 얼굴을 본다. 나는 "'바로 곁' 대신 '바로 옆'을 생각하면 돼" 하고 말했다. 그녀는 "정답"이라고 말하며 엄지손가락을 세워 보였다.

◆◆◆

맞았어.

이산적인 세계에서 생각하면 $x+0$의 '바로 곁'은 $x+1$, 즉 '바로 옆'에 해당해. $h \to 0$이 아니라 $h=1$로 생각해도 좋아. **'바로 옆'의 존재는 이산적인 세계의 본질**이라고 할 수 있어. 그걸 이해한다면 문제가 쉬워지지.

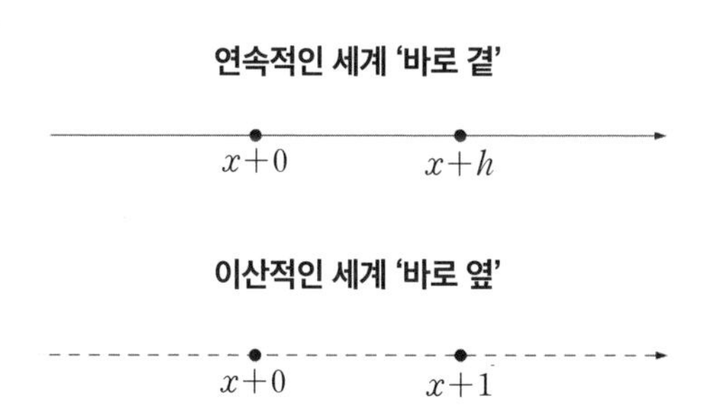

$x+0$에서 $x+1$로 이동할 때 x의 변화량은 $(x+1)-(x+0)$이야. 그리고 이때 함수 f의 변화량은 물론 $f(x+1)-f(x+0)$이지. 거기서 아까처럼 양쪽의 비를 구하는 거야. 분모는 항상 1이 되겠지만 말야.

$$\frac{f(x+1)-f(x+0)}{(x+1)-(x+0)}$$

이산적인 세계에선 극한을 생각할 필요가 없어. 이 식이야말로 '이산적인 세계에서의 미분', 즉 **차분**(差分)이 되는 거지. **차분 연산자 Δ**를 이렇게 정의해 보자.

풀이 6-1 차분 연산자 Δ의 정의

$$\Delta f(x)=\frac{f(x+1)-f(x+0)}{(x+1)-(x+0)}$$

다음과 같이 써도 똑같은 말이야.

$$\Delta f(x)=f(x+1)-f(x)$$

옆과의 차…… 확실히 Δ는 '차분'이라는 이름에 충실한 연산이라고 할 수 있지.

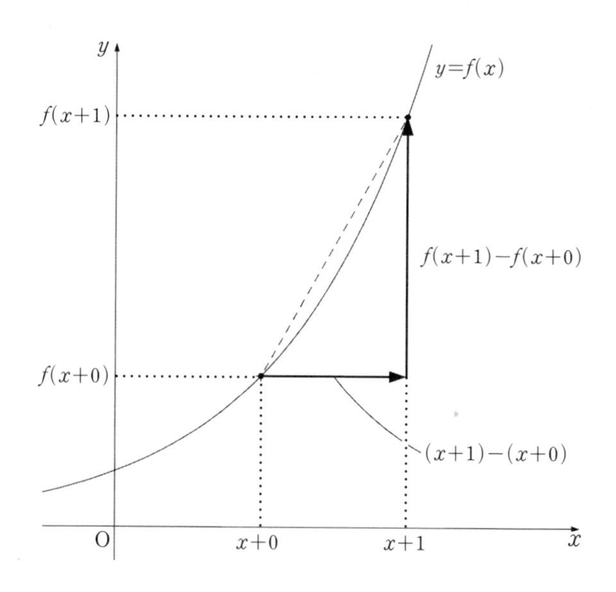

연속적인 세계의 미분과 이산적인 세계의 차분을 같이 놓고 비교해 보자. 양쪽의 대응이 명확해지게 좀 길게 써 볼 거야.

$$
\begin{array}{ccc}
\text{연속적인 세계의 미분} & \longleftrightarrow & \text{이산적인 세계의 차분} \\
\mathrm{D}f(x) & \longleftrightarrow & \Delta f(x) \\
\lim_{h \to 0} \dfrac{f(x+h)-f(x+0)}{(x+h)-(x+0)} & \longleftrightarrow & \dfrac{f(x+1)-f(x+0)}{(x+1)-(x+0)}
\end{array}
$$

3. 미분과 차분

미르카는 즐거워 보였다. 그녀의 이야기를 듣고 있다 보면 어느새 끌려 들어가 다른 세계를 여행하는 듯한 기분이 든다.

아, 하지만 확실히 이야기를 해 둬야지.

"미르카, 내 옆에 앉아 있던 여자애 말인데……."

그녀는 노트에서 시선을 들어 내 쪽을 바라보았다. 순간 의아한 표정을 짓더니 다시 수식으로 시선을 돌렸다.

"그 앤 내 중학교 후배야. 그래서……."

"알아."

"응?"

"요전에 말했잖아, 네가."

그녀는 노트에 시선을 고정한 채 대답했다.

"그래서 가끔 수학을 가르쳐 주고 있어." 내가 말했다.

"그것도 알아."

"……."

"구체적으로 말하지 않으면 의미가 전해지지 않아."

그녀는 그렇게 말하고 손 끝으로 샤프를 빙글 돌렸다.

일차함수 x

구체적으로 말하지 않으면 의미가 전해지지 않아. 추상적인 $f(x)$가 아니라 구체적인 함수로 생각해 봐.

예를 들어, 일차함수 $f(x)=x$를 가지고 미분과 차분을 비교해 보는 거야.

우선은 미분.

$$
\begin{aligned}
\mathrm{D}f(x) &= \mathrm{D}x && f(x)=x\text{로 보았을 때} \\
&= \lim_{h\to 0}\frac{(x+h)-(x+0)}{(x+h)-(x+0)} && \text{미분 연산자 D의 정의에서} \\
&= \lim_{h\to 0} 1 \\
&= 1
\end{aligned}
$$

그리고 차분.

$$
\begin{aligned}
\Delta f(x) &= \Delta x && f(x)=x\text{로 보았을 때} \\
&= \frac{(x+1)-(x+0)}{(x+1)-(x+0)} && \text{차분 연산자 }\Delta\text{의 정의에서} \\
&= 1
\end{aligned}
$$

미분도 차분도 똑같이 1이 되지. 이걸로 함수 $f(x)=x$의 미분과 차분은 일치한다는 걸 알았어.

이차함수 x^2

다음으로 이차함수 $f(x)=x^2$에 대해 생각해 보자. 이번에도 미분과 차분이 과연 일치할까?

먼저 미분.

$$\begin{aligned}
\mathrm{D}f(x) &= \mathrm{D}x^2 && f(x)=x^2\text{으로 보았을 때} \\
&= \lim_{h\to 0}\frac{(x+h)^2-(x+0)^2}{(x+h)-(x+0)} && \text{미분 연산자 D의 정의에서} \\
&= \lim_{h\to 0}\frac{2xh+h^2}{h} && \text{정리한다} \\
&= \lim_{h\to 0}(2x+h) && h\text{를 약분한다} \\
&= 2x
\end{aligned}$$

그리고 차분.

$$\begin{aligned}
\Delta f(x) &= \Delta x^2 && f(x)=x^2\text{으로 보았을 때} \\
&= \frac{(x+1)^2-(x+0)^2}{(x+1)-(x+0)} && \text{차분 연산자 }\Delta\text{의 정의에서} \\
&= (x+1)^2-x^2 && \text{정리한다} \\
&= 2x+1
\end{aligned}$$

x^2의 미분은 $2x$이지만 차분은 $2x+1$이 됐어. 아까처럼 미분과 차분의 값이 일치하지 않아. 이러면 재미가 없지.

문제 6-2 연속적인 세계의 함수 x^2에 대응하는 이산적인 세계의 함수를 정의하라.

"어떻게 할래?" 미르카의 질문에 나는 생각에 잠겼다. 미분과 차분의 대응.

그렇지만 좋은 아이디어가 좀처럼 떠오르지 않는다. 답이 나오지 않을 듯하자 미르카는 천천히 말을 시작했다. 그녀의 목소리가 부드럽게 울렸다.

◆◆◆

사실은 애초부터 연속적인 세계의 x^2에, 이산적인 세계의 x^2을 대응시키려는 것 자체가 잘못이야. 이산적인 세계에서는 x^2 대신에 이런 함수를 생각해 보자.

$$f(x)=(x-0)(x-1)$$

$f(x)=(x-0)(x-1)$의 차분을 계산할 거야.

$$\begin{aligned}\Delta f(x)&=\Delta(x-0)(x-1)\\&=((x+1)-0)((x+1)-1)-((x+0)-0)((x+0)-1)\\&=(x+1)\cdot x-x\cdot(x-1)\\&=2x\end{aligned}$$

자, 이러면 미분 값하고 일치하지?

그러니까 연속적인 세계의 x^2과 이산적인 세계의 $(x-0)(x-1)$을 대응시키는 거야.

x^n이라는 거듭제곱과의 대응 관계를 확실히 알 수 있게끔 새롭게 $x^{\underline{n}}$이라는 **하강 계승**(falling factorial)을 생각해 보자. 이렇게 대응시키는 거야.

$$\begin{array}{ccc}\text{거듭제곱} & \longleftrightarrow & \text{하강 계승}\\ x^2=x\cdot x & \longleftrightarrow & x^{\underline{2}}=(x-0)(x-1)\end{array}$$

이렇게 써 주면 대응 관계를 확실히 알 수 있지.

$$x^2=\lim_{h\to 0}(x-0)(x-h)\quad\longleftrightarrow\quad x^{\underline{2}}=(x-0)(x-1)$$

풀이 6-2 이산적인 세계의 $x^{\underline{2}}$

$$x^{\underline{2}}=(x-0)(x-1)$$

여기서 쓴 하강 계승 $x^{\underline{n}}$은 이렇게 정의돼.

하강 계승의 정의 (n은 양의 정수)

$$x^{\underline{n}}=\underbrace{(x-0)(x-1)\cdots(x-(n-1))}_{n\text{개}}$$

예를 들어 볼게.

$$x^{\underline{1}}=(x-0)$$
$$x^{\underline{2}}=(x-0)(x-1)$$
$$x^{\underline{3}}=(x-0)(x-1)(x-2)$$
$$x^{\underline{4}}=(x-0)(x-1)(x-2)(x-3)$$

삼차함수 x^3

그럼 이번에는 $f(x)=x^3$ 차례야.

우선은 미분.

$$\begin{aligned}
\mathrm{D}f(x)&=\mathrm{D}x^3\\
&=\lim_{h\to0}\frac{(x+h)^3-(x+0)^3}{(x+h)-(x+0)}\\
&=\lim_{h\to0}\frac{(x^3+3x^2h+3xh^2+h^3)-x^3}{h}\\
&=\lim_{h\to0}\frac{3x^2h+3xh^2+h^3}{h}\\
&=\lim_{h\to0}(3x^2+3xh+h^2)
\end{aligned}$$

$$= 3x^2 \qquad h\text{를 포함하지 않은 항만 남는다}$$

이산적인 세계에서는 x^3에 $x^{\underline{3}} = (x-0)(x-1)(x-2)$를 대응시킬 거야. 자, 이제 $x^{\underline{3}}$의 차분을 계산해 보자.

$$\begin{aligned}
\Delta f(x) &= \Delta x^{\underline{3}} \\
&= \Delta(x-0)(x-1)(x-2) \\
&= ((x+1)-0)((x+1)-1)((x+1)-2) \\
&\quad -((x+0)-0)((x+0)-1)((x+0)-2) \\
&= (x+1)(x-0)(x-1)-(x-0)(x-1)(x-2) \\
&= ((x+1)-(x-2))\underbrace{(x-0)(x-1)}_{\text{하나로 묶는다}} \\
&= 3(x-0)(x-1) \\
&= 3x^{\underline{2}}
\end{aligned}$$

하강 계승 $x^{\underline{n}}$을 쓰면 미분과 차분을 정확하게 대응시킬 수 있지.

$$\begin{aligned}
x^3 &\longleftrightarrow x^{\underline{3}} = (x-0)(x-1)(x-2) \\
\mathrm{D}x^3 = 3x^2 &\longleftrightarrow \Delta x^{\underline{3}} = 3x^{\underline{2}}
\end{aligned}$$

일반적인 식으로 써 볼게.

$$\begin{aligned}
x^n\text{의 미분} &\longleftrightarrow x^{\underline{n}}\text{의 차분} \\
\mathrm{D}x^n = nx^{n-1} &\longleftrightarrow \Delta x^{\underline{n}} = nx^{\underline{n-1}}
\end{aligned}$$

지수함수 e^x

우린 미분 연산자 D에 대한 차분 연산자 Δ를 정의한 거야. 더 나아가 미분과 차분의 대응을 최대한 이용해서 x^n에 대응하는 하강 계승 $x^{\underline{n}}$을 정의한 거지.

그럼 이번에는 지수함수 e^x에 대해 살펴보자. 다시 말하면 이산적인 세계의 지수함수를 찾는 거야.

문제 6-3 연속적인 세계의 지수함수 e^x에 대응하는 이산적인 세계의 함수를 정의하라.

지수함수 e^x은 정수 e를 x제곱하는 함수이고, 정수 e는 '자연로그의 밑'이라고 불리는 무리수로서, 그 값은 2.718281828⋯이야. 이것은 중요한 지식인데, 지금은 좀 더 넓은 시각으로 봐야 해.

지수함수 e^x을 미분과 관련지어 지수함수의 본질을 생각해 보자.

지수함수 e^x의 제일 중요한 성질은 '미분을 해도 형태가 바뀌지 않는다'는 거야. 즉, e^x을 미분해서 얻을 수 있는 함수는 바로 e^x 그 자체가 되는 거지. 뭐 e^x을 미분해도 형태가 바뀌지 않는 e라는 정수가 정의되어 있으니까 당연하다고 할 수 있지만.

어쨌든 '미분해도 형태가 바뀌지 않는다'는 성질은 미분 연산자 D를 써서 이렇게 미분방정식으로 나타낼 수 있어.

$$\mathrm{D}e^x = e^x$$

여기까지가 연속적인 세계의 지수함수에 대한 이야기.

지금부터는 이산적인 세계의 지수함수에 대해 이야기할 거야. 지금부터 구할 이산적인 세계의 지수함수를 $\mathrm{E}(x)$라고 부르도록 하자. 그럼 $\mathrm{E}(x)$는 '차분을 해도 형태가 바뀌지 않는다'는 성질을 가져야 해. 이 성질은 차분 연산자 Δ를 써서 이렇게 표현할 수 있지. 이건 차분방정식이야.

$$\Delta\mathrm{E}(x) = \mathrm{E}(x)$$

연산자 Δ의 정의에 따라서 좌변을 정리해 보자.

$$\mathrm{E}(x+1) - \mathrm{E}(x) = \mathrm{E}(x)$$

이걸 정리하면 다음과 같이 귀납적으로 정의한 식을 구할 수 있어.

$$E(x+1) = 2 \cdot E(x)$$

이 식이 0 이상의 정수 x에 대해 성립한다는 게 함수 $E(x)$의 성질이야. 괄호 안을 하나씩 줄여 가다가 그때마다 2를 곱하면 이 식은 간단히 풀려.

$$\begin{aligned} E(x+1) &= 2 \cdot E(x) \\ &= 2 \cdot 2 \cdot E(x-1) && E(x) = 2 \cdot E(x-1)\text{을 사용} \\ &= 2 \cdot 2 \cdot 2 \cdot E(x-2) && E(x-1) = 2 \cdot E(x-2)\text{를 사용} \\ &= 2 \cdot 2 \cdot 2 \cdot 2 \cdot E(x-3) && E(x-2) = 2 \cdot E(x-3)\text{을 사용} \\ &= \cdots \\ &= 2^{x+1} \cdot E(0) \end{aligned}$$

즉, 이런 식을 얻는 거지.

$$E(x+1) = 2^{x+1} \cdot E(0)$$

$E(0)$의 값을 뭐라고 정의하면 될까? $e^0 = 1$이니까 그에 맞춰서 $E(0) = 1$이라고 표시하는 게 맞겠지? 그럼 지수함수 e^x에 대응하는 함수 $E(x)$는 이렇게 정의되는 셈이지.

$$E(x) = 2^x$$

이걸로 다음과 같은 대응 관계를 만들 수 있어.

풀이 6-3 지수함수

연속적인 세계 $\longleftrightarrow$ 이산적인 세계

$$e^x \longleftrightarrow 2^x$$

이산적인 세계의 지수함수가 2의 거듭제곱이란 거, 그럴 만한 대응이라고 생각하지 않아?

4. 두 세계를 오가는 여행

'미분 ↔ 차분'을 생각해 봤으니까 이번엔 '적분 ↔ 시그마'를 살펴보자. 여기서는 결과만 써 보는 걸로 해.

$$\int 1 = x \longleftrightarrow \sum 1 = x$$

$$\int t = \frac{x^2}{2} \longleftrightarrow \sum t = \frac{x^{\underline{2}}}{2}$$

$$\int t^2 = \frac{x^3}{3} \longleftrightarrow \sum t^{\underline{2}} = \frac{x^{\underline{3}}}{3}$$

$$\int t^{n-1} = \frac{x^n}{n} \longleftrightarrow \sum t^{\underline{n-1}} = \frac{x^{\underline{n}}}{n}$$

$$\int t^n = \frac{x^{n+1}}{n+1} \longleftrightarrow \sum t^{\underline{n}} = \frac{x^{\underline{n+1}}}{n+1}$$

여기서 $\int$는 모두 $\int_0^x$으로 하고, $\sum$는 모두 $\sum_{t=0}^{x-1}$이라고 하자. 상징적으로는 이런 대비도 가능하지.

$$\mathrm{D} \longleftrightarrow \Delta$$

$$\int \longleftrightarrow \sum$$

$\int$는 로마 문자 S로, $\sum$는 그리스 문자 S라고 생각하면 더 재미있어지지.

연속적인 세계는 로마에, 이산적인 세계는 그리스에 존재하는 건지도 몰라.

◆◆◆

나는 미르카의 이야기를 다시 떠올려 보았다. 연속적인 세계에서의 지식을 기초로 우리는 이산적인 세계를 탐색했다. 그것은 엄밀한 정의를 구한다기보다 적절한 정의를 구하기 위한 필연적인 과정이다. 미분에 대응하는 차분을 생각하고, 그것을 토대로 x^n에 대응하는 $x^{\underline{n}}$을 생각했다. 더 나아가 미분방정식이 아닌 차분방정식을 써서 e^x에 대응하는 2^x을 발견했다.

두 세계를 오가는 여행. 이 자유로운 느낌은 대체 무엇일까? 이런 즐거움은 어디서 오는 것일까?

미르카의 이야기를 들으며 나는 그녀의 '바로 곁'에 있을 수는 없을지라도 '바로 옆'에는 있고 싶다고 생각했다.

◆◆◆

그건 그렇고…….

"저기, 미르카. 아까 하던 얘기 말인데, 그 애가 앞으로도 가끔 질문하러 올 것 같은데……."

"그 애?"

"내 후배 말야."

"이름이 뭔데?"

"테트라야. 앞으로도 가끔 내게 질문하러 올 거라서……."

"그러니까, 네 옆에, 나는 이제 앉지 말라고?"

미르카는 노트에 무언가를 쓰면서 그렇게 말했다. 내 쪽은 보지도 않고.

"응? 아니, 그런 뜻이 아니야. 물론 미르카는 내 옆에 언제라도 앉아도 좋고 뭘 해도 괜찮아. 내가 말하고 싶은 건 그저, 의자를 걷어차거나 하지는 말라는……."

"알았어." 미르카는 고개를 들고 내 말을 잘랐다. 왠지 즐거워 보이는 얼굴이다.

"도서실에서 수학 공부. 네 후배. 이름은 테트라. 이제 기억했으니까 걱정하지 마."

으음, 대체 뭘 걱정하지 말라는 거지?

"다시 수학 얘기 하자. 있잖아, 다음엔 뭐에 대해 생각해 볼까?"

미르카는 말했다.

합성곱

이 해법은 뛰어나고 오류가 없어 보이는데,
어떻게 그런 생각을 할 수 있었을까?
이 실험은 효과적이고 사실을 밝히는 듯한데,
어떻게 그걸 발견할 수 있었을까?
어떻게 해야 나는 그것을 떠올리거나 발견할 수 있을 것인가?
_조지 폴리아

1. 도서실

미르카

고등학교 2학년 겨울.

"이 문제 봤어?"

방과 후 도서실. 늘 같은 자리에 앉아 계산을 시작하려던 내게 미르카가 찾아왔다. 내 앞에 종이 한 장을 내밀더니, 선 채로 책상을 두 손으로 짚었다.

"뭔데?" 내가 물었다.

"무라키 선생님이 내 준 문제야." 그녀가 말했다.

종이에는 이렇게 써 있었다.

문제 7-1

$$0+1=(0+1) \rightarrow 1\text{일 때 }1\text{가지 }(C_1=1)$$

$$\begin{aligned} 0+1+2 &= (0+(1+2)) \\ &= ((0+1)+2) \rightarrow 2\text{일 때 }2\text{가지 }(C_2=2) \end{aligned}$$

$$\begin{aligned} 0+1+2+3 &= (0+(1+(2+3))) \\ &= (0+((1+2)+3)) \\ &= ((0+1)+(2+3)) \end{aligned}$$

$=((0+(1+2))+3)$
$=(((0+1)+2)+3)$ → 3일 때 5가지 ($C_3=5$)

$0+1+2+3+\cdots+n=?$ → n일 때는 몇 가지일까? ($C_n=?$)

"문제가 너무 긴데, 간결하게 써 주시면 안 되나?" 나는 종이에서 시선을 떼고 말했다.

"흐음…… 간결하게 쓰시오. 필요한 만큼 충분한 길이로 쓰시오. 정식화(定式化)시켜서 쓰시오. 용어를 정의하시오. 애매한 표현은 지양하시오. 위엄을 갖추고 품위를 지키면서 마음을 울릴 정도의 단순함을 표현하시오. ……이런 식으로?"

"응, 그렇지." 나는 말했다.

"뭐, 좋을 대로 해. 귀납적으로는 금방 풀었어."

"잠깐 기다려. 미르카, 이거 언제 받은 거야?"

"점심시간에. 교무실에 갔었거든. 내가 반칙한 게 되나? 어쨌든 확실히 전해 줬다. 넌 여기서 처음부터 풀어 봐. 난 저쪽에서 할 테니까. 그럼 이따 봐."

미르카는 손을 팔랑팔랑 흔들더니 우아하게 창가 자리로 이동했다. 내 눈은 계속 미르카를 좇았다. 창 너머로는 잎이 다 져 버린 플라타너스가 보였고, 푸른 겨울 하늘이 넓게 펼쳐져 있었다. 날씨가 맑았지만 꽤 추워 보였다.

수학을 가르치는 무라키 선생님으로부터 우리는 기끔 문제를 받는다. 괴짜 선생님이지만 우리를 마음에 들어 하신다.

미르카는 수학을 잘한다. 나도 못하는 편은 아니지만 그녀에겐 상대가 되지 않는다. 내가 도서실에서 수식을 가지고 놀 때면 어느새 다가와 이런저런 화두를 던지곤 한다. 샤프를 빼앗아 들고는 내 노트에 마음대로 무언가를 써 내려가면서 강의를 시작한다. 이런 시간이 즐겁지 않은 건 아니었지만…….

미르카가 열심히 이야기하는 걸 듣는 게 즐거웠고, 눈을 감고 생각에 잠겨 있는 그녀를 보는 것도 나쁘지 않았다. 금속 안경테가 잘 어울리는 갸름한 턱 라인이…….

아니, 그런 생각을 할 때가 아니다. 문제를 풀어야지. 그녀는 건너편에서 생각에 잠겨 있었다. 귀납적으로 정의하는 식을 만들었다고 했었지. 아마 금방 풀어 버릴지도 모른다.

풀어야 할 문제를 정리해 보자.

$0+1, 0+1+2, 0+1+2+3, \cdots$이라는 식이 있고, 거기에 괄호가 붙어 있다. 1일 때 1가지, 2일 때 2가지, 3일 때 5가지라고 써 있는 걸 보니, **괄호로 묶는 방법에 대한 경우의 수**를 구하는 문제다. $0+1+2+3+\cdots+n$이라는 식을 괄호로 묶는 방법의 경우의 수를 구하는 게 목표.

n은 뭘 나타내고 있는 거지? $0+1+2+3+\cdots+n$이라는 식은 0부터 시작되고 있으니 더하는 수의 개수는 $n+1$이 된다. n은 $0+1+2+3+\cdots+n$이라는 식에 있는 '+의 개수'라고 봐도 좋다.

괄호로 묶는 규칙은 무엇일까? 덧셈 부호의 왼쪽과 오른쪽에 식(항이라고 하자)이 하나씩만 있다. 즉, $(0+1)$이나 $(0+(1+2))$처럼 두 항의 합(혹은 그 형식)은 괜찮지만 $(0+1+2)$처럼 세 항의 합은 생각하지 않는다는 거겠지.

이론에 따라 우선, **구체적인 예**를 생각해 보자. 문제에서 $n=1, 2, 3$의 예가 쓰여 있으니 $n=4$일 때를 만들어 보는 거야. ……어, 의외로 많은데?

$$
\begin{aligned}
0+1+2+3+4 &= (0+(1+(2+(3+4)))) \\
&= (0+(1+((2+3)+4))) \\
&= (0+((1+2)+(3+4))) \\
&= (0+((1+(2+3))+4)) \\
&= (0+(((1+2)+3)+4)) \\
&= ((0+1)+(2+(3+4))) \\
&= ((0+1)+((2+3)+4)) \\
&= ((0+(1+2))+(3+4)) \\
&= (((0+1)+2)+(3+4)) \\
&= ((0+(1+(2+3)))+4) \\
&= ((0+((1+2)+3))+4)
\end{aligned}
$$

$$=(((0+1)+(2+3))+4)$$
$$=(((0+(1+2))+3)+4)$$
$$=((((0+1)+2)+3)+4)$$

14가지나 되네. '4일 때는 14가지'가 되는 건가?

쓰다 보니 규칙성이 보이는군. 규칙성이 보인다는 건 '괄호로 묶는 방법의 경우의 수'에 관한 귀납적 정의에 가까워졌다는 거지.

구체적인 예를 찾았으니 다음은 **일반화**를 생각해 보자. 문제에서는 +가 n개 있을 때 '괄호로 묶는 방법의 경우의 수'를 C_n이라고 하고 있다. 지금까지 $C_1=1$, $C_2=2$, $C_3=5$, $C_4=14$라는 사실을 알았어. 아, 그리고 $C_0=1$로 봐도 무방하겠지.

지금까지 찾아낸 결과를 표로 나타내면 이렇게 돼.

n	0	1	2	3	4	…
C_n	1	1	2	5	14	…

C_5는 더 커지겠지. 그럼 다음은 C_n에 관한 귀납적 정의를 하는 것. 이제 생각이 필요한 순간이다. 최종 목표는 C_n을 n에 대해 닫힌 식으로 나타내는 것.

자, 이제 식을 귀납적으로 정의하자……. 막 생각한 그때 도서실 입구에서 한 여자아이가 잰걸음으로 다가왔다.

테트라였다.

테트라

"아, 선배."

테트라는 바로 옆까지 다가와서 당황한 듯 이야기를 시작했다.

"벌써 공부 시작하신 건가요? 제가 많이 늦었나요?"

테트라는 다람쥐나 강아지, 혹은 고양이처럼 나를 따르며 수학에 대한 질문을 하러 온다. 모르는 문제를 묻기도 하지만 본질적인 질문을 할 때도 있다. 약간 부산스러운 면이 조금 껄끄럽기는 하지만.

"응, 급한 일이야?"

"아, 아뇨, 괜찮아요. 묻고 싶은 게 있을 뿐이에요."

테트라는 손바닥을 좌우로 흔들며 세 발짝 뒤로 물러났다.

"방해하면 안 되니까 이따가 집에 갈 때라도…… 오늘도 퇴실 시간까지 계실 거죠?"

"아마도. 미즈타니 선생님이 나가라고 할 때까지는 있을 것 같은데. 이따 같이 갈까?"

나는 힐끔 창문 쪽을 보았다. 미르카는 책상에 단정하게 앉아 종이를 잠자코 쳐다보고 있었다. 다른 쪽을 향하고 있어 표정은 잘 보이지 않았다. 몸도 움직이지 않았다.

"네! 꼭이에요, 선배. 그럼."

테트라는 발뒤꿈치를 붙이고 차렷 자세로 경례를 한 뒤 우향우로 몸을 돌려 곧장 도서실을 빠져나갔다. 순간 미르카 쪽에 눈길을 주긴 했지만.

귀납적으로 정의하기

그럼 식을 귀납적으로 만들어야 해. '괄호로 묶는 방법의 경우의 수'로 다시 돌아가자.

0부터 4까지 5개의 수가 있을 때 그 사이에는 덧셈 부호가 4개 있어. 생각해 보면 지금 구하려는 건 괄호로 묶는 방법의 경우의 수니까, 실제로 더하는 수에는 의미가 없어. 즉,

$$((0+1)+(2+(3+4)))$$

라는 식을 생각하는 대신,

$$((\mathrm{A}+\mathrm{A})+(\mathrm{A}+(\mathrm{A}+\mathrm{A})))$$

라는 식을 생각해도 괜찮아.

식을 만들기 위해서는 '괄호로 묶는 것'의 배후에 있는 구조를 꿰뚫어 보고 규칙성을 발견해야 해. 이 식은 덧셈 부호가 4개 있으니까 덧셈 부호가 3개 이하일 때로 나누어 보자. 그러니까,

$$\underbrace{((\mathrm{A}+\mathrm{A})+(\mathrm{A}+(\mathrm{A}+\mathrm{A})))}_{\text{덧셈 부호가 4개}}$$

라는 패턴을 이렇게 묶는 거야.

$$(\underbrace{(\mathrm{A}+\mathrm{A})}_{\text{덧셈 부호가 1개}}+\underbrace{(\mathrm{A}+(\mathrm{A}+\mathrm{A}))}_{\text{덧셈 부호가 2개}})$$

흠, 이제 알겠다. 마지막 덧셈 부호, 그러니까 제일 뒤에 계산하는 덧셈 부호가 어디에 있는지를 주목해야 해. 위 식의 경우 왼쪽에서 두 번째가 마지막 덧셈 부호야. 식은 마지막 덧셈 부호에 따라 왼쪽과 오른쪽 식으로 크게 나뉘게 돼. 덧셈 부호의 위치를 왼쪽부터 순서대로 이동시키면, 배타적이면서 망라적인 분류가 가능해지지.

덧셈 부호가 4개인 식은 아래 4가지 유형으로 **분류**할 수 있어. 마지막 덧셈 부호에 동그라미 표시를 해 두면 이렇게 되지.

$$((\mathrm{A})\oplus(\mathrm{A}+\mathrm{A}+\mathrm{A}+\mathrm{A}))$$
$$((\mathrm{A}+\mathrm{A})\oplus(\mathrm{A}+\mathrm{A}+\mathrm{A}))$$
$$((\mathrm{A}+\mathrm{A}+\mathrm{A})\oplus(\mathrm{A}+\mathrm{A}))$$
$$((\mathrm{A}+\mathrm{A}+\mathrm{A}+\mathrm{A})\oplus(\mathrm{A}))$$

이렇게 분류하면 $(\mathrm{A}+\mathrm{A}+\mathrm{A}+\mathrm{A})$처럼 괄호로 묶지 못한 3항 이상의 합을 포함해 버리게 되는군. 하지만 이건 덧셈 부호의 개수가 더 적을 경우로

귀착할 수 있지. 음, 이렇게 귀납적으로 식을 만들 수 있겠는걸.

덧셈 부호가 4개인 유형, 즉

$$(A+A+A+A+A\text{인 유형})$$

이건 다음과 같은 유형으로 분류할 수 있지.

$$\begin{aligned}
&(A\text{의 유형})\ \text{각각에 대해}\ (A+A+A+A\text{의 유형})\\
&(A+A\text{의 유형})\ \text{각각에 대해}\ (A+A+A\text{의 유형})\\
&(A+A+A\text{의 유형})\ \text{각각에 대해}\ (A+A\text{의 유형})\\
&(A+A+A+A\text{의 유형})\ \text{각각에 대해}\ (A\text{의 유형})
\end{aligned}$$

여기서 '유형의 개수'로 발상을 옮겨 보자. '덧셈 부호가 n개인 식을 괄호로 묶는 방법의 경우의 수'를 C_n이라 하면, 이걸로 C_n에 관한 식을 만들 수 있을 거야.

'각각에 대해'라는 표현이 '경우의 수의 곱'에 대응한다는 점에 주목해서, $n=4$일 경우, 즉 C_4를 식으로 나타내 보자. C_4는 다음 4개 항의 합이 돼.

$$C_0\times C_3,\ C_1\times C_2,\ C_2\times C_1,\ C_3\times C_0$$

즉, C_4는 이렇게 쓸 수 있는 거지.

$$C_4=C_0C_3+C_1C_2+C_2C_1+C_3C_0$$

좋았어. 이걸로 일반화가 가능해졌다.

$$C_{n+1}=C_0C_{n-0}+C_1C_{n-1}+\cdots+C_kC_{n-k}+\cdots+C_{n-0}C_0$$

아름다운 식이군. $\sum$를 써서, 구조가 더 잘 보이게 만들어 볼까?

$$C_0 = 1$$
$$C_{n+1} = \sum_{k=0}^{n} C_k C_{n-k} \ (n \geqq 0)$$

좋아. 이걸로 식 완성이다. 바로 **검산**해 볼까?

$$C_0 = 1$$
$$C_1 = \sum_{k=0}^{0} C_k C_{0-k} = C_0 C_0 = 1$$
$$C_2 = \sum_{k=0}^{1} C_k C_{1-k} = C_0 C_1 + C_1 C_0 = 1 + 1 = 2$$
$$C_3 = \sum_{k=0}^{2} C_k C_{2-k} = C_0 C_2 + C_1 C_1 + C_2 C_0 = 2 + 1 + 2 = 5$$
$$C_4 = \sum_{k=0}^{3} C_k C_{3-k} = C_0 C_3 + C_1 C_2 + C_2 C_1 + C_3 C_0 = 5 + 2 + 2 + 5 = 14$$

1, 1, 2, 5, 14라면 처음 나왔던 구체적인 예와 맞아떨어지지.

이제야 겨우 미르카가 아까 말했던 '귀납적으로 정의하는 식까지는 금방 풀었어' 단계까지 온 셈이다. 꽤나 시간이 걸렸는걸.

"퇴실 시간입니다."

미즈타니 선생님이 다가와 알렸다. 선생님은 항상 꽉 끼는 스커트를 입고 선글라스로 착각할 정도로 짙은 안경을 쓴다. 평소에는 도서실 안쪽에 있다가 정시가 되면 소리 없이 한가운데로 나와서 퇴실 시간을 알리곤 했다. 마치 시계 같은 미즈타니 선생님.

아차, 그러고 보니 미르카는?

주위를 둘러보았지만 그녀의 모습은 어디서도 찾을 수 없었다.

C_n의 귀납적 정의

$$\begin{cases} C_0 = 1 \\ C_{n+1} = \sum_{k=0}^{n} C_k C_{n-k} \ (n \geqq 0) \end{cases}$$

2. 귀갓길의 일반화

"저, 선배. '일반화'라는 게 정확히 뭔가요?" 테트라는 평소처럼 큰 눈을 빛내며 밝은 목소리로 내게 물어 왔다.

나란히 역으로 걸어가는 중이었다. 미르카를 눈으로 찾아보았지만 어디에도 없었다. 가방도 보이지 않았으니 아마 먼저 갔을 것이다. 왠지 이상한 기분이었다. 무라키 선생님의 문제는 다 풀고 간 걸까? 먼저 갈 거면 인사라도 하고 가지.

어스름이 깔려 있었지만 가로등이 켜질 정도는 아니었다. 우리는 주택가를 빠져나와 복잡한 길을 통과했다. 학교에서 역까지 가는 최단 경로다. 평소 테트라는 종종거리며 빠르게 걷는데, 집에 갈 때에는 이상하게 걸음이 늦다. 나는 그녀의 페이스에 맞춰 속도를 늦추었다.

"일반화 얘기를 일반화해서 풀어 내기는 어려워. 수학 공식을 예로 들어 보자. 2나 3 같은 구체적인 수가 공식에 들어 있다고 쳐. 이 공식을 임의의 정수 n에 대해 성립하는 공식으로 만드는 게 대표적인 '일반화'라고 생각해."

"임의의 정수 n에 대해 성립하는 공식…… 이요?"

"응. 2나 3이라는 각각의 수에 대한 공식 말고. 정수는 무수히 많으니까 2, 3, 4, …에 대한 공식을 하나씩 열거할 수는 없지. 아니, 하자면 할 수 있지만, 모든 수에 대한 공식을 전부 열거할 수는 없어. 대신 변수 n을 포함하는 식을 만드는 거야. 그리고 그 변수 n에 어떤 정수를 대입해도 공식이 성립되도록 하는 거지. 그게 '임의의 정수에 대해 성립하는 공식'인 거야. '모든 정수에 대해 성립하는 공식'이라고 표현해도 무방해."

"변수 n……."

"일반화하면 새로운 변수가 나올 때가 많아. 요컨대 '변수의 도입에 따른 일반화'라는 거지."

테트라가 크게 재채기를 했다.

"추워? ……그러고 보니 머플러 안 하고 있네?"

"네. 오늘 아침에 급하게 나오느라……." 킁, 하고 콧소리를 낸다.

"그럼 내 거 빌려줄게. 이거라도 괜찮다면." 나는 머플러를 벗어 그녀에게 건넸다.

"아, 감사해요. 우와, 따뜻해…… 하지만 선배가 추울 텐데요."

"괜찮아."

"미안해요. 머플러를 같이 두를 수 있다면 좋을 텐데……."

"테트라, 은근 대담한데?"

"네? ……아뇨, 그게 아니라요. 그런 의미가 아니라……." 그녀는 당황하여 손사래를 치며 말했다. 나는 쿡쿡 웃었다.

"그, 그런데요. 아까 말했던 '임의의 정수에 대해 성립하는 공식' 말인데, 더 자세히……." 테트라는 급히 화제를 돌렸다. 손을 위아래로 내저으며 마음을 가라앉힌 모양이다.

"그래. 하지만 걸으면서 공식을 쓸 수 없어 설명하기 어려운걸. '빈즈'에 가서 설명할까? 시간이 있다면."

"저 있어요, 있고 말고요." 테트라의 걸음이 빨라지더니 금세 나를 앞질러 갔다. 머플러를 두른 그녀는 매우 사랑스러웠다.

"선배, 빨리요." 돌아보며 나를 부르는 테트라의 입에서 하얀 김이 흘러나왔다.

3. 빈즈에서 이항정리를

역 앞 카페 빈즈에서 커피를 마시면서 우리는 수식을 전개했다.

"예를 들면, 이런 수식 있잖아?"

$$(x+y)^2=x^2+2xy+y^2$$

"네. 음…… 이건 x와 y에 관한 항등식이네요."

"그렇지. 여기서는 $x+y$라는 식을 제곱하면 어떻게 식이 전개되는지를 보여 주지. 그리고 다음 식은 세제곱이야."

$$(x+y)^3 = x^3 + 3x^2y + 3xy^2 + y^3$$

"이대로도 충분하지만 이 식을 지수에 관해 '일반화'해 보자. 즉, 제곱과 세제곱 공식이 아니라, 'n 제곱에 대한 공식'을 만드는 거야. $(x+y)^n$ 전개식을 구하는 거지."

문제 7-2 n이 1 이상의 정수일 때 다음 식을 전개하라.

$$(x+y)^n$$

"우선, 일반화하기 전에 자기가 알고 있는 구체적인 지식을 정리해 보자. 구체적인 예를 만들어 관찰하는 거야. 스스로가 문제를 잘 이해하고 있는지 확인하는 과정이지. '예시는 이해의 시금석'이니까. $(x+y)^n$에서 n이 1, 2, 3, 4인 경우를 식으로 만들어 봐."

$$(x+y)^1 = x+y$$
$$(x+y)^2 = x^2 + 2xy + y^2$$
$$(x+y)^3 = x^3 + 3x^2y + 3xy^2 + y^3$$
$$(x+y)^4 = x^4 + 4x^3y + 6x^2y^2 + 4xy^3 + y^4$$

"그리고 **일반화**해 보는 거야. 지금부터 구하려는 식은 다음과 같아."

$$(x+y)^n = x^n + \cdots + y^n$$

"x^n 항과 y^n 항이 나오는 건 이해했지? 다음엔 $x^n + \cdots + y^n$의 '…' 부분을 메우기만 하면 돼."

"……기억이 안 나요. 죄송해요." 테트라가 말했다.

"아니, 아니야. 떠올리는 게 아니라 생각을 하라는 거야. 생각. 이렇게 생각해 보자."

$$
\begin{aligned}
(x+y)^1 &= (x+y) \\
(x+y)^2 &= (x+y)(x+y) \\
(x+y)^3 &= (x+y)(x+y)(x+y) \\
(x+y)^4 &= (x+y)(x+y)(x+y)(x+y) \\
&\vdots \\
(x+y)^n &= \underbrace{(x+y)(x+y)(x+y)\cdots(x+y)}_{n\text{개}}
\end{aligned}
$$

"이건 알겠어요. $(x+y)^n$은 $(x+y)$를 n번 곱한 거니까요."

"맞아. 그런데 n개의 $(x+y)$를 곱할 때, 하나하나의 $(x+y)$에서 x 혹은 y 중 하나를 골라 곱셈을 하게 돼. 예를 들어, 세제곱일 경우엔 3개 늘어서 있는 $(x+y)$에서 x나 y 중 하나를 골라 곱하는 거야. 모든 경우의 수를 생각해서 x와 y 중 고른 쪽에 ○ 표시를 하기로 하자."

$$
\begin{aligned}
&(\textcircled{x}+y)(\textcircled{x}+y)(\textcircled{x}+y) \rightarrow xxx=x^3 \\
&(\textcircled{x}+y)(\textcircled{x}+y)(x+\textcircled{y}) \rightarrow xxy=x^2y \\
&(\textcircled{x}+y)(x+\textcircled{y})(\textcircled{x}+y) \rightarrow xyx=x^2y \\
&(\textcircled{x}+y)(x+\textcircled{y})(x+\textcircled{y}) \rightarrow xyy=xy^2 \\
&(x+\textcircled{y})(\textcircled{x}+y)(\textcircled{x}+y) \rightarrow yxx=x^2y \\
&(x+\textcircled{y})(\textcircled{x}+y)(x+\textcircled{y}) \rightarrow yxy=xy^2 \\
&(x+\textcircled{y})(x+\textcircled{y})(\textcircled{x}+y) \rightarrow yyx=xy^2 \\
&(x+\textcircled{y})(x+\textcircled{y})(x+\textcircled{y}) \rightarrow yyy=y^3
\end{aligned}
$$

"모두 정렬했어. 그리고 이걸 모두 더해 보자."

$$xxx+xxy+xyx+xyy+yxx+yxy+yyx+yyy$$
$$=x^3+x^2y+x^2y+xy^2+x^2y+xy^2+xy^2+y^3$$
$$\vdots$$
$$x^3+3x^2y+3xy^2+y^3$$

"우리가 구하려 한 식이 나왔어. $(x+y)(x+y)(x+y)$라는 '합의 곱'이 $x^3+3x^2y+3xy^2+y^3$이라는 '곱의 합'이 되었어. 이것이 전개야. 거꾸로 '곱의 합'을 '합의 곱'으로 바꾸는 게 인수분해고."

"네, 잘 알았어요. ……왠지 $xxx, xxy, xyx, \cdots, yyy$라는 정렬에는 규칙성이 있을 것 같은데요."

"응, 날카로운 지적이야, 테트라."

"헤헷." 테트라는 약간 쑥스러워하면서 혀를 살짝 내밀었다.

"자, 그럼 조금 더 앞으로 가 보자. n개의 $(x+y)$에서, x 혹은 y 중 한쪽을 고르는 거야. '모두 x인 걸 선택'한다면 몇 가지일까?"

"모두 x인 걸 고르면…… 한 가지예요."

"맞아. 그럼 'x는 $n-1$개, y는 1개를 고르게 되는 경우'는 어떨까?"

"음, 제일 오른쪽의 y를 고르고 나머지는 x를 고를 경우, 오른쪽에서 두 번째의 y만을 고를 경우…… 이렇게 하면 되니까 n가지가 되네요!"

"정답. 그럼 다시 일반화로 돌아가서. 'x를 $n-k$개, y를 k개 고르는 방법'은 몇 가지나 될까?"

"어, 음…… n은 $(x+y)$의 개수이지요? k는 뭔가요?"

"좋은 질문이야. k는 일반화를 위해 도입한 변수고, 선택한 y의 개수를 나타내지. k는 정수고 $0 \leqq k \leqq n$이라는 조건을 충족해. 아까 내가 $k=0$(모두 x가 될 경우)과 $k=1$(y가 1개뿐일 경우)이라는 조건을 들었지?"

"아하, 그럼 n개 중에서 k개를 고르는 경우의 수라는 말이군요. 고르는 순서도 이미 정해져 있으니까, 조합……이었던가요?"

"그래, 조합이지. y를 k개 고르고 x를 $n-k$개 고르는 조합은 이렇게 식으로 나타낼 수 있어."

$$\binom{n}{k}=\frac{(n-0)(n-1)\cdots(n-(k-1))}{(k-0)(k-1)\cdots(k-(k-1))}$$

"이게 $x^{n-k}y^k$의 계수야."

"선배, 질문이요." 테트라는 오른손을 번쩍 들었다. "$\binom{n}{k}$가 뭔가요? 조합은 ${}_n\mathrm{C}_k$라고 하는 건데……."

"아, $\binom{n}{k}$하고 ${}_n\mathrm{C}_k$는 똑같은 거야. 수학 책에서는 조합을 $\binom{n}{k}$라고 표현하는 경우가 왕왕 있지. 아, 그렇지. 행렬과 벡터도 $\binom{n}{k}$와 비슷하게 쓰고 있지만 그건 조합하고는 상관없어."

"네, 알겠어요. 또 질문이 있어요. 조합이란 건, 다음과 같이 나타내야 하지 않나요?"

$${}_n\mathrm{C}_k=\frac{n!}{k!(n-k)!}$$

"선배의 식은 약간 다르네요."

"아니, $(n-k)!$ 부분을 약분해 보면 알겠지만 똑같아. 예를 들어 5개 중에서 3개를 고르는 조합을 생각해 보면……."

$$\begin{aligned}
{}_5\mathrm{C}_3&=\frac{5!}{3!(5-3)!}\\
&=\frac{5!}{3!\cdot 2!}\\
&=\frac{5\cdot 4\cdot 3\cdot 2\cdot 1}{3\cdot 2\cdot 1\cdot 2\cdot 1}\\
&=\frac{5\cdot 4\cdot 3\cdot \cancel{2\cdot 1}}{3\cdot 2\cdot 1\cdot \cancel{2\cdot 1}}\\
&=\frac{5\cdot 4\cdot 3}{3\cdot 2\cdot 1}\\
&=\binom{5}{3}
\end{aligned}$$

"봐, 똑같지? 조합은 **하강 계승**을 쓰면 더 간단하게 쓸 수 있어. 하강 계승이란 $x^{\underline{n}}$이라고 쓰고, n개의 계단을 내려가듯이 곱하는 거야. 즉, 이런 거지."

$$x^{\underline{n}} = \underbrace{(x-0)(x-1)(x-2)\cdots(x-(n-1))}_{n\text{개의 인수}}$$

"일반적인 계승 $n!$는 하강 계승으로 이렇게 쓸 수 있어."

$$n! = n^{\underline{n}}$$

"하강 계승을 쓰면 $\binom{n}{k}$는 이런 식으로 아름답게 정리되지."

$$\binom{n}{k} = \frac{n^{\underline{k}}}{k^{\underline{k}}}$$

n개에서 k개를 고르는 조합의 수

$$\begin{aligned}
{}_n\mathrm{C}_k &= \binom{n}{k} \\
&= \frac{n!}{k!(n-k)!} \\
&= \frac{(n-0)(n-1)\cdots(n-(k-1))}{(k-0)(k-1)\cdots(k-(k-1))} \\
&= \frac{n^{\underline{k}}}{k^{\underline{k}}}
\end{aligned}$$

"미안, 얘기가 딴 데로 샜네. 자, 다시 돌아가 볼까? $(x+y)^n$을 전개한 식을 막 얻은 참이지? 규칙성을 알기 쉽도록 좀 길게 써 볼게."

$$\begin{aligned}
(x+y)^n = &(y\text{를 } 0\text{개 고른다}) \\
&+(y\text{를 } 1\text{개 고른다}) \\
&+\cdots
\end{aligned}$$

$$
\begin{aligned}
&+(y\text{를 }k\text{개 고른다})\\
&+\cdots\\
&+(y\text{를 }n\text{개 고른다})\\
&=\binom{n}{0}x^{n-0}y^{0}\\
&+\binom{n}{1}x^{n-1}y^{1}\\
&+\cdots\\
&+\binom{n}{k}x^{n-k}y^{k}\\
&+\cdots\\
&+\binom{n}{n}x^{n-n}y^{n}
\end{aligned}
$$

"각 항에서 변화하는 부분을 주의해서 보고 $\sum$로 나타내면 이런 식을 얻을 수 있어. 이 식을 **이항정리**라고 해."

풀이 7-2 $(x+y)^n$의 전개 (이항정리)

$$(x+y)^n=\sum_{k=0}^{n}\binom{n}{k}x^{n-k}y^{k}$$

"처음부터 이런 전개식에 맞닥뜨리면 좀처럼 외우기 어렵지. 하지만 자기 손을 움직여서 도출해 본 경험이 있으면 훨씬 외우기 쉬워. 이렇게 스스로 도출할 수 있게 연습해 두면 어느새 머릿속에 남아 도출할 필요가 없어지지. 좀 역설적이긴 하지만 재미있지 않아?"

"선배…… $\sum$가 나오면 너무 어렵게 느껴져요……."

"불안하면 $\sum$가 나타내는 항을 구체적으로 풀어서 쓰면 도움이 될 거야. $k=0$일 경우, $k=1$일 경우, $k=2$일 경우, 이렇게 말이야. 익숙해질 때까지는 그런 연습이 중요해."

"네…… 그런데 '조합'이 이런 데서 나올 줄이야. 확률을 배웠을 때, 흰 구슬과 빨간 구슬을 고르는 조합 문제에서 잔뜩 곱셈만 했던 기억이 나요. 마치 약분 연습을 할 때처럼요. 하지만 이렇게 식 전개에 경우의 수 조합이 나올 줄은 몰랐어요."

"그래. 자, 이번엔 **검산**이야. 지금까지는 구체적인 예를 생각해 보고 일반화를 해 봤지. 그게 끝나면 반드시 검산을 해야 해. 이 과정을 빼먹으면 안 돼. $n=1, 2, 3, 4$로 확인해 보자."

$$\begin{aligned}(x+y)^1 &= \sum_{k=0}^{1}\binom{1}{k}x^{1-k}y^k \\ &= \binom{1}{0}x^1y^0 + \binom{1}{1}x^0y^1 \\ &= x+y\end{aligned}$$

$$\begin{aligned}(x+y)^2 &= \sum_{k=0}^{2}\binom{2}{k}x^{2-k}y^k \\ &= \binom{2}{0}x^2y^0 + \binom{2}{1}x^1y^1 + \binom{2}{2}x^0y^2 \\ &= x^2+2xy+y^2\end{aligned}$$

$$\begin{aligned}(x+y)^3 &= \sum_{k=0}^{3}\binom{3}{k}x^{3-k}y^k \\ &= \binom{3}{0}x^3y^0 + \binom{3}{1}x^2y^1 + \binom{3}{2}x^1y^2 + \binom{3}{3}x^0y^3 \\ &= x^3+3x^2y+3xy^2+y^3\end{aligned}$$

$$\begin{aligned}(x+y)^4 &= \sum_{k=0}^{4}\binom{4}{k}x^{4-k}y^k \\ &= \binom{4}{0}x^4y^0 + \binom{4}{1}x^3y^1 + \binom{4}{2}x^2y^2 + \binom{4}{3}x^1y^3 + \binom{4}{4}x^0y^4 \\ &= x^4+4x^3y+6x^2y^2+4xy^3+y^4\end{aligned}$$

테트라는 식을 하나하나 확인하면서 고개를 끄덕였다.

"공식에 문자가 잔뜩 나와 '우와, 엄청 까다롭겠는걸' 하고 생각했는데, 일반화한 결과라고 생각하니 왠지 납득이 가요. 문자가 늘어나는 건 어쩔 수 없겠네요."

"응. 구체적인 공식을 무한 개 준비하는 대신에 n이라는 변수를 도입한 공식 하나만 준비한 게 일반화한 공식이야. 각 항의 부분도 k라는 변수를 써서 일반화했고."

"네, 하지만…… $n-k$나 k가 많아서 기억하기 힘들겠어요."

"$n-k$와 k를 별개로 생각하지 말고 '합이 n'이라고 생각해. 그리고 그 합의 균형을 0부터 n까지 바꾸어 가는 거야. 처음에는 x의 지수가 n이고 최대지. y의 지수는 0으로 최소가 되고. 그리고 x의 지수를 1씩 줄일 때마다 y의 지수는 1씩 늘리는 거야. 마지막에는 x의 지수가 최소 0이 되고, y의 지수가 최대 n이 되지. 그런 식으로 생각하는 거야. k는 현재 합의 균형을 나타내."

$$
\begin{array}{ll}
k=0 & x\ x\ x\ x\ x\ x\mid \\
k=1 & x\ x\ x\ x\ x\mid y \\
k=2 & x\ x\ x\ x\mid y\ y \\
k=3 & x\ x\ x\mid y\ y\ y \\
k=4 & x\ x\mid y\ y\ y\ y \\
k=5 & x\mid y\ y\ y\ y\ y \\
k=6 & \mid y\ y\ y\ y\ y\ y
\end{array}
$$

"아하, x에서 y로 조금씩 옮겨 가네요."

"그래. 모두 n제곱하는 것을 x와 y로 나눈 거야. 머플러를 '같이 두르듯' 말이야."

"서, 선배! 갑자기 그 말을 왜 꺼내시는지……?"

4. 집에서 발견한 생성함수의 곱

한밤중. 가족들은 모두 잠들었다. 나는 내 방에서 혼자 생각에 빠져 있다.

C_n을 귀납적으로 정의하는 식은 이미 구했다.

$$\begin{aligned} C^0 &= 1 \\ C^{n+1} &= \sum_{k=0}^{n} C_k C_{n-k} \quad (n \geqq 0) \end{aligned}$$

나는 지금부터 어떤 것을 시도하려고 한다. 그것은 **생성함수**를 이용한 해법이다.

미르카와 나는 피보나치 수열의 일반항을 구한 적이 있었다. 그녀는 수열과 생성함수를 대응시켰다. 우리는 그때 두 나라, '수열의 나라'와 '생성함수의 나라'를 오갔다.

나는 노트를 펼치고 기억을 더듬으며 써 내려가기 시작했다.

수열 $\langle a_0, a_1, a_2, \cdots, a_n, \cdots \rangle$이 주어졌을 때, 수열의 각 항을 계수로 가진 $a_0 + a_1 x + a_2 x^2 + \cdots + a_n x^n + \cdots$이라는 형식적인 멱급수를 생각해 보는 거다. 이게 생성함수다. 그리고 대응 관계를 생각해서 수열과 생성함수를 동일시해 보는 거야.

$$\text{수열} \longleftrightarrow \text{생성함수}$$
$$\langle a_0,\ a_1,\ a_2,\ \cdots,\ a_n,\ \cdots \rangle \longleftrightarrow a_0 + a_1 x + a_2 x^2 + \cdots + a_n x^n + \cdots$$

이런 대응을 생각하면 무한히 계속되는 수열을 단 하나의 생성함수로 나타낼 수 있다. 게다가 그 생성함수를 닫힌 식으로 나타내면 멋진 식(수열의 일반항의 닫힌 식)을 얻을 수 있을 것이다.

미르카와 나는 생성함수를 써서 피보나치 수열의 일반항을 구했다. 손가락 사이로 줄줄 빠져나가는 수열을, 생성함수라는 하나의 실로 묶어 줬다. 가슴이 두근거리는 경험이었다.

나는 그때 썼던 방법을 이번 문제에도 활용해 보기로 했다.

C_n의 닫힌 식을 구하는 여행 지도

수열 C_n ⟶ 생성함수 $C(x)$

↓

수열 C_n의 닫힌 식 ⟵ 생성함수 $C(x)$의 닫힌 식

n개의 덧셈 부호로 구성된 식을 괄호로 묶는 경우의 수를 C_n이라고 하고, 수열 $\langle C_0, C_1, C_2, \cdots, C_n, \cdots\rangle$을 생각해 보자.

그다음 이 수열의 생성함수를 $C(x)$라 하자. 여기서 x는 수열을 헷갈리지 않게 하기 위한 형식적인 변수다. x^n의 지수 n이 C_n의 첨자 n에 대응한다. $C(x)$는 다음과 같은 형태가 된다.

$$C(x) = C_0 + C_1 x + C_2 x^2 + \cdots + C_n x^n + \cdots$$

이상은 생성함수의 정의대로다. 여기까지는 전혀 머리를 쓰지 않고 정석대로 했다. 그렇다. 생성함수의 나라로 건너가는 건 간단하다. 머리를 쓰는 건 이제부터다.

지금 내가 들고 있는 무기는 C_n을 귀납적으로 정의한 식뿐이다. 이 식을 써서 **$C(x)$의 닫힌 식을 구하는 것**이 다음 수순이다. $C(x)$의 'x에 대한 닫힌 식'을 구해 보자. 그 식에 n은 나오지 않을 테니까.

그런데…… 이번 식은 피보나치 수열 때처럼 단순하지 않을 것 같다. 그때는 확실히 생성함수에 x를 곱해 계수를 '약간씩 비틀어' 조정하고 빼거나 더하기만 해도 n을 소거할 수 있었다.

하지만 이번 식인 $C_{n+1} = \sum_{k=0}^{n} C_k C_{n-k}$는 조금 까다로울 것 같다. $C_k C_{n-k}$라는 곱을 $\sum$로 더한다. 성가신 '곱셈의 합' 형태다.

응?

'곱셈의 합'……이라고?

게다가 C_k와 C_{n-k}는 '첨자의 합이 n'……이군.

호오.

나는 아까 테트라에게 했던 말을 떠올려 보았다.

"$n-k$와 k를 따로따로 생각하지 말고 '합이 n'이라는 걸 기억해. 그리고 그 합의 균형을 0부터 n까지 바꾸어 가는 거지……."

이번 식에 나오는 $\sum_{k=0}^{n} C_k C_{n-k}$도 그와 비슷하다. C_k와 C_{n-k}로, 첨자의 합이 n이 된다. 그리고 그 합의 균형을 바꾸어 가면서 k를 0부터 n까지 움직여 본다.

지금 내가 가지고 있는 식 $C_{n+1}=\sum_{k=0}^{n} C_k C_{n-k}$가 주장하는 바는 이렇다. $\sum_{k=0}^{n} C_k C_{n-k}$라는, 멋진 형태의 '곱셈의 합'을 만드는 것에 성공했다면, 그것을 C_{n+1}이라는 간단한 항으로 바꿀 수 있다고.

떠올려 보자. 어떤 대목에서 '곱셈의 합'이 나왔는지.

"$(x+y)(x+y)(x+y)$라는 '덧셈의 곱'이 $x^3+3x^2y+3xy^2+y^3$이라는 '곱셈의 합'이 되었어. 이게 전개지……."

'덧셈의 곱'을 전개해 보니 '곱셈의 합'이 되었다는 말이었군.

좋았어.

포인트는 곱에 있는 것 같다. **생성함수의 곱**을 만들어 보자. 직접 쓰면서 계산해 보면 뭔가 알 수 있겠지.

생성함수는 $C(x)$밖에 없으니까 이걸 제곱하면 뭐가 나오려나…… 생성함수는 이거다.

$$C(x)=C_0+C_1x+C_2x^2+\cdots+C_nx^n+\cdots$$

그러니까 제곱하면…… 이렇게 된다.

$$C(x)^2=(C_0C_0)+(C_0C_1+C_1C_0)x+(C_0C_2+C_1C_1+C_2C_0)x^2+\cdots$$

상수항은 C_0C_0이고, x의 계수는 $C_0C_1+C_1C_0$이고, x^2의 계수는 $C_0C_2+C_1C_1+C_2C_0$이 되는군.

그럼 일반화해서(테트라의 큰 눈을 떠올리면서) 식 $C(x)^2$의 x^n의 계수를 써 보자.

쓰고, 쓰고, 또 쓴다. 샤프가 노트 위를 달리는 소리.

……다 됐다. 이게 x^n의 계수다.

$$C_0C_n+C_1C_{n-1}+\cdots+C_kC_{n-k}+\cdots+C_{n-1}C_1+C_nC_0$$

첨자에 주목해 보자. C_kC_{n-k}에서, k는 점점 커지고 $n-k$는 작아진다. k는 0부터 n 사이에서 움직인다.

이렇게 장황하게 쓰니까 오히려 눈에 안 들어오는걸. $\sum$를 쓰자. 일반적으로 쓰면 x^n의 계수는,

$$\sum_{k=0}^{n}C_kC_{n-k}$$

이 된다. 이건 $C(x)^2$이라는 식의 'x^n의 계수'니까, $C(x)^2$ 그 자체는 이중합의 형태가 되어서…… 이렇게 되는군.

$$C(x)^2=\sum_{n=0}^{\infty}\underbrace{\left(\sum_{k=0}^{n}C_kC_{n-k}\right)}_{x^n\text{의 계수}}x^n$$

나왔다, 나왔어.

멋진 '곱셈의 합' $\sum_{k=0}^{n}C_kC_{n-k}$가 나왔다. 이렇게 '곱셈의 합' 형태가 되었으니까 귀납적 식을 써서 간략화할 수 있을 것이다. 그 식에 따르면,

$$\sum_{k=0}^{n}C_kC_{n-k}$$

를 C_{n+1}이라는 단순한 항으로 치환할 수 있다.

그러니까 생성함수 $C(x)$의 제곱은 꽤나 간단하게 나타낼 수 있다는 거

다. $\sum_{k=0}^{n} C_k C_{n-k}$를 C_{n+1}로 치환해 보자.

$$\begin{aligned} C(x)^2 &= \sum_{n=0}^{\infty} \underline{\left(\sum_{k=0}^{n} C_k C_{n-k} \right)} x^n \\ &= \sum_{n=0}^{\infty} \underline{C_{n+1}} x^n \end{aligned}$$

오오, 이중합이 합이 되는구나!

잠깐. C_{n+1}의 첨자와 x^n의 지수가 1 차이가 나는데?

으음…… 아, 그렇지. 이걸 해결하는 방법을 피보나치 수열 때 경험했지. 차이가 나는 만큼 x를 곱해 주면 된다. 양변에 x를 곱해 보자.

$$x \cdot C(x)^2 = x \cdot \sum_{n=0}^{\infty} C_{n+1} x^n$$

우변의 x를 $\sum$ 안에 넣자.

$$x \cdot C(x)^2 = \sum_{n=0}^{\infty} C_{n+1} x^{n+1}$$

$n=0$을 $n+1=1$이라고 바꿔 준다. 통일하기 위해서다.

$$x \cdot C(x)^2 = \sum_{n+1=1}^{\infty} C_{n+1} x^{n+1}$$

그리고 $n+1$을 모두 기계적으로 n으로 치환해 준다.

$$x \cdot C(x)^2 = \sum_{n=1}^{\infty} C_n x^n$$

좋았어. 우변의 $\sum_{n=1}^{\infty} C_n x^n$은 거의 생성함수 $C(x)$와 같다. $n=0$부터 시작하기 위해 C_0만큼 빼 주면 끝난다.

$$x \cdot C(x)^2 = \sum_{n=0}^{\infty} C_n x^n - C_0$$

이걸로 n이 지워진다!

$$x \cdot C(x)^2 = C(x) - C_0$$

$C_0 = 1$을 써서 식을 정리하면,

$$x \cdot C(x)^2 - C(x) + 1 = 0$$

$C(x)$에 대한 **이차방정식**이 나왔다. 가령 $x \neq 0$이라고 하면 이런 식을 구할 수 있다.

$$C(x) = \frac{1 \pm \sqrt{1-4x}}{2x}$$

휴, 제대로 푼 것 같은데…….

생성함수의 곱에 따라 멋진 형태의 '곱셈의 합'을 만들고 닫힌 식을 도출해 냈다. 생성함수의 곱이 이렇게 강력할 줄이야.

생성함수 $C(x)$가 어째서 ± 2개가 되는지도 모르겠고, 애초에 $\sqrt{1-4x}$를 어떻게 해야할지 의문이 더 많아진 느낌이지만.

어찌 됐든 n은 사라졌다.

난 생성함수 $C(x)$의 닫힌 식을 손에 넣었다.

이제는 이 닫힌 식을 멱급수 전개만 하면 된다.

5. 도서실

미르카의 답

다음 날. 방과 후 도서실. 내 옆에는 미르카가 있다.

"처음엔 귀납적으로 식을 세웠는데……." 미르카는 빠르게 이야기를 시작했다.

"도중에 방향을 틀었어."

"어? 귀납적으로 식을 풀지 않았다고?"

"응, 더 좋은 방법이 떠올랐거든."

더 좋은 방법?

내가 노트를 펼치자 미르카는 곧 써 내려가기 시작했다.

"예를 들어, $n=4$일 때 이런 식을 보자."

$$((0+1)+(2+(3+4)))$$

"잘 보면 이렇게 '닫힌 괄호'를 지워 버려도 복원할 수 있어."

$$((0+1+(2+(3+4$$

"닫힌 괄호를 복원할 수 있는 건 '덧셈 부호가 두 항을 잇는다'는 제약 덕분이야."

"그러네, 두 번째 항이 정렬되었을 때 닫힌 괄호를 삽입하면 되는 건가?"

나는 조금 생각한 다음 말했다. 나는 ((A+A)+(A+(A+A)))에서 그만둬 버렸지만 좀 더 간단한 해법이 있었다.

미르카는 입꼬리를 살짝 올리며 미소 지었다.

"덧붙여 말하자면, 숫자를 쓸 필요도 없어. 이걸로도 충분해."

$$(\quad(\quad+\quad+\quad(\quad+\quad(\quad+$$

"이렇게만 남아도 복원할 수 있어. 덧셈 부호 좌측에 숫자를 쓰기만 하면 되지. 마지막 4는 덧셈 부호의 우측에 넣어야 하지만."

"아하."

"괄호를 묶는 방법의 경우의 수란 건, '열린 괄호'와 '덧셈 부호'를 나열할 경우의 수라고도 생각할 수 있어. $n=4$일 때 열린 괄호 4개와 덧셈 부호 4개를 나열하는 경우의 수를 생각하면 되는 거야. 예를 들어 * 문자를 8개 나열한다고 쳐."

$$* * * * * * * *$$

"이중 어떤 4개를 열린 괄호로 바꿀지 생각하는 거야."

$$(\quad (\quad * \quad * \quad (\quad * \quad (\quad *$$

"그리고 열린 괄호가 되지 못한 나머지 문자를 모두 덧셈 부호로 바꾸는 거야."

$$(\quad (\quad + \quad + \quad (\quad + \quad (\quad +$$

"8개의 문자(괄호와 덧셈 부호가 4개씩)에서 열린 괄호로 바꿀 4개를 고르는 조합 $\binom{8}{4}$를 생각해 봤어. 이건 $n=4$일 때의 이야기지. 일반형으로 바꾸면 $2n$개의 문자(괄호와 덧셈 부호가 n개씩)에서, 열린 괄호로 바꾸는 n개를 고르는 조합 $\binom{2n}{n}$를 생각하면 돼. 이런 조합은 아래 그림처럼 꼬불꼬불한 최단 경로의 개수와 같아. 왼쪽 아래의 S는 출발점, 오른쪽 위의 G가 도착점. 화살표로 나타내는 길의 순서는 $((++(+(+$라는 문자열과 들어맞지. 그리고 그 다음엔……."

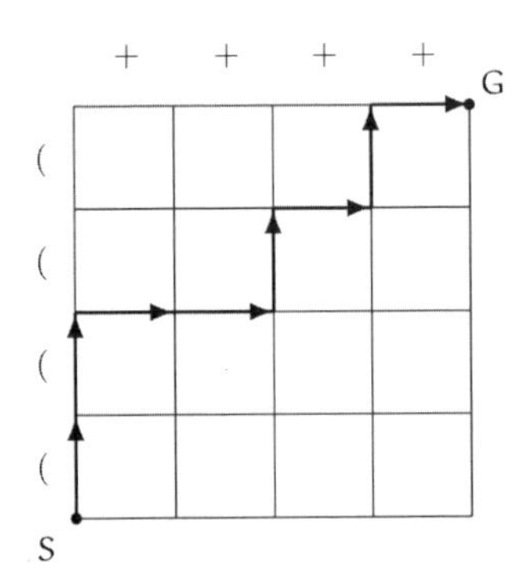

"잠깐." 나는 계속 진도를 나가려는 미르카를 저지했다.

"미르카. 이건 이상해. 이건, 8개 중에서 임의의 4개를 고르는 문제가 아니야. 아무리 괄호와 덧셈 부호의 개수가 4개씩이라 하더라도 이렇게 정렬할 수는 없잖아?"

((+ + + + ((

"그건 네가 그린 그림에서 ((+ + + + ((에 대응하는 경로를 그려서 따라가 보면 알 거야. 이 그림에서 ○를 붙인 교차점을 통과하는 경로는 세지 말아야 해."

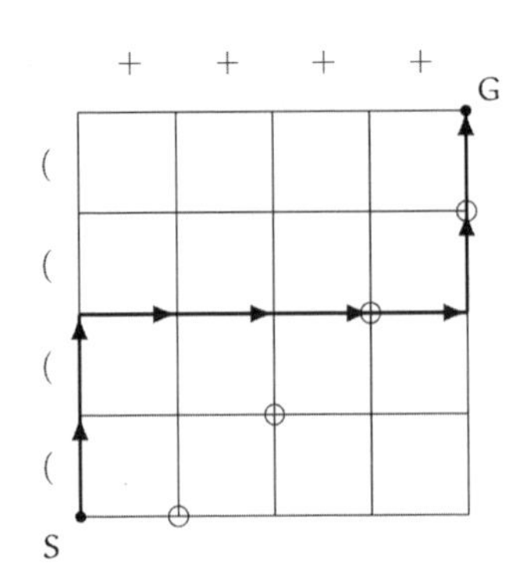

미르카는 뾰로통하게 이어 말했다. "내 말 아직 안 끝났어."

◆◆◆

괄호와 덧셈 부호를 나열하는 과정에는 덧셈 부호의 수가 괄호의 수를 넘을 수 없다는 제약이 있다구.

네가 말했던 것처럼 위 그림에서 ○ 지점을 통과할 때 덧셈 부호의 수가 괄호의 수를 넘어서. ○를 통과하지 않고 S에서 G까지 가는 경우의 수가 C_n이야.

제약을 생각하지 않고 S에서 G까지 가는 경우의 수는 $\binom{2n}{n}$이야.

그럼 S에서 G까지 가는 도중에 ○를 한 번이라도 지나는 경우의 수는 어떨까?

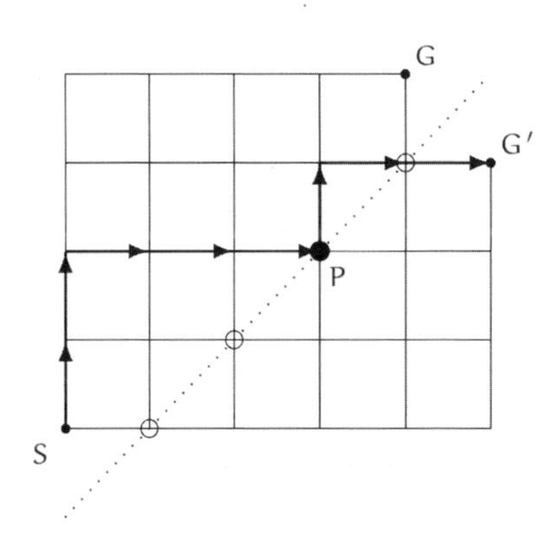

처음으로 밟는 ○를 P라고 하자. 그때부턴 P 이후의 진행 방향을 모두 바꾸는 거야. 기울어진 점선을 거울이라고 치고, P→G의 도중에서 →로 향할 거면 ↑로, ↑로 향할 거면 → 방향으로 가는 거야. 그럼 G가 아니라 G′에 도달하지.

G′은 G를 거울에 비추었을 때의 지점이야. 요컨대 ((++++((를 ((+++(++로 교환한 셈이지.

그렇게 생각하면 ○를 지나는 모든 경우의 수는 S에서 G′으로 가는 경우의 수와 일대일로 대응해. 가로세로 $2n$개의 짧은 길 중에서 $n+1$개 옆으로 가는 길을 고르는 조합이 되는 거야. 즉, $\binom{2n}{n+1}$가 되는 거지.

따라서 이런 식이 성립해.

$$\mathrm{C}_n = (\text{S에서 G까지의 경로의 수}) - (\text{S에서 G}'\text{까지의 경로의 수})$$

자, 이제 계산하자. 빨리 빨리. 하강 계승을 이용할 거야.

$$\begin{aligned}
\mathrm{C}_n &= \binom{2n}{n} - \binom{2n}{n+1} \\
&= \frac{(2n)^{\underline{n}}}{(n)^{\underline{n}}} - \frac{(2n)^{\underline{n+1}}}{(n+1)^{\underline{n+1}}} && \binom{n}{k} = \frac{n^{\underline{k}}}{k^{\underline{k}}} \text{ 를 사용} \\
&= \frac{(n+1)\cdot(2n)^{\underline{n}}}{(n+1)\cdot(n)^{\underline{n}}} - \frac{(2n)^{\underline{n}}\cdot(n)}{(n+1)\cdot(n)^{\underline{n}}} && \text{통분}
\end{aligned}$$

이 통분, 특히 두 번째 항은 조금 어려울지도 모르겠네. 하강 계승의 의미를 생각하면 명백한 결과지만 보충 설명은 해 두는 게 좋겠어.

분자는 이렇게 변형했어. (n)이라는 '꼬리'를 단 거지.

$$\begin{aligned}
(2n)^{\underline{n+1}} &= (2n)\cdot(2n-1)\cdot(2n-2)\cdots(n+1)\cdot(n) \\
&= (2n)^{\underline{n}}\cdot(n)
\end{aligned}$$

그리고 분모는 이렇게 변형했어. 이번엔 $(n+1)$이라는 '머리'를 달았지.

$$\begin{aligned}
(n+1)^{\underline{n+1}} &= (n+1)\cdot(n)\cdot(n-1)\cdots 2\cdot 1 \\
&= (n+1)\cdot(n)^{\underline{n}}
\end{aligned}$$

이제 통분한 다음 C_n의 계산을 전개해 보자.

$$\mathrm{C}_n = \frac{(n+1)\cdot(2n)^{\underline{n}} - (2n)^{\underline{n}}\cdot(n)}{(n+1)\cdot(n)^{\underline{n}}}$$

$$
\begin{aligned}
&= \frac{((n+1)-(n))\cdot(2n)^{\underline{n}}}{(n+1)\cdot(n)^{\underline{n}}} && \text{분자를 } (2n)^{\underline{n}}\text{으로 묶는다} \\
&= \frac{1}{n+1}\cdot\frac{(2n)^{\underline{n}}}{(n)^{\underline{n}}} && \text{정리한다} \\
&= \frac{1}{n+1}\binom{2n}{n} && \frac{n^{\underline{k}}}{k^{\underline{k}}}=\binom{n}{k}\text{를 사용한다}
\end{aligned}
$$

따라서 덧셈 부호가 n개인 식을 괄호로 묶는 경우의 수는 이렇지.

$$C_n = \frac{1}{n+1}\binom{2n}{n}$$

좋아, 이렇게 해서 답이 나왔어. 이제 검산해 봐.

◆◆◆

난 미르카의 간단한 해법에 충격을 받고 계산하기 시작했다.

$$
\begin{aligned}
C_1 &= \frac{1}{1+1}\binom{2}{1} = \frac{1}{2}\cdot\frac{2}{1} &&= 1 \\
C^2 &= \frac{1}{2+1}\binom{4}{2} = \frac{1}{3}\cdot\frac{4\cdot3}{2\cdot1} &&= 2 \\
C^3 &= \frac{1}{3+1}\binom{6}{3} = \frac{1}{4}\cdot\frac{6\cdot5\cdot4}{3\cdot2\cdot1} &&= 5 \\
C^4 &= \frac{1}{4+1}\binom{8}{4} = \frac{1}{5}\cdot\frac{8\cdot7\cdot6\cdot5}{4\cdot3\cdot2\cdot1} &&= 14
\end{aligned}
$$

"대단해……. 확실히 1, 2, 5, 14가 나왔어!"

미르카는 내 말에 얼굴 가득 미소를 띠었다.

풀이 7-1 $C_n = \frac{1}{n+1}\binom{2n}{n}$

"그럼, 이제 네 차례야."

생성함수와 맞서다

미르카의 우아한 해답은 꽤나 충격적이었다. 내 해법의 경우, 생성함수를 시도해 본 것은 좋았지만, 복잡한 닫힌 식이 만들어졌을 뿐 진전은 없었다. 나는 엉뚱한 도전을 한 걸까? 생성함수의 곱을 만들어 냈을 때의 감동도 이미 날아간 채였다.

분하다.

미르카는 왠지 조금 난처한 얼굴을 했다.

"괜찮으니까 얘기해 봐. 귀납적으로 정의한 식을 만들어서 그다음엔 어떻게 했어?" 하고 나를 재촉했다.

나는 생성함수로 풀어 보려고 했던 것, 생성함수의 곱을 만들어 '멋진 형태의 곱셈의 합'을 만들고, 이차방정식을 도출해 생성함수의 닫힌 식을 얻은 것까지 이야기했다. 생성함수의 나라에 간 건 좋았지만 수열의 나라로 돌아올 수 없었던 나.

너무나 분하다.

"그래서 어떤 식이 되었어?" 미르카가 말했다.

나는 침묵했다.

"응? 어떤 건데?" 그녀는 내 얼굴을 빤히 들여다보았다.

나는 할 수 없이 노트에 식을 썼다.

$$\mathrm{C}(x)=\frac{1\pm\sqrt{1-4x}}{2x}$$

"흠, 난점이 두 가지네. $\pm$부분과 $\sqrt{1-4x}$ 부분."

"그 정도는 알아. 거기서 막혔어."

미르카는 초조한 내 목소리에 반응하지 않고 담담하게 말을 계속했다.

"우선 $\pm$부터 생각해 보자."

미르카는 수식을 잠깐 보고 눈을 감고는 고개를 들어 허공을 향했다. 그리고 오른손 검지를 위로 세우고는 빙글빙글 돌렸다. 0을 그리고, 0을 그리고, 무한대를 그리더니 눈을 떴다.

"정의로 돌아가 보자. 생성함수 $C(x)$는 이거였지?"

$$C(x)=C_0+C_1x+C_2x^2+\cdots+C_nx^n+\cdots$$

"이 말은, $x=0$이라고 하면 x를 포함한 항은 모두 지워지고 $C(0)=C_0$이 된다는 거야. 이제 네가 찾아낸 닫힌 식으로 돌아가 보자."

$$C(x)=\frac{1\pm\sqrt{1-4x}}{2x}$$

여기서 $C(0)$은 어떻게 되는 걸까?

"안 돼. 분모가 0이 되니까 $C(0)$은 무한대가 되어 버려." 나는 대답했다. 이제 좀 평정을 찾았다. 미르카에게 짜증 내 봤자 해결될 것도 아니고.

"아니, 틀렸어." 미르카는 고개를 천천히 저었다. "한쪽은 무한대지만 다른 한쪽은 부정이야. $C(x)$의 $\pm$ 중에서 덧셈 부호를 쓴 쪽을 $C_+(x)$라고 하고, 뺄셈 부호를 쓴 쪽을 $C_-(x)$라고 하면 이렇게 되지."

$$C_+(x)=\frac{1+\sqrt{1-4x}}{2x}$$

$$C_-(x)=\frac{1-\sqrt{1-4x}}{2x}$$

"분모가 0이 되지 않도록 양변에 $2x$를 곱해 없애 버리자."

$$2x\cdot C_+(x)=1+\sqrt{1-4x}$$

$$2x\cdot C_-(x)=1-\sqrt{1-4x}$$

"$x=0$일 때 좌변은 둘 다 0이지. 식 $1+\sqrt{1-4x}$는 2가 되고, 식 $1-\sqrt{1-4x}$는 0이 돼. 이게 무슨 말일까?"

"적어도 $C_+(x)$는 부적절하다는 걸까……."

"아마도. 생성함수에 대해 더 깊이 안다고는 할 수 없지만, 적어도 $C_+(x)$를 추적하는 건 필요 없어. 식 발견을 위해 추적하는 생성함수는 $C_-(x)$로 압축된 셈이지. 다음 목표는…… 뭐라고 생각해?"

"$\sqrt{1-4x}$를 궁리하는 거." 나는 말했다.

내가 마음을 가다듬자 미르카가 빙긋 웃었다.

생성함수 $C(x)$의 닫힌 식

$$C(x)=\frac{1-\sqrt{1-4x}}{2x}$$

머플러

그때 나는 도서실 입구에 서 있는 테트라를 발견했다. 그녀는 나란히 앉아 있는 나와 미르카를 보며 작은 쇼핑백을 든 채 가만히 서 있었다. 언제부터 저러고 있었을까?

나는 테트라에게 가볍게 손을 들어 보였다. 그녀는 평소와 달랐다. 내 쪽으로 천천히 다가온 테트라는 평소와 다르게 산만하지 않았고 진지한 표정이었다.

"선배, 어제는 감사했습니다."

테트라는 조용히 말하고는 고개를 숙이며 쇼핑백을 내밀었다.

단정하게 접은 머플러가 들어 있었다.

"아, 천만에. 감기 안 걸렸어?"

"네, 괜찮아요. 머플러도 빌려주셨고, 따뜻한 음료도 같이 마셨잖아요."

테트라는 그렇게 말하면서 미르카 쪽으로 시선을 돌렸다. 그 시선을 따라 나도 미르카를 보았다. 미르카는 샤프를 쥔 손을 멈추고 자연스럽게 고개를 들었다. 그리고 쇼핑백에 눈길을 주더니 테트라를 보았다. 두 소녀는 말없이 서로 눈을 마주쳤다.

누구도 먼저 입을 열지 않았다.

4초 경과.

테트라는 후, 하고 한숨을 내쉬더니 내 쪽을 바라보았다.

"오늘은 이만 실례할게요. 수학, 또 가르쳐 주세요." 테트라는 살짝 고개를 숙여 보이고 문 쪽을 향했다. 입구에서 한 번 돌아보고는 한 번 더 가볍게 인사했다.

미르카는 다시 종이를 보더니 수식을 써 내려가기 시작했다.

"뭔가 떠올랐어?" 내가 물었다. 물론 $\sqrt{1-4x}$ 에 대한 질문이다.

미르카는 고개를 들지 않고 식을 쓰면서 한마디로 대답했다.

"편지."

"응?"

"편지가 들어 있어." 미르카는 계산하던 손을 멈추지 않고 말했다.

나는 가방 안을 보았다. 손을 집어넣으니 머플러 아래에 무언가가 잡혔다. 꺼내 보니 고급스러운 미색 카드가 있었다. 미르카는 어떻게 카드를 눈치 챈 걸까? 테트라의 글씨가 적힌 짧은 메시지.

따뜻한 머플러 감사했어요. 테트라.

P. S. 또 '빈즈'에서 만나요!

마지막 관문

우리는 다시 문제로 돌아갔다.

생성함수 $C(x)$의 닫힌 식은 이렇게 구했다.

생성함수 $C(x)$의 닫힌 식

$$C(x)=\frac{1-\sqrt{1-4x}}{2x}$$

다음 문제는 $\sqrt{1-4x}$를 어떻게 하느냐다.

"흐름을 쫓아가기가 힘드네, 미르카. $C(x)$의 닫힌 식을 구하고, 그리고……

피보나치 수열의 일반항 구할 때 어떻게 했더라?"

"$C(x)$의 닫힌 식을 써서 x^n의 계수를 찾는 거야. 말하자면 멱급수로 전개하는 거지." 미르카는 말했다.

"$\sqrt{1-4x}$가 성가시네. $\sqrt{1-4x}$를 어떡하면 좋을까?" 나는 중얼거렸다.

"멱급수로 전개할 수밖에 없잖아? 예를 들어 계수 수열에 $\langle K_n \rangle$이라는 이름을 붙이고 이렇게 전개한다고 하자." 이렇게 말하면서 미르카는 식을 써 내려갔다.

$$\begin{aligned}\sqrt{1-4x} &= K_0 + K_1 x + K_2 x^2 + \cdots + K_n x^n + \cdots \\ &= \sum_{k=0}^{\infty} K_k x^k\end{aligned}$$

"그런데 생성함수 $C(x)$는 이랬었지."

$$C(x) = \frac{1-\sqrt{1-4x}}{2x}$$

"그러니까 분모를 날려 버리면……."

$$2x \cdot C(x) = 1 - \sqrt{1-4x}$$

"여기에 $C(x) = \sum_{k=0}^{\infty} C_k x^k$과 $\sqrt{1-4x} = \sum_{k=0}^{\infty} K_k x^k$을 대입하면 이렇게 되지."

$$2x \sum_{k=0}^{\infty} C_k x^k = 1 - \sum_{k=0}^{\infty} K_k x^k$$

"좌변에서 $2x$를 안으로 이동시키고 우변에서 $k=0$ 항을 밖으로 빼내자."

$$\sum_{k=0}^{\infty} 2C_k x^{k+1} = 1 - K_0 - \sum_{k=1}^{\infty} K_k x^k$$

"좌변을 $k=1$에서 시작하도록 조정하고……."

$$\sum_{k=1}^{\infty} 2C_{k-1}x^k = 1 - K_0 - \sum_{k=1}^{\infty} K_k x^k$$

"$\sum$를 좌변으로 모으는 거야."

$$\sum_{k=1}^{\infty} 2C_{k-1}x^k + \sum_{k=1}^{\infty} K_k x^k = 1 - K_0$$

"$\sum$를 정리하자. 무한급수니까 덧셈의 순서를 바꾸려면 조건을 확실히 규정해 두어야 하지만 지금은 식을 발견하는 데 쓰기만 할 거니까 계속 진행하는 거야."

$$\sum_{k=1}^{\infty} (2C_{k-1} + K_k)x^k = 1 - K_0$$

"위 식이 x에 대한 항등식이 되니까, 양변의 계수를 비교해 보고 K_n과 C_n의 항등식을 얻을 수 있어."

$0 = 1 - K_0$	x^0의 계수를 비교
$2C_0 + K_1 = 0$	x^1의 계수를 비교
$2C_1 + K_2 = 0$	x^2의 계수를 비교
$\vdots$	
$2C_n \mid K_{n+1} = 0$	x^n의 계수를 비교
$\vdots$	

"이걸 정리하면 이렇게 되지."

$$\begin{cases} K_0 = 1 \\ C_n = -\dfrac{K_{n+1}}{2} \quad (n \geqq 0) \end{cases}$$

"즉, K_n을 구하면 자연스럽게 C_n도 얻어지는 거야. 마지막 관문은 $\sqrt{1-4x}$

의 전개가 되는 셈이지."

함락

미르카는 더 기다릴 수 없다는 듯 말했다.

"그럼, 마지막 관문을 무너뜨려 보자. 먼저 $\mathrm{K}(x)=\sqrt{1-4x}$라고 하자."

$$\mathrm{K}(x)=\sum_{k=0}^{\infty}\mathrm{K}_k x^k$$

"$\langle \mathrm{K}_0, \mathrm{K}_1, \cdots, \mathrm{K}_n \cdots \rangle$을 구하는 게 우리의 목표야. 어디부터 공략하는 게 좋겠어?"

"바로 알 만한 곳부터 시작하자." 나는 말했다.

"흠, 그럼 K_0은 어떻게 해야 알 수 있을까?"

"$x=0$으로 시도해 보자. 그렇게 하면 $\sum_{k=0}^{\infty}\mathrm{K}_k x^k$에서, 상수항 이외에는 모두 지워져. 그러니까……."

$$\mathrm{K}(0)=\mathrm{K}_0$$

"이렇게 된다는 거지."

"그렇지. 다음엔 어떡할 거야?" 미르카가 물었다.

"x를 어떻게 해야 하냐고?" 내가 반문했다.

"아니, 함수를 해석하는 기본 기술을 쓰자는 거지." 미르카는 답답하다는 듯이 대답했다.

"무슨 말이야?"

"**미분** 말야. $\mathrm{K}(x)$를 x로 미분하면, 수열이 바뀌면서 상수항에 K_1이 오잖아."

$$\begin{array}{l} \mathrm{K}(x)=\quad \mathrm{K}_0+\ \mathrm{K}_1x^1+\ \mathrm{K}_2x^2+\mathrm{K}_3x^3+\cdots\ +\mathrm{K}_nx^n+\cdots \\ \qquad\qquad\quad \swarrow \qquad \swarrow \qquad \swarrow \qquad\qquad \swarrow \qquad \swarrow \\ \mathrm{K}'(x)=1\mathrm{K}_1+2\mathrm{K}_2x^1+3\mathrm{K}_3x^2+\cdots\ +n\mathrm{K}_nx^{n-1}+\cdots \end{array}$$

$$\vdots$$

$$K'(0)=1K_1$$

"왜 1을 명시적으로 쓰는지 알겠지? 미분에서는 지수가 낮아지니까 그 유형을 파악하려는 거야. 여기까지 왔으면 이제 쉬워. $K'(x)$를 더 미분해 보자."

$$K''(x)=2\cdot 1K_2+3\cdot 2K_3x^1 \cdots + n\cdot(n-1)K_nx^{n-2}+\cdots$$

"따라서 $x=0$이면 이렇게 되지."

$$K''(0)=2\cdot 1K_2$$

"다음엔 이걸 반복하는 거야. $K(x)$를 n번 미분한 것을 $K^{(n)}(x)$라고 표시해 보자."

$$\begin{aligned} K^{(n)}(x)=&\,n(n-1)(n-2)\cdots 2\cdot 1K_n \\ &+(n+1)n(n-1)(n-2)\cdots \end{aligned}$$

"아, 성가시네⋯⋯ 너무 늘어지니까 하강 계승을 써서 사용할게."

$$\begin{aligned} K^{(n)}(x)=&\,n^{\underline{n}}K_n \\ &+(n+1)^{\underline{n}}K_{n+1}x^1 \\ &+\cdots \\ &+(n+k)^{\underline{n}}K_{n+k}x^k \\ &+\cdots \end{aligned}$$

"따라서 $x=0$이면 이렇게 돼."

$$\mathrm{K}^{(n)}(0)=n^{\underline{n}}\mathrm{K}_n$$

“즉, $\mathrm{K}^{(n)}(0)$을 써서 K_n을 나타낼 수 있지. 따지고 보면 테일러 전개를 쓰는 것뿐이지만.”

$$\mathrm{K}_n=\frac{\mathrm{K}^{(n)}(0)}{n^{\underline{n}}}$$

“이걸로 일단락된 셈이야.” 미르카는 잠시 숨을 돌렸다.

“으음…… 하지만 이제 어느 방향으로든 나갈 수가 없는걸. 막다른 길이야.” 나는 말했다.

“왜 그런 말을 해? 지금은 멱급수 형태로 $\mathrm{K}(x)$를 파악했어. 이번에는 일반 함수의 형태로 파악해 보자.”

“파악한다고?”

“함수를 분석하는 기본 기술을 쓰자는 거지, 미분 말야.”

그렇게 말하고 미르카는 내게 윙크했다. 이렇게 장난스러운 모습은 처음이다.

“$\mathrm{K}(x)$의 정의를 떠올려 보면…….”

$$\mathrm{K}(x)=\sqrt{1-4x}$$

“제곱근이 $\frac{1}{2}$제곱이니까 이렇게 쓸 수 있어.”

$$\mathrm{K}(x)=(1-4x)^{\frac{1}{2}}$$

“이제 패턴에 주의하면서 계속 미분해 보자.”

$$\begin{aligned}\mathrm{K}(x)&=(1-4x)^{\frac{1}{2}}\\ \mathrm{K}'(x)&=-2\cdot(1-4x)^{-\frac{1}{2}}\end{aligned}$$

$$K''(x) = -2\cdot 2\cdot (1-4x)^{-\frac{3}{2}}$$
$$K'''(x) = -2\cdot 4\cdot 3\cdot (1-4x)^{-\frac{5}{2}}$$
$$K''''(x) = -2\cdot 6\cdot 5\cdot 4\cdot (1-4x)^{-\frac{7}{2}}$$
$$\vdots$$
$$K^{(n)}(x) = -2\cdot (2n-2)^{\underline{n-1}}\cdot (1-4x)^{-\frac{2n-1}{2}}$$
$$K^{(n+1)}(x) = -2\cdot (2n)^{\underline{n}}\cdot (1-4x)^{-\frac{2n+1}{2}}$$

"$x=0$을 대입하면 마지막 식은 이렇게 정리돼."

$$K^{(n+1)}(0) = -2\cdot (2n)^{\underline{n}}$$

"아까 멱급수로 구한 식, 네가 막다른 길이라고 했던 식을 끄집어내서 $n+1$을 생각해 보는 거야."

$$K_{n+1} = \frac{K^{(n+1)}(0)}{(n+1)^{\underline{n+1}}}$$

"이 두 식에서 이런 식을 구할 수 있지."

$$K_{n+1} = \frac{-2\cdot (2n)^{\underline{n}}}{(n+1)^{\underline{n+1}}}$$

"이걸로 K_{n+1}을 구했어. 전혀 막다른 길이 아니라구. 너, K_n과 C_n의 관계가 뭔지 기억해?"

$$C_n = -\frac{K_{n+1}}{2}$$

"이제부턴 단순노동이야."

$$C_n = -\frac{K_{n+1}}{2}$$

$$=\frac{(2n)^{\underline{n}}}{(n+1)^{\underline{n+1}}}$$

“분모는 $(n+1)^{\underline{n+1}}=(n+1)\cdot n\cdot(n-1)\cdots 1=(n+1)\cdot n^{\underline{n}}$으로 변형시킬 수 있지.”

$$\begin{aligned}
&=\frac{(2n)^{\underline{n}}}{(n+1)\cdot n^{\underline{n}}}\\
&=\frac{1}{n+1}\cdot\frac{(2n)^{\underline{n}}}{(n)^{\underline{n}}}\\
&=\frac{1}{n+1}\cdot\binom{2n}{n}
\end{aligned}$$

“따라서 C_n을 구할 수 있어.”

$$C_n=\frac{1}{n+1}\binom{2n}{n}$$

“자, 이걸로 또 하나 해결! 내 답하고 똑같은 식이 완성됐어. 생성함수의 나라에서 수열의 나라로 돌아온 셈이지.”

미르카는 생긋 웃으며 말했다.

“어서 와.”

반지름이 0인 원

“다녀왔습니다⋯⋯ 인가? 고마워.” 나는 말했다.

“꽤나 재미있었어. 여행 즐거웠어.” 그녀는 검지를 세워 보였다.

나는 미르카를 바라보았다. 이 친구는 정말⋯⋯ 무뚝뚝해 보여도 다정하다. 냉정해 보이면서도 뜨겁다. 나는 역시 미르카를⋯⋯.

미르카가 눈을 가늘게 뜨더니 벌떡 일어났다.

“기념으로 춤추고 싶어.”

나도 따라 일어섰다.

왜 그러지?

미르카는 내 쪽으로 왼손을 스윽 내밀었다. 나는 오른손을 내밀어 작은 새를 앉힌다는 느낌으로 살포시 미르카의 흰 손가락 끝에 얹었다.

따뜻해.

우리는 손을 잡은 채로 책장 앞의 넓은 공간으로 이동했다.

미르카는 원을 그리면서 내 주위를 천천히 돌았다.

한 발, 또 한 발.

때로 가벼운 스텝을 밟으며 미르카는 춤추듯 걸었다.

방과 후의 도서실.

우리 말고는 아무도 없다.

그녀의 작은 발소리만이 귀에 울렸다.

"미르카는…… 내게서 언제나 같은 거리만큼 떨어져 있지. 원주상에서 말이야. 단위원인가?"

내가 지금 무슨 소리를 지껄이고 있는 걸까?

미르카는 "흐응" 하며 발을 멈추고 "우리의 팔 길이의 합이 1이라면 말이지"라고 답하며 눈을 감았다.

문득 나는 떠올렸다.

'……그녀의 '바로 곁'에는 있을 수 없더라도 최소한 '바로 옆'에는 있고 싶다…….'

이렇게 생각했던 때가 있었지.

미르카가 눈을 떴다.

"반지름이 0이라도……." 이렇게 말하면서 미르카는 놀랄 만큼 세게 나를 끌어당겼다.

"반지름이 0이라도…… 떨어져 있는 걸까?"

미르카는 안경이 서로 닿을 듯한 거리까지 천천히 내 얼굴 가까이로 왔다.

나는 아무 말도 할 수 없었다.

미르카도 아무 말 하지 않았다.

반지름이 0이라도 원은 원. 단 한 점에서 비롯되는 원.

그리고 나는.

우리는.

침묵한 채로 천천히 얼굴을 가까이…….

"퇴실 시간입니다."

미즈타니 선생님의 목소리가 울렸다.

0이었던 우리의 거리는 단숨에 멀어졌다.

우리 두 사람의 팔 길이의 합만큼.

나의 노트

나와 미르카가 일반항을 도출해 낸 수열 $\langle C_n \rangle = \langle 1, 1, 2, 5, 14, \cdots \rangle$는 카탈란 수(Catalan number)라고 한다. 또 내가 생각한 '멋진 형태의 곱셈의 합'은 합성곱(convolution)이라고 한다.

수열과 생성함수를 대응시키면 '수열을 합성곱으로 나타낸 수열'과 '원래의 생성함수를 곱해서 얻은 함수'를 대응시킬 수 있다. 즉, 수열 $\langle a_n \rangle$과 $\langle b_n \rangle$의 합성곱을 $\langle a_n \rangle * \langle b_n \rangle$으로 나타내면 다음과 같이 대응시킬 수 있는 것이다.

수열 ↔ 생성함수

$$\langle a_n \rangle = \langle a_0, a_1, \cdots, a_n, \cdots \rangle \leftrightarrow a(x) = \sum_{k=0}^{\infty} a_k x^k$$

$$\langle b_n \rangle = \langle b_0, b_1, \cdots, b_n, \cdots \rangle \leftrightarrow b(x) = \sum_{k=0}^{\infty} b_k x^k$$

$$\langle a_n \rangle * \langle b_n \rangle = \left(\sum_{k=0}^{n} a_k b_{n-k} \right) \leftrightarrow a(x) \cdot b(x) = \sum_{n=0}^{\infty} \left(\sum_{k=0}^{n} a_k b_{n-k} \right) x^n$$

내가 한밤중에 내 방에서 흥분하며 생각했던 것은 이런 대응이었다. '수열의 나라'의 '합성곱'은 '생성함수의 나라'의 '곱'인 것이다.

이 얼마나 아름다운 대응인가?

조화수

바흐는 그의 성부(聲部)들을
대화를 나누는 친구라고 여겼다.
세 성부가 있다고 하면, 각 성부들이 때로 침묵하면서
자신이 적절한 말을 하고 싶어질 때까지
다른 사람의 말에 귀를 기울인다.
_요한 니콜라우스 포르켈, 『바흐 전기』

1. 보물찾기

테트라

"선배~"

방과 후. 교문에 서 있으니 테트라가 다가왔다.

"여기 계셨네요. 도서실에 안 계셔서 무슨 일이 있나 했어요. 지금 가실 거면 저도 함께…… 어? 그건?"

내가 카드를 건네자 그녀는 가만히 바라보았다.

나의 카드

$$\mathrm{H}_\infty = \sum_{k=1}^{\infty} \frac{1}{k}$$

"이게…… 뭔가요?" 테트라가 고개를 들었다.

"응, 연구 과제. 이 식에서 출발해서 '재미있는 것'을 발견하라는 숙제야."

"?"

그녀는 영 모르겠다는 표정을 지었다.

"이 식은 보물이 숨겨진 숲 같은 거야. 과연 숲에서 보물을 찾을 수 있을까? 이걸 묻는 거지. 무라키 선생님이 준 문제야."

"보물을 찾는다는 건……." 테트라는 다시 한번 카드를 내려다보았다.

"응, 이 카드를 출발점으로 해서 스스로 문제를 만들고 풀어 보라는 거야."

"우와…… 그럼 선배는 이 수식에서 벌써 보물을 찾으셨나요?"

"아니, 아직이야. 하지만 이 카드를 보고 바로 알 수 있는 것도 있지. 이 식은 H_∞의 정의식이야. 우변의 $\sum_{k=1}^{\infty} \frac{1}{k}$은……."

"아, 아아앗!"

테트라가 갑자기 큰 소리를 내는 바람에 나는 깜짝 놀랐다. 그녀는 얼굴이 벌게져서는 양손으로 입을 막았다.

"저, 죄송해요. 선배. 아무 말도 하지 말아 주세요. 저도 '보물'을 찾을 수 있겠지요?"

"무슨 소리야?"

"이 연구 과제, 저도 할 수 있을까요? 이제까지 이런 걸 한 번도 해 본 적이 없어서…… 해 보고 싶어요. 열심히 '보물'을 찾아낼게요."

그렇게 말하면서 테트라는 삽으로 땅을 파는 시늉을 해 보였다.

"괜찮아, 물론. 재미있는 걸 발견하면 보고서를 써서 무라키 선생님께 드리면 돼."

"그건, 폐가 될지도 모르는데요."

그녀는 고개를 크게 저었다. 여전히 발랄한 모습이다.

"그럼 이 카드는 테트라 줄게. 내일 도서실에서 이야기를 듣기로 하고 우선은 잘 생각해 봐."

"네! 열심히 할게요!"

테트라는 둥글고 큰 눈을 빛내면서 두 주먹을 꽉 쥐었다.

"선배…… 선배는 저의……."

테트라는 말하다가 내 등을 보더니 말을 멈추었다. 그리고 작은 소리로 "아차" 하고 중얼거렸다.

돌아보니 뒤에 미르카가 서 있었다.

미르카

"오래 기다렸지?" 미르카가 날 향해 미소 지었다.

나는 교문에서 두 여자 사이에 끼인 모양새가 되었다.

테트라는 갑자기 허둥대기 시작했다. "약속, 하셨나 봐요…… 아, 저, 방해해서 미안합니다. 저, 실례해요." 머리를 꾸벅 숙이더니 반걸음 뒤로 물러섰다.

"흐응……."

미르카는 천천히 테트라를 보고 나를 보더니, 또다시 테트라를 보았다. 눈을 가늘게 뜨고 웃음을 띠며 부드러운 목소리로 말했다.

"괜찮아, 테트라. 난 혼자서 갈 테니까."

미르카는 오른손을 뻗어 테트라의 머리를 다정하게 만지더니 나와 테트라 사이를 빠져나갔다.

미르카의 행동에 테트라는 목을 움츠리더니 커다란 눈을 깜박였다. 그리고 미르카의 날씬한 뒷모습을 눈으로 좇았다.

멀어져 가는 미르카는 이쪽을 돌아보지도 않고 오른손을 들어 팔랑팔랑 흔들었다. 마치 배웅하는 테트라에게 인사를 하는 것처럼. 결국 모퉁이를 돌자 그녀는 보이지 않았다.

그러는 사이에 내가 할 수 있었던 것이라곤 입으로 새어 나오려는 비명을 억누르는 것이 고작이었다. 미르카가 내 발등을 꾸욱 밟고 지나간 것이다.

그것도 있는 힘을 다해서.

……아파라.

2. 모든 도서실에는 대화가 존재한다

다음 날. 방과 후 도서실은 한적했다.

"어때?" 내가 물었다.

테트라는 울상을 하고는 노트를 펼쳤다. 거기엔 수식이 단 한 줄 적혀 있을 뿐이었다.

$$\sum_{k=1}^{\infty}\frac{1}{k}=\frac{1}{1}+\frac{1}{2}+\frac{1}{3}+\cdots$$

"선배…… 전 역시 수학은 안 되나 봐요."

"아냐, 그렇지 않아. 수식의 의미를 어떻게든 파악하려고 애썼던 거구나? 이 식은 틀리지 않았어."

"하지만 여기서부터 무엇을 어떻게 해야 할지 전혀 모르겠더라고요. 뭔가 재미있는 것을 찾아보려고는 했는데……."

"무한으로 계속되는 수식은 어쩐지 알 것도 같지만, 실제로 다루기란 무척 어려워. 테트라의 도전 정신은 칭찬할 만해. 여기서부터는 같이 해 보자."

"네? 아, 죄송해요. 귀중한 시간을……."

"아니, 괜찮아. 조금씩 해 보자."

부분합과 무한급수

"문제의 식 $\sum_{k=1}^{\infty}\frac{1}{k}$를 잘 봐. 이 식에서 이해하기 어려운 부분이 무한대(∞)지?"

"그러니까 ∞라는 수는……."

"∞는 '수'가 아니야. 적어도 일반적으로는 수로 치지 않아. 예를 들어 실수에 ∞는 포함되지 않지."

"아, 그런가요?"

"응. $\sum_{k=1}^{\infty}\frac{1}{k}$이라면 '$k$를 1부터 ∞까지 변화시키며 $\frac{1}{k}$을 더해 나간다'라고 말하고 싶어지지. 하지만 ∞라는 수가 어딘가에 존재하며, 거기까지 k를 변화시킨다는 해석은 올바르지 않아. 무한급수 $\sum_{k=1}^{\infty}\frac{1}{k}$은, 부분합 $\sum_{k=1}^{n}\frac{1}{k}$의 극한으로 이렇게 정의할 수 있어."

$$\sum_{k=1}^{\infty}\frac{1}{k}=\lim_{n\to\infty}\sum_{k=1}^{n}\frac{1}{k}$$

"저, lim라는 게 뭐죠?……."

"limit, 즉 **극한**을 말하는 거야. 수학적인 정의를 말하자면 길어지니까 지금은 간단히 설명할게. 수열 $a_0, a_1, a_2, \cdots$가 있다고 하자. $\lim_{n\to\infty}a_n$이라는 식은 n을 크게 했을 때 'a_n의 값이 어떻게 될까?'를 표현하고 있어. n을 매우 크게 만들어 갈 때 a_n은 무한히 커질지도 몰라. 물론 커졌다가 작아지는 것을 반복할 수도 있고, 혹은 특정 값에 가까워질지도 모르지. 그래서 $\lim_{n\to\infty} a_n$이라는 식은 a_n이 가까이 가는 일정한 값을 나타낸다고 정의하는 거야. 말하자면 $\lim_{n\to\infty} a_n$이라는 수식은 a_n의 '도달 목표 지점'을 나타내는 거지. 도달 목표 지점이 정해지는 것을 **수렴한다**고 해."

"음…… 어렵네요. 하지만 n을 무한히 크게 했을 때 a_n이 어떻게 될 것인가에 대한 문제인 건 알겠어요……."

"그래, 어렵지. 사실 일상적인 말로 표현하기가 힘드니까 수식으로 쓰는 거긴 한데. 우선은 '도달 목표 지점은 정의된 곳'이라는 사실을 염두에 두도록 해. 정의되었다고 해서 꼭 직관적으로 알기 쉽지는 않아. 무턱대고 무한급수의 값을 구하는 것이 아니라, 부분합을 생각하고 나서 $n \to \infty$의 극한을 생각하는 것이 바람직해."

"죄, 죄송해요. 무한급수와 부분합의 차이를 잘 모르겠어요……."

"이게 무한급수야. 간단히 급수라고도 해."

$$\sum_{k=1}^{\infty} \quad k\text{를 사용한 식}$$

"그리고 이게 부분합이야."

$$\sum_{k=1}^{n} \quad k\text{를 사용한 식}$$

"어때, 다른 점을 알겠어?"

"네. ∞하고 n이 달라요……. 하지만 n은 변수니까 ∞라도 똑같지 않나요?"

"아니, 완전 달라. 확실히 n은 변수지만 유한한 수야. ∞는 수가 아니니까 n에 대입할 수 없지. n에 유한한 수를 대입한다는 것은 $\sum^{n}$에서 유한개의 항을 더한다는 뜻이야. 즉 계산 결과를 반드시 얻게 되지. 하지만 $\sum^{\infty}$처럼 무한개의 항을 더한다면 계산 결과를 반드시 얻을 수 있다고 할 수는 없어. 아까

잠깐 얘기한 것처럼 '계속해서 커진다'와 '커졌다가 작아졌다' 하는 상황이라면 도달 목표 지점은 정해지지 않은 거야. 정해지지 않은 값을 수로 나타낼 수는 없어. 도달 목표 지점이 정해지지 않은 것을 **발산한다**고 해. 무한 개를 다룰 때는 이런 위태로운 지점을 건널 때가 있어."

"네…… 무한에 주의할 것, 이건 이해했어요. 발산…… 무한이 얽히면 수식을 써도 값을 구할 수 없을 때가 있군요……."

"이번에는 표기상 주의할 점을 알아보자. 다음 두 식은 '…'가 붙어 있어. 무한을 나타내는 건 (1)과 (2) 중 하나야."

$$\frac{1}{1}+\frac{1}{2}+\frac{1}{3}+\cdots+\frac{1}{n} \qquad (1)$$

$$\frac{1}{1}+\frac{1}{2}+\frac{1}{3}+\cdots \qquad (2)$$

"무한을 나타내는 건……. (2)인가요?"

"맞았어. (1)의 $\frac{1}{1}+\frac{1}{2}+\frac{1}{3}+\cdots+\frac{1}{n}$에 나오는 점들은 무한을 나타내지 않아. 공간이 부족하니까 썼을 뿐이지. 여기엔 유한한 항밖에 존재하지 않아. 값이 반드시 존재하지. 이건 무섭지 않아…… 하지만 (2)의 $\frac{1}{1}+\frac{1}{2}+\frac{1}{3}+\cdots$에 나오는 점들은 무한을 나타내. 여기엔 lim가 숨어 있어. '혹시 값이 정해져 있지 않을지도 몰라'라고 속삭이지. 유한한 점들과 무한한 점들은 의미가 완전히 달라지니까 주의할 필요가 있어."

"똑같이 보이는 점이라도 다른 의미가 되는군요."

당연한 것부터

"아, 또 무한 얘기로 빠져 버렸네. 무한급수보다 우선은 유한개의 합에 익숙해져야 해. $\sum$에 익숙해지기 위해 n이 1, 2, 3, 4, 5일 경우의 식을 구체적으로 써 보자."

$$\sum_{k=1}^{1}\frac{1}{k}=\frac{1}{1}$$

$$\sum_{k=1}^{2}\frac{1}{k}=\frac{1}{1}+\frac{1}{2}$$
$$\sum_{k=1}^{3}\frac{1}{k}=\frac{1}{1}+\frac{1}{2}+\frac{1}{3}$$
$$\sum_{k=1}^{4}\frac{1}{k}=\frac{1}{1}+\frac{1}{2}+\frac{1}{3}+\frac{1}{4}$$
$$\sum_{k=1}^{5}\frac{1}{k}=\frac{1}{1}+\frac{1}{2}+\frac{1}{3}+\frac{1}{4}+\frac{1}{5}$$

"그럼 지금부터 부분합에 대해 알아보자. 먼저 $\sum_{k=1}^{n}\frac{1}{k}$의 값은 '$n$에 따라 결정된다'는 점에 주목하는 거야. 예를 들면 H_n같이 표시해도 좋아. 이건 H_n의 정의식이 되는 거지."

$$\mathrm{H}_n=\sum_{k=1}^{n}\frac{1}{k} \qquad \text{H}_n\text{을 사용한 식}$$

"자, 잠깐만요. 'n에 따라 결정된다'는 게 무슨 말인지 모르겠어요."

"응, 그렇게 모르는 지점을 짚고 넘어가는 게 테트라의 장점이야. 말하자면, 5나 1000처럼 n의 수치를 구체적으로 정하면 $\sum_{k=1}^{n}\frac{1}{k}$이라는 식의 값도 정해지지. 그게 '$n$으로 결정된다'는 말의 의미야. 따라서 n을 첨자로 해서 H_n이라고 쓸 수 있는 거지. 그러면 H_5라던가 H_{1000}이라고 쓸 수 있게 돼. 이름을 붙이는 방법에 대한 이야기야."

"어째서 H를 쓰나요?"

"카드에 H_∞라고 써 있었지? 그 부분합이니까 H_n이 되는 거지."

"아, 그렇네요. 그런데…… H_n이라고 쓰면 n은 남아 있는데 왜 k는 사라진 걸까요?"

"$\sum_{k=1}^{n}\frac{1}{k}$의 k는 $\sum$ 속에서만 쓰는 작업용 변수라서 밖에서는 보이지 않기 때문이야. k 같은 변수를 **속박 변수**라고 해. k는 $\sum$ 속에 갇혀 있는 거야. k 대신 다른 문자를 써도 돼. i, j, k, l, m, n 같은 게 자주 쓰일걸? 아, i는 허수 단위 $\sqrt{-1}$을 나타낼 때도 쓰이니까 혼동되는 상황에서는 쓰지 않아. 그리고 평소라면 n을 써도 괜찮긴 한데, 여기선 안 돼. n이 이미 다른 의미로 쓰이고 있으니까. $\sum_{k=1}^{n}\frac{1}{k}$을 $\sum_{n=1}^{n}\frac{1}{n}$처럼 쓰면 의미가 이상하잖아?"

"잘 알겠어요. 죄송해요. 도중에 말을 끊어서요."

"아니, 괜찮아. 모르는 걸 확실히 말해 주는 게 난 더 편해."

우리는 마주 보며 웃었다.

명제

"그럼 $H_n = \sum_{k=1}^{n} \frac{1}{k}$에 관해 알게 된 사실을 쭉 나열해 보자. '예시는 이해의 시금석', 알지? 자, 다음 문장은 참일까?"

$n=1$일 때 $H_1=1$이다.

"네, 참이에요. $H_1=1$이니까요. 하지만 이건 너무 당연…… 아, '당연한 것부터 시작하는 것이 좋은 자세'였지요?"

"그렇지. 잘 기억하고 있네. 그럼 다음 문장은 성립할까?"

모든 양의 정수 n에 대해 $H_n > 0$이다.

"네, 성립해요."

"이렇게 성립하는지 아닌지를 판단하는 수학적인 주장을 **명제**라고 해. 명제는 글로 나타내도 되고, 수식으로 보여 줘도 돼. 그럼 다음 명제는 성립할까?"

모든 양의 정수 n에 대해 n이 커지면 H_n도 커진다.

"음…… 네, 성립해요. n이 커진다는 건 그만큼 많이 더해 간다는 말이니까요."

"맞았어. 양의 정수를 더하면 커지지. 'n이 커지면 H_n도 커진다'라는 이 명제는 수식을 써서 이렇게 나타내도 돼. 그게 더 엄밀하지."

모든 양의 정수 n에 대해 $H_n < H_{n+1}$

"확실히 이 명제는 성립해요. 하지만…… 'n이 커지면 H_n도 커진다'보다 '$H_n < H_{n+1}$' 쪽이 더 엄밀한 건가요? 엄밀이라……."

나는 테트라가 생각하는 동안 잠자코 기다렸다.

"아, 알았어요. '커진다'라는 동작적인 표현과, 부등호의 '크다'라는 서술적인 표현의 차이네요. 영어의 일반 동사와 be 동사의 차이처럼요."

"어……?"

나는 테트라의 말에 가벼운 충격을 받았다. '커진다'와 '크다'의 차이? 일반 동사와 be 동사? 아하, 확실히 그렇게 말할 수도 있겠다. 언젠가 무라키 선생님도 비슷한 말을 한 적이 있었다. 수열이 변화해 가는 것을 좇는 관점과, 수열 각 항의 관계식을 구하는 관점이 있었다. '과정의 정의와 선언의 정의'라고 했었나…….

"선배…… 왜 그러세요?"

"아니, 듣고 보니 그런 관점도 있겠구나 싶어서. 하지만 나는 '일상적인 단어 대신 수식을 쓰면 의미가 엄밀해진다'는 의미에서 말한 거야. 그보다 테트라, 네 정체는 대체 뭐야?"

"네?" 테트라는 동그란 두 눈을 크게 뜨고 고개를 갸웃했다.

"아냐…… 이야기를 계속할까? 자, 이건 성립할까?"

모든 양의 정수 n에 대해 $H_{n+1} - H_n = \frac{1}{n}$ (?)

"네, 성립해요. H_n은 분수의 합으로 정의되니까 뺄셈을 했을 때 분수가 나오는 건 당연하죠."

"안됐지만 틀렸어. $H_{n+1} - H_n = \frac{1}{n}$은 성립하지 않아. 우변의 분모가 틀렸어. 다음과 같이 분모가 n이 아니라 $n+1$이라면 성립하지."

모든 정수 n에 대해 $H_{n+1} - H_n = \frac{1}{n+1}$

"네? 어라? 아, 그렇구나. 선배, 함정 문제를 내다니 너무해요." 나를 때릴 듯한 제스처를 취하며 테트라는 말했다.

"미안, 미안. 하지만 반드시 확인해야 했거든."

"그렇다고 해도요……." 그녀는 불만스럽게 입술을 삐죽였다.

"그러면 $H_{n+1}-H_n$은 뭐가 될지 H_n의 정의식부터 차근차근 계산해 봐."

"네. 그러면……."

$$H_{n+1}-H_n=\sum_{k=1}^{n+1}\frac{1}{k}-\sum_{k=1}^{n}\frac{1}{k}$$

"이건 H_n의 정의식 그 자체네요. 이제 $\sum$를 구체적으로 써 볼게요."

$$=\left(\frac{1}{1}+\frac{1}{2}+\cdots+\frac{1}{n}+\frac{1}{n+1}\right)-\left(\frac{1}{1}+\frac{1}{2}+\cdots+\frac{1}{n}\right)$$

"다 됐어요. 그리고 음…… 항의 순서를 바꿀게요."

$$\begin{aligned}&=\left(\frac{1}{1}-\frac{1}{1}\right)+\left(\frac{1}{2}-\frac{1}{2}\right)+\cdots+\left(\frac{1}{n}-\frac{1}{n}\right)+\frac{1}{n+1}\\&=\frac{1}{n+1}\end{aligned}$$

"이러면 된 거죠, 선배?"

"응. 잘했어. 이번엔 어떤 명제라도 좋으니까 찾아보렴."

"으음…… $H_{n+1}-H_n$이 나왔으니까…… 이런 명제는 어떨까요?"

모든 양의 정수 n에 대해, n이 커지면 $H_{n+1}-H_n$은 작아진다.

"오, 멋져. 잘하는데? 수식으로 쓰면 어떻게 될까?"

"이렇게요?"

모든 양의 정수 n에 대해, $\mathrm{H}_{n+1}-\mathrm{H}_n > \mathrm{H}_{n+2}-\mathrm{H}_{n+1}$

"그렇지! 아주 좋아."

"뺀 결과가, $\frac{1}{2}, \frac{1}{3}, \frac{1}{4}, \cdots$ 이렇게 '작아지는' 것을 '작다'라는 수식으로 표현한 셈이네요."

모든……

"테트라, 이렇게 뭐든 수식으로 나타내는 건 중요해. 당연해 보여도 일단 써 보는 거야. 이건 수식이라는 언어를 사용하는 연습이니까."

"네. 선배가 예전에 말했던 '점토를 주무르듯 수식을 이리저리 비틀어 본다'고 했던 말이 떠올랐어요. 주물럭주물럭……." 테트라는 이렇게 말하면서 점토 만지는 시늉을 했다.

"아…… 하지만 '모든 양의 정수 n에 대해'는 수식이 아니잖아요?"

"응. 양의 정수의 집합을 $\mathbb{N}$이라고 하면, 이런 수식으로 쓸 수 있지."

$$\forall n \in \mathbb{N} \quad \mathrm{H}_{n+1}-\mathrm{H}_n > \mathrm{H}_{n+2}-\mathrm{H}_{n+1}$$

"이 수식은 어떻게 읽는 거예요?"

"'$\forall n \in \mathbb{N}$'은 'For all n in $\mathbb{N}$'이라고 읽으면 돼. 해석하면 '모든 양의 정수 n에 대해……' 혹은 '임의의 양의 정수 n에 대해'가 되겠지. $\forall$는 All의 A를 거꾸로 한 거야."

"$\mathbb{N}$은 어쩐지 일반적인 N과 다른 느낌이네요."

"그렇지. N이라고 쓰면 일반적인 수 같으니까 '수가 아니라 집합'이라는 걸 나타내기 위해 $\mathbb{N}$으로 쓰는 거야."

"$\in$는요?"

"'**원소$\in$집합**'의 형태로 쓰이고 '집합의 원소이다'임을 나타내는 기호야. $\forall n \in \mathbb{N}$이라고 쓰면 '$\mathbb{N}$이라는 집합에서 어떤 원소 n을 고른다 해도……'라는 뜻이지."

"아무거나 골라도 된다는 거네요……. 선배, 왠지 수학으로 작문을 하는 느낌인데요? 영작문이 아니라 수작문(數作文)이네요." 테트라가 웃으며 말했다.

"수작문…… 확실히 수학은 그런 면이 있지. 수식은 압축된 짧은 표현이니까. 그러니까 수식을 해독할 때는 그 점을 염두에 두고 천천히 읽어 가는 게 좋아."

"수식은 농축된 주스 같은 거네요. 단숨에 마셔 버리긴 조금 위험한 그런 느낌……?"

"자, 수식 H_n을 구체적으로 써 보자."

$$
\begin{aligned}
H_1 &= \frac{1}{1} \\
H_2 &= \frac{1}{1} + \frac{1}{2} \\
H_3 &= \frac{1}{1} + \frac{1}{2} + \frac{1}{3} \\
H_4 &= \frac{1}{1} + \frac{1}{2} + \frac{1}{3} + \frac{1}{4} \\
H_5 &= \frac{1}{1} + \frac{1}{2} + \frac{1}{3} + \frac{1}{4} + \frac{1}{5}
\end{aligned}
$$

"이걸 순서대로 보면서 추가되는 $H_{n+1} - H_n$을 잘 봐."

$$
\begin{aligned}
H_2 - H_1 &= \frac{1}{2} \\
H_3 - H_2 &= \frac{1}{3} \\
H_4 - H_3 &= \frac{1}{4} \\
H_5 - H_4 &= \frac{1}{5} \\
H_6 - H_5 &= \frac{1}{6}
\end{aligned}
$$

"이와 같이 $H_{n+1} - H_n$은 점점 작아지지. 아까 테트라가 말했던 것처럼."

"네."

"$H_1, H_2, H_3, H_4, H_5, \cdots$ 자체는 커지고 있지만 그 '증가 추세'는 점점 둔화

되지. 증가치가 줄어드는 거야. 그래서…….”

“아, 잠깐만요. 그 ‘증가 추세가 점점 둔화된다’는 건 제가 아까 쓴 수식에 나타나 있다고 생각하면 되나요? 음……이거요.”

모든 양의 정수 n에 대해, $\mathbf{H}_{n+1} - \mathbf{H}_n > \mathbf{H}_{n+2} - \mathbf{H}_{n+1}$

“맞았어. 바로 그거야. 증가 추세가 점점 둔화된다는 말은 애매하지만 이렇게 수식으로 쓰면 의미가 확실해지지. 즉, 알기 쉬워지는 거야. 수식은 까다롭고 이해하기 어렵다고 생각하는 사람도 있지만, 수식으로 써 두지 않으면 오히려 의미를 이해하기 어려워질 때가 많아. 수식은 언어야. 잘 쓰면 이해하기 쉽고 말하고자 하는 걸 분명하게 전달하는 데 도움이 되지.”

“그러면 이번 명제를 수식으로 써 볼게요. 이렇게 쓰면 될까요?”

$$\forall n \in \mathbb{N} \quad \mathrm{H}_{n+1} - \mathrm{H}_n > \mathrm{H}_{n+2} - \mathrm{H}_{n+1}$$

“응, 좋아. 맞았어.” 테트라는 기뻐 보였다.

……가 존재한다

“자, 슬슬 문제가 보일 거야. 첫 번째 보물이야.”

“네?”

“지금까지처럼 $\mathrm{H}_n = \sum_{k=1}^{n} \frac{1}{k}$이라고 정의하는 거야. n이 커질수록 H_n 자신은 점점 커지지. 하지만 H_n의 증가 추세는 점점 둔해져. 이 경우 n이 커지면 H_n은 무한히 커지게 될까? 아니면 n이 아무리 커져도 H_n은 일정 수 이상 커지지 않게 될까?”

“그건 다음 식이 무한대로 커질지, 아니면 한계가 있을지의 문제네요.” 테트라는 자기 머리에 손을 올리고 말했다.

$$\frac{1}{1} + \frac{1}{2} + \frac{1}{3} + \frac{1}{4} + \frac{1}{5} + \cdots$$

"그래. 이건 이 카드에서 나올 수 있는 자연스러운 문제야. 즉, 발산할까 수렴할까를 알아보라는 뜻이지. 수식으로 써 볼게."

문제 8-1 실수의 집합을 $\mathbb{R}$, 양의 정수의 집합을 $\mathbb{N}$이라 한다. 다음 식은 성립할까?

$$\forall \mathrm{M} \in \mathbb{R} \quad \exists n \in \mathbb{N} \quad \mathrm{M} < \sum_{k=1}^{n} \frac{1}{k}$$

"∃는 어떤 글자인가요?"

"∃는 글자가 아니야. Exists의 E를 거꾸로 한 기호지."

"'존재한다'인가요? 그러면 'For all M in $\mathbb{R}$, n exists in $\mathbb{N}$' 이런 뜻인가요?"

"테트라 너, 발음 좋은데? 'n exists'라도 좋고, 'there exists n'이라고 해도 괜찮아. such that을 덧붙이면 쉽게 이해가 갈 거야."

For all M in $\mathbb{R}$, there exists n in $\mathbb{N}$ such that $\mathrm{M} < \sum_{k=1}^{n} \frac{1}{k}$

"이 문장을 해석하면 어떻게 되나요?"

"굳이 써 보자면 이렇게 되지."

임의의 실수 M에 대해, 정수 n이 존재하고, 식 $\mathrm{M} < \sum_{k=1}^{n} \frac{1}{k}$이 성립한다.

"좀 복잡하긴 하지만…… 이해는 되네요." 테트라가 말했다.

"다음 수식 (a)와 (b)는 완전히 다른 의미라는 걸 알겠어?" 나는 노트에 두 개의 수식을 썼다.

$$\forall \mathrm{M} \in \mathbb{R} \quad \exists n \in \mathbb{N} \quad \mathrm{M} < \sum_{k=1}^{n} \frac{1}{k} \qquad (a)$$

$$\exists n \in \mathbb{N} \quad \forall \mathrm{M} \in \mathbb{R} \quad \mathrm{M} < \sum_{k=1}^{n} \frac{1}{k} \qquad (b)$$

"좀 기니까 의미를 이해하기 쉽게 괄호를 쳐 볼게." 나는 괄호와 설명을 써

넣었다.

$$\forall \mathrm{M}\in\mathbb{R}\underbrace{\left[\exists n\in\mathbb{N}\underbrace{\left[\mathrm{M}<\sum_{k=1}^{n}\frac{1}{k}\right]}_{n\text{의 범위}}\right]}_{\mathrm{M}\text{의 범위}} \qquad (a)$$

$$\exists n\in\mathbb{N}\underbrace{\left[\forall \mathrm{M}\in\mathbb{R}\underbrace{\left[\mathrm{M}<\sum_{k=1}^{n}\frac{1}{k}\right]}_{\mathrm{M}\text{의 범위}}\right]}_{n\text{의 범위}} \qquad (b)$$

"영어로 쓰면……."

For all M in $\mathbb{R}$ there exists n in $\mathbb{N}$ such that $\mathbf{M}<\sum_{k=1}^{n}\frac{1}{k}$ **(*a*)**

There exists n in $\mathbb{N}$, such that for all M in $\mathbb{R}$ $\mathbf{M}<\sum_{k=1}^{n}\frac{1}{k}$ **(*b*)**

테트라는 입속으로 몇 번 영어를 중얼거리며 잠시 생각에 잠겼다.

"대충 알겠어요. 순서가 중요하네요. (a)에서는 M이 먼저 정해진 다음 n을 구하고 있고, n을 찾을 때 M의 값은 변하지 않아요. 하지만 (b)에서는 먼저 n이 정해진 값이고, 그 n에 대해 모든 M이…… 맞나요?"

"응, 맞아. (a)에서는 M을 먼저 선택해 놓고 그에 맞는 n의 값을 구하지. 모든 M에 대해 n을 구할 수 있다고 주장하는 셈이야. M을 고를 때마다 n은 달라도 좋아. 하지만 (b)에서는 우선 n을 구하지. 그 n이 어떤 수냐면, 모든 실수 M에 대해 이 부등식이 성립할 만큼 대단한 n이라고 할 수 있어. (b)에서는 M을 고를 때 n은 변하지 않지. 따라서 이번 문제 8-1이 주장하는 바는 (a)야. 이해가 됐어?"

"조금요."

"(a)와 (b)의 의미 차이를 우리말로 간결하게 표현하는 건 어려워. 하지만 수식을 쓰면 명확해지지. 물론 정확하게 읽어야 한다는 전제가 있지만."

"확실히 말로 된 설명으로는 구별하기 어려울 것 같아요. 그런데 이 부등식 안에 나오는 M은 뭘 말하는 건가요?"

"테트라는 뭐라고 생각해?"

"음, 큰 수요?"

"뭐, 그런 느낌이 들긴 해. '무한히 커진다'라고 표현하기보다는 임의의 실수에 M이라는 이름을 붙여 두고 'M보다 크다'라고 표현하는 편이 더 명확하지. 어떤 M을 선택한다고 해도 그 수에 대해 문제 8-1과 같은 n이 존재한다면, H_n은 무한대로 커진다고 봐도 좋아. 하지만 어떤 M에 대해 n이 존재하지 않을 경우가 있다면 H_n은 무한대로 커진다고 볼 수는 없지."

"그렇네요…… 이야기는 장황하지만 의미는 확실히 알겠어요. 흠……."

"아, 지쳤어?"

"아뇨, 그냥 조금요. 하지만 선배의 설명을 따라가다 보니 왠지 '수작문의 어휘'가 늘어난 느낌이에요."

"애썼어, 테트라. 오늘은 여기까지만 할까? 이제 미즈타니 선생님이 나타날 시간이야. 이 보물 상자를 여는 건 내일 방과 후에 하자."

"네! 선배…… 저 무척 기뻐요."

"그렇지? 수학은 참 재미있어. 수식이라는 새로운 언어로 모호함을 없애고 생각을 정리하는……."

"그보다는 전 선배와 이렇게…… 어, 음, 아니, 그렇죠. 내일 또 부탁드려요!"

3. 무한 상승 나선 계단의 음악실

다음 날, 점심시간의 음악실.

지나가는 학생들 모두가 피아노 소리에 이끌리듯 안을 들여다보았다. 두 미소녀가 그랜드 피아노를 연주하고 있다. 한 사람은 미르카, 또 한 사람은 피아노를 매우 좋아하는 소녀 예예. 예예는 피아노 동아리 '포르티시모'의 리더다. 같은 2학년이지만 나와 미르카와는 다른 반이다.

미르카와 예예는 상승 음계를 기조로 한 변주곡을 치고 있었다. 두 사람은 호흡을 맞춰 비슷한 악절을 몇 번이나 빠르게 치고, 반복할 때마다 음계를 높였다. 어라? 피아노의 음역을 훨씬 뛰어넘은 것 같은데…… 아니, 그런 건 있을 수 없다. 정신을 차려 보니 어느새 음이 내려가 있었다. 언제 내려갔지? 왠지 매우 신비한…… 무한한 나선 계단을 오르는 듯한 느낌이다. 큰 날개가 달려 있다면 한 번에 날아오를 수 있을 텐데, 나선 계단을 하나씩 차근차근 오르지 않으면 안 되는 초조함. 무한히 상승하는 무한 음계, 영원히 변주하는 음악. 이런 곡을 피아노로 연주할 수 있다니 놀라웠다.

내 위치에서는 바쁘게 움직이는 미르카의 희고 긴 손가락(따뜻했던 그 손가락)이 잘 보인다. 음, 보고 있으니 확실히 손이 왼쪽 저음부로 돌아오는 타이밍이 있다. 하지만 내 귀에는 계속 음이 상승하는 것처럼 들린다.

곡의 끝은 천천히 데크레센도로 페이드 아웃. 음의 잔향이 거의 사라질 때쯤 모두가 환성을 지르며 박수를 치는 것이 보였다. 미르카와 예예는 일어서서 인사를 했다.

"재미있었어?" 미르카가 내게 물었다.

"신비한 느낌이었어. 유한한 건반으로 무한히 음계가 올라가는 느낌이었거든." 나는 말했다.

"양의 무한대로 발산하는 느낌이 재미있지? 유한인데 발산했다는 건 모순이지만." 미르카는 장난스럽게 웃었다.

"한 옥타브 떨어진 음을 이용한 거지?" 내가 말했다.

"맞아. 한 옥타브 떨어진 복수의 음을 그대로 평행하게 상승시키는 거야. 그리고 음이 높아지면 음량을 더 작게 하는 거지. 음이 위에서 사라지면 동시에 작은 음량으로 낮은 음을 넣어 주는 거야. 중간 음역을 최대 음량으로 하는 거지. 그러면 사람의 귀는 무한하게 음이 상승한다고 착각하게 되는 거야. 한 사람이 치는 건 한계가 있으니까 둘이서 했어."

"그걸 누설하면 어떡해?" 예예가 끼어들었다.

"곡 만드는 거 어려웠단 말이야. 단순한 음계는 시시하잖아? 업 템포로 해서 듣는 사람이 질리지 않도록 하면서, 그러면서도 심플하게 만들지 않으면 이상한 곡이라고 느낄 테고. 힘들었다니까? 미르카의 연주력이 좋아서 정말 도움이 됐어."

"그렇네. 다음엔 뫼비우스의 하모니로 해 볼까?" 미르카는 웃으면서 말했다.

"그런 곡 몰라! ……뭐, 또 같이 놀자구." 예예는 까르르 웃더니 자기 교실로 돌아갔다.

미르카는 나와 함께 교실로 향하며 검지를 빙글빙글 돌리면서 콧노래를 불렀다.

왠지 기분이 무척 좋아 보였다.

4. 기분 나쁜 제타

점심시간 막바지.

미르카는 점심 대신 킷캣을 씹으면서 내 앞자리에 앉았다.

"무라키 선생님이 주신 거, 봤어?" 미르카는 내게 카드를 보여 주었다.

> 미르카의 카드
>
> $$\zeta(1)$$

어? 내 거랑 다른데?

미르카는 내 답변을 기다리지 않고 이야기하기 시작했다.

"제타 원($\zeta(1)$)을 연구하라는 말이겠지만, $\zeta(1)$이 양의 무한대로 발산한다는 건 잘 알려진 사실이고 증명도 바로 할 수 있어. 그러니까 오히려 다른 리듬의 식으로 접근해 볼까 생각하고 이렇게 해 봤어. 우선은……."

나는 빠르게 진행되는 미르카의 설명을 멍하니 흘려들으면서 '그렇구나, 선생님은 이번에 미르카에게 다른 카드를 주신 거야' 따위의 생각을 하고 있었다. $\zeta(1)$ 함수를 들어본 적은 있었다. 확실히 최첨단 수학에 관련된 거였는데. 그랬구나. 수학 천재인 미르카의 실력에 걸맞은 어려운 과제를 낸 거야.

……그러고 보니, 테트라는 어제 준 문제를 잘 풀었을까? 그 명랑한 여자애의 정체는 대체 뭘까? 수학은 그렇게 자신 없어 하더니, H_n을 동작적인 관점에서 본 것은 꽤 날카로운 통찰이었다. 본인은 그다지 의식하지 못한 것 같지만.

처음에는 후배를 가르친다는 명목으로 테트라와 교류했다. 하지만 최근에는 조금 달라졌다. 그녀와 대화를 하고 있으면 왠지 내 생각이 정리되는 듯한 느낌을 받았다. 내가 이야기하고 테트라가 받아들인다. 그런 대화가 쌓이고 쌓여 마치 계단을 하나하나 올라가는 듯한 느낌이었다. 하하, 마치 귀납적으로 정의된 식 같군. 조금씩 조금씩 변화해 간다. 하나씩 다시 한번 확인한다. 그렇지만 테트라가 큰 눈망울로 나를 바라볼 때면 왠지…….

"있잖아." 미르카가 말했다.

미르카가 무표정한 얼굴로 나를 가만히 쏘아보고 있었다.

아차. 이야기 도중이었지. 이거 큰일인데.

수업 시작종이 울렸다. 미르카는 말없이 자리에서 일어나 자기 자리로 돌아갔다. 내 쪽은 다시 돌아보지 않았다. 기분이 매우 나빠 보였다.

5. 무한대의 과대평가

오늘은 도서 정리하는 날이라 도서실은 이용할 수 없었다. 나와 테트라는 별관 로비에서 계산을 하기로 했다. 우리는 구석진 자리에 앉았다.

"실례할게요."

예의 바르게 인사하고 내 옆에 앉는 테트라. 조금 후 옅은 그녀의 향기가 느껴졌다. 어딘가에서 플루트 이중주 연주 소리가 들려왔다.

나는 잠자코 수식을 써 내려가기 시작했다. 어제 문제의 답이었다.

문제 8-1 실수의 집합을 $\mathbb{R}$이라 하고, 양의 정수의 집합을 $\mathbb{N}$이라 한다. 다음 식은 성립할까?

$$\forall \mathrm{M} \in \mathbb{R} \quad \exists n \in \mathbb{N} \quad \mathrm{M} < \sum_{k=1}^{n} \frac{1}{k}$$

테트라는 옆에서 노트를 들여다보았다.

$$\begin{aligned}
\mathrm{H}_8 &= \sum_{k=1}^{8} \frac{1}{k} \\
&= \frac{1}{1} + \frac{1}{2} + \frac{1}{3} + \frac{1}{4} + \frac{1}{5} + \frac{1}{6} + \frac{1}{7} + \frac{1}{8} \\
&= \frac{1}{1} + \underbrace{\left(\frac{1}{2}\right)}_{1\text{개}} + \underbrace{\left(\frac{1}{3} + \frac{1}{4}\right)}_{2\text{개}} + \underbrace{\left(\frac{1}{5} + \frac{1}{6} + \frac{1}{7} + \frac{1}{8}\right)}_{4\text{개}} \\
&\geqq \frac{1}{1} + \left(\frac{1}{2}\right) + \left(\frac{1}{4} + \frac{1}{4}\right) + \left(\frac{1}{8} + \frac{1}{8} + \frac{1}{8} + \frac{1}{8}\right) \\
&= \frac{1}{1} + \left(\frac{1}{2} \times 1\right) + \left(\frac{1}{4} \times 2\right) + \left(\frac{1}{8} \times 4\right) \\
&= \frac{1}{1} + \frac{1}{2} + \frac{1}{2} + \frac{1}{2} \\
&= 1 + \frac{3}{2}
\end{aligned}$$

"여기서 잠깐 쉴까? 도중에 부등식으로 바뀌었는데, 그 이유는 알겠지? 일반화하기 쉽게 마지막까지 계산하지 않고 $1+\frac{3}{2}$에서 멈췄어. 지금은 H_8만 생각했지만, 이것과 마찬가지로 $\mathrm{H}_1, \mathrm{H}_2, \mathrm{H}_4, \mathrm{H}_8, \mathrm{H}_{16}, \cdots$을 생각하면 이렇게 돼."

$$\begin{aligned}
\mathrm{H}_1 &\geqq 1 + \frac{0}{2} \\
\mathrm{H}_2 &\geqq 1 + \frac{1}{2} \\
\mathrm{H}_4 &\geqq 1 + \frac{2}{2} \\
\mathrm{H}_8 &\geqq 1 + \frac{3}{2}
\end{aligned}$$

$$\mathrm{H}_{16} \geqq 1 + \frac{4}{2}$$

$$\vdots$$

"이걸 일반화하기는 어렵지 않아. m을 0 이상의 정수라 하면 이 식이 성립하지."

$$\mathrm{H}_{2^m} \geqq 1 + \frac{m}{2}$$

"하지만 이건 부등식이죠? 등식이 아니면 H_{2^m}의 값은 구할 수 없지 않을까요?"

"지금 목적은 H_{2^m}의 값을 올바르게 구하는 게 아니야. H_{2^m}이 어디까지 커질 수 있는지를 파악하는 거야. 위 식에서 m이 크다면 어떻게 될지 생각해 봐."

"아, 알았어요! 무한대로 커져요! m의 값을 크게 하면 $1+\frac{m}{2}$은 무한대로 커질 수 있어요! 그러니까, 아! 부등호를 쓰면 H_{2^m}은 무한대로 커져요. m이 커지면요!"

"자, 진정해. 차근차근 풀어 보자고. M이 주어졌을 때, $\mathrm{M} < \sum_{k=1}^{n} \frac{1}{k}$이 성립하는 n을 만들 수 있을지를 생각하는 거야."

"네, 이제 알았어요. 아무리 큰 수 M에 대해서도 m의 값을 충분히 크게 한다면……."

$$\mathrm{M} < 1 + \frac{m}{2}$$

"이 식에서 m을 구할 수 있어요. 그러니까 m을 2M 이상의 정수로 놓으면 되는 거죠? 그리고 m을 구하면 이번엔 $n = 2^m$이라고 하는 거예요. 그러니까 m을 써서 n을 만드는 거죠. 그 n이 우리가 구하는 n인 거죠?"

$$\mathrm{M} < 1 + \frac{m}{2} \leqq \mathrm{H}_{2^m} = \mathrm{H}_n = \sum_{k=1}^{n} \frac{1}{k}$$

"그래. 그러니까 어제 문제 8-1의 해답은……."

풀이 8-1 실수의 집합을 $\mathbb{R}$이라 하고 양의 정수의 집합을 $\mathbb{N}$이라고 할 때, 다음 식은 성립한다.

$$\forall \mathrm{M} \in \mathbb{R} \quad \exists n \in \mathbb{N} \quad \mathrm{M} < \sum_{k=1}^{n} \frac{1}{k}$$

"그렇구나. 부등식으로 충분하네요. 정확한 값을 구하지 못해도 작은 수부터 점점 높여서……." 테트라는 배구공을 토스하듯 양손을 들어 올리며 말했다.

"보물 하나 찾았네. $\sum_{k=1}^{n} \frac{1}{k}$은 무한대로 커지는 거야."

"이상한데요, 선배? $1+\frac{m}{2}$이라는 커지는 수가 있고, 그걸로 H_{2^m}은 계속 커질 수 있어요. 크게 만들기 위해 부등식을 쓸 수 있는 거고요. 거기까진 문제 없는데…… 점점 작아지는 수 $\frac{1}{k}$을 더해 주는데도 합계 $\sum_{k=1}^{n} \frac{1}{k}$이 무한대로 커진다는 게 이상해요." 테트라는 고개를 몇 번이나 까딱이며 말했다.

"응, 이 '무한대로 커진다'는 말을 수식으로 표현해 보자. 여기서는 간단하게 만들기 위해 모든 항을 0보다 큰 수열로 한정할 거야. 모든 항이 0보다 큰 수열 $a_k > 0 (k=1, 2, 3, \cdots)$이 있고, 부분합 $\sum_{k=1}^{n} a_k$에 대해……."

$$\forall \mathrm{M} \in \mathbb{R} \quad \exists n \in \mathbb{N} \quad \mathrm{M} < \sum_{k=1}^{n} a_k$$

"위 식이 성립할 때, $\sum_{k=1}^{n} a_k$는 $n \to \infty$에서 **양의 무한대로 발산한다**고 부르기로 해. 이건 정의야. 그리고 그걸 다음과 같이 표현할 수 있어."

$$\sum_{k=1}^{\infty} a_k = \infty$$

"$a_k = \frac{1}{k}$의 경우가 문제 8-1에 해당해. 지금 '양의 무한대로 발산한다'라는 말을 정의했으니까 이렇게 말할 수 있지."

무한급수 $\sum_{k=1}^{\infty} \frac{1}{k}$은 양의 무한대로 발산한다.

테트라는 내가 쓴 노트를 가만히 보더니 진지한 얼굴로 생각에 잠겼다.

"어떤 양의 수라도 무한히 더해 간다면 무한하게 커진다는 거지요…… 역시 무한이네요."

"글쎄, 과연 그럴까? 자, 다음 문제는 어떤지 볼까?"

문제 8-2 실수의 집합을 $\mathbb{R}$이라 하고 양의 정수의 집합을 $\mathbb{N}$이라고 할 때, $\forall k \in \mathbb{N},\ a_k > 0$이라 한다. 다음 식은 항상 성립하는가?

$$\forall \mathrm{M} \in \mathbb{R} \quad \exists n \in \mathbb{N} \quad \mathrm{M} < \sum_{k=1}^{n} a_k$$

"네, 문제 8-2는 성립한다고 생각해요. 그게…… a_k라는 양의 정수를 엄청나게 많이 더하면, 그러니까 n의 값을 크게 하면 그만큼 합은 커지니까요. 그러면 언제나 M보다도 $\sum_{k=1}^{n} a_k$가 더 커지게 돼요."

"으음…… 생각은 알겠는데 테트라는 무한대를 과대평가하고 있어. 표현이 좀 이상하지만."

"네? 양의 정수를 아무리 더해도 M보다 커지지 않는 경우가 있나요?"

"물론이지. 예를 들면 수열 a_k의 일반항이 다음과 같다면 어떨까?"

$$a_k = \frac{1}{2^k}$$

"네?"

"이 경우, 모든 양의 정수 k에 대해 $a_k > 0$은 성립해. 하지만 $\sum_{k=1}^{n} a_k$는 그만큼 커지지 않아."

$$\sum_{k=1}^{n} a_k = \sum_{k=1}^{n} \frac{1}{2^k}$$

"이건 a_k의 정의 그대로야. 다음으로 $\sum$를 구체적으로 써 보자."

$$= \frac{1}{2^1} + \frac{1}{2^2} + \cdots + \frac{1}{2^n}$$

"그다음에는 계산하기 쉽게 $\frac{1}{2^0}$을 더했다가 뺄 거야."

$$= \left(\frac{1}{2^0} + \frac{1}{2^1} + \frac{1}{2^2} + \cdots + \frac{1}{2^n} \right) - \frac{1}{2^0}$$

"이걸로 등비수열의 합의 공식을 쓸 수 있어."

$$= \frac{1 - \frac{1}{2^{n+1}}}{1 - \frac{1}{2}} - 1$$

"분자인 $-\frac{1}{2^{n+1}}$항을 제외하면 부등식을 만들 수 있지."

$$< \frac{1}{1 - \frac{1}{2}} - 1$$

"그리고 나머지 계산."

$$= 2 \qquad (?)$$

"저, 죄송해요……. 마지막 계산 $\frac{1}{1-\frac{1}{2}} - 1$의 결과는 2가 아니지 않나요?"

"응? ……아, 진짜네. 마지막 계산은 1이 되네. 아무튼 다음 식이 성립해."

$$\sum_{k=1}^{n} \frac{1}{2^k} < 1$$

"요컨대 $\sum_{k=1}^{n} a_k = \sum_{k=1}^{n} \frac{1}{2^k}$은 n이 아무리 커도 1 이상은 되지 않아. 아무리 많

이 더해도, $\frac{1}{2^k}$이 한없이 0에 가까워지기 때문에 합이 1 이상은 될 수가 없어. $M<1$이라면 n은 존재하지만, $M\geqq 1$이라면 n은 존재하지 않지. 그러니까 $a_k=\frac{1}{2^k}$을 **반례**로 하면 문제 8-2의 답은 이렇게 되지."

풀이 8-2 실수의 집합을 $\mathbb{R}$이라 하고 양의 정수의 집합을 $\mathbb{N}$이라고 하며 $\forall k\in\mathbb{N},\ a_k>0$이라고 할 때 다음 식이 항상 성립한다고 할 수는 없다.

$$\forall M\in\mathbb{R} \quad \exists n\in\mathbb{N} \quad M<\sum_{k=1}^{n} a_k$$

"과연 n의 값이 커질 때 부분합이 무한히 커질 경우와 그렇지 않은 경우가 있네요. ……그런데 선배도 계산을 틀릴 때가 있네요?"

"틀릴 때도 있지. 아까 틀린 건 증명의 흐름에는 영향을 주지 않았지만……."

때를 놓치지 않고 테트라는 내 말투를 흉내 내며 말했다.

"하지만 반드시 확인해야만 해…… 지요? 선배니임."

잠시 침묵이 흐르고 우리는 서로 마주 보고 웃음을 터뜨렸다.

6. 교실에서의 조화

방과 후 교실. 나는 말없이 나갈 준비를 하고 있는 미르카에게 말을 걸었다.

"저, 미르카. 아까는 멍하게 있다가 네 얘기에 집중하지 못해서…… 미안해. 저, 그, 어제 $\zeta(1)$ 함수 말인데, 잘 모르지만 $\zeta(1)$이 양의 무한대로 발산한다는 이야기를……."

"……."

이거, 곤란한 분위기다.

이윽고 미르카는 분필을 들고 칠판에 써 내려가기 시작했다.

"이게 **제타함수** $\zeta(s)$의 정의야. **리만의 제타함수**."

$$\zeta(s)=\sum_{k=1}^{\infty}\frac{1}{k^s} \qquad \text{제타함수의 정의식}$$

미르카는 계속해서 수식을 써 내려갔다.

"$\zeta(s)$는 무한급수의 형태로 정의되어 있어. 여기서 $s=1$이라는 것이 **조화급수**야. Harmonic Series의 머릿글자 H를 써서 H_∞라고 쓸 때도 있어."

$$H_\infty = \sum_{k=1}^{\infty} \frac{1}{k} \qquad \text{조화급수의 정의식}$$

"따라서 제타함수에서 $s=1$이라는 식과 조화급수 H_∞는 같은 값이야."

"그렇구나. 그럼 나와 테트라…… 내가 탐구했던 무한급수 $\sum_{k=1}^{\infty} \frac{1}{k}$은 $\zeta(1)$과 같은 거였구나."

무라키 선생님은 나와 미르카에게 같은 과제를 냈던 것이다.

H는 Harmonic의 머리글자인가?

미르카는 내 말을 무시하고 이야기를 계속했다.

"다음 부분합 H_n을 **조화수**라고 해."

$$H_n = \sum_{k=1}^{n} \frac{1}{k} \qquad \text{조화수의 정의식}$$

"즉, $n \to \infty$에서, 조화수 $H_n \to$ 조화급수 H_∞가 되는 거야."

미르카의 분필 소리가 교실 안에 퍼졌다.

$$H_\infty = \lim_{n \to \infty} H_n \qquad \text{조화급수와 조화수의 관계}$$

"조화수 H_n은 $n \to \infty$에서 양의 무한대로 발산해."

$$\lim_{n \to \infty} H_n = \infty$$

"따라서 조화급수 역시 양의 무한대로 발산해."

$$H_\infty = \infty$$

"즉 $\zeta(1)$은 양의 무한대로 발산해."

$$\zeta(1)=\infty$$

"어째서 '조화급수는 양의 무한대로 발산한다'고 말할 수 있냐면……."

여기서 처음으로 미르카는 나를 곁눈질로 보고 살짝 미소 지었다. 이제 평소의 미르카로 돌아왔다.

나는 속으로 안도의 한숨을 쉬면서 테트라에게 이야기했던 증명을 설명했다. m을 0 이상의 정수라고 했을 때, $H_{2^m} \geqq 1+\frac{m}{2}$이 성립한다는 것을 이용한 증명이다.

"맞아. 네 증명은 14세기 오렘이 했던 방법하고 똑같아." 미르카가 말했다.

제타함수, 조화급수, 조화수

$$\zeta(s)=\sum_{k=1}^{\infty}\frac{1}{k^s} \qquad \text{(제타함수의 정의식)}$$

$$H_{\infty}=\sum_{k=1}^{\infty}\frac{1}{k} \qquad \text{(조화급수의 정의식)}$$

$$H_n=\sum_{k=1}^{n}\frac{1}{k} \qquad \text{(조화수의 정의식)}$$

미르카는 갑자기 눈을 감고는 지휘라도 하는 것처럼 손가락을 L자 모양으로 휘젓고는 다시 눈을 떴다.

"저, 있잖아. 이산적인 세계에서 지수함수를 찾았을 때를 기억해?"

"응, 기억해." 분명히 차분방정식을 만들어서 풀었지.

"그럼 이런 문제는 어떨까? 이산적인 세계에서 '지수함수의 역함수', 즉 로그함수를 찾는 거야."

문제 8-3 연속적인 세계의 로그함수 $\log_e x$에 대응하는 이산적인 세계의 함수 $L(x)$를 정의하라.

$$\text{연속적인 세계} \longleftrightarrow \text{이산적인 세계}$$
$$\log_e x \longleftrightarrow \mathrm{L}(x)=?$$

"난 이제 갈래. 넌 여기서 천천히 생각해 봐."

미르카는 손가락에 묻은 분필 가루를 털어내고 교실 문을 향해 가다가 뒤를 돌아보며 말했다.

"한마디해 두겠는데, 그래프를 그리지 않는 게 네 약점이야. 수식을 만지작거리는 것만이 수학이 아니라구."

7. 두 세계, 네 가지 연산

밤.

나는 내 방에서 노트를 펼치고 미르카가 낸 문제 8-3에 대해 생각했다.

로그함수 $\log_e x$에 대응하는 함수를 이산적인 세계에서 찾는 문제이다.

전에 지수함수를 공부했을 때는 $\mathrm{D}e^x=e^x$이라는 식과 $\Delta\mathrm{E}(x)=\mathrm{E}(x)$라는 식을 대응시켜 문제를 풀었다. 미분방정식과 차분방정식을 대응시켰던 것이다.

이번에도 로그함수 $\log_e x$에 대한 미분방정식부터 시작해 보자.

로그함수 $\log_e x$의 미분은 책에서 읽은 적이 있다.

$$f(x)=\log_e x$$
$$\Big\downarrow \text{미분한다}$$
$$f'(x)=\frac{1}{x}$$

'미분하면 $\frac{1}{x}$'이라는 성질을 로그함수가 충족한다고 생각해 보자. $\frac{1}{x}$는 x^{-1}이라고 쓸 수도 있으니까 '미분하면 x^{-1}'이 된다고 해도 좋겠군. 미르카가 예전에 썼던 미분 연산자 D를 써서 나타내면 이렇게 되고,

$$\mathrm{D} \log_e x = x^{-1}$$ 로그함수가 만족시키는 미분방정식

여기서부터 유추해서 $\log_e x$에 대응하는 이산적인 세계의 함수 $\mathrm{L}(x)$는 다음 차분방정식을 만족시킨다고 생각하자. 보통 -1제곱을 하는 대신 하강 계승을 써서 -1제곱을 하는 거야.

$$\Delta \mathrm{L}(x) = x^{\underline{-1}}$$ 함수 $\mathrm{L}(x)$가 만족시키는 차분방정식

하지만 예전에 미르카와 이야기했을 때에는 다음처럼 하강 계승 $x^{\underline{n}}$을 $n>0$의 범위에서만 생각하고 있었다.

하강 계승의 정의 (n은 양의 정수)

$$x^{\underline{n}} = \underbrace{(x-0)(x-1)\cdots(x-(n-1))}_{n\text{개}}$$

이것은 결국 $n \leqq 0$일 경우, $x^{\underline{n}}$이 어떤 정의라면 적절할지를 생각해야 한다는 의미야.

$n=4, 3, 2, 1$일 때 $x^{\underline{n}}$은 다음과 같다.

$$x^{\underline{4}} = (x-0)(x-1)(x-2)(x-3)$$
$$x^{\underline{3}} = (x-0)(x-1)(x-2)$$
$$x^{\underline{2}} = (x-0)(x-1)$$
$$x^{\underline{1}} = (x-0)$$

이 식을 가만히 보면 다음과 같은 사실을 알 수 있다.

- $x^{\underline{4}}$을 $(x-3)$으로 나누면 $x^{\underline{3}}$을 얻을 수 있다.
- $x^{\underline{3}}$을 $(x-2)$로 나누면 $x^{\underline{2}}$을 얻을 수 있다.
- $x^{\underline{2}}$을 $(x-1)$로 나누면 $x^{\underline{1}}$을 얻을 수 있다.

이것을 이대로 연장하면 다음과 같아진다.

- $x^{\underline{1}}$을 $(x-0)$으로 나누면 $x^{\underline{0}}$을 얻을 수 있다.
- $x^{\underline{0}}$을 $(x+1)$로 나누면 $x^{\underline{-1}}$을 얻을 수 있다.
- $x^{\underline{-1}}$을 $(x+2)$로 나누면 $x^{\underline{-2}}$을 얻을 수 있다.
- $x^{\underline{-2}}$을 $(x+3)$으로 나누면 $x^{\underline{-3}}$을 얻을 수 있다.

따라서 다음과 같이 된다.

$$x^{\underline{0}} = 1$$
$$x^{\underline{-1}} = \frac{1}{(x+1)}$$
$$x^{\underline{-2}} = \frac{1}{(x+1)(x+2)}$$
$$x^{\underline{-3}} = \frac{1}{(x+1)(x+2)(x+3)}$$

하강 계승의 정의 (n은 정수)

$$x^{\underline{n}} = \begin{cases} (x-0)(x-1)\cdots(x-(n-1)) & (n>0\text{인 경우}) \\ 1 & (n=0\text{인 경우}) \\ \dfrac{1}{(x+1)(x+2)\cdots(x+(-n))} & (n<0\text{인 경우}) \end{cases}$$

그럼, 여기서 로그함수로 돌아가 보자. 아래 차분방정식을 푸는 게 목표였지.

$$\Delta\mathrm{L}(x) = x^{\underline{-1}}$$

좌변은 Δ의 정의에 따라 $\mathrm{L}(x+1)-\mathrm{L}(x)$가 된다.

우변은 $x^{\underline{-1}}$의 정의에 따라 $\frac{1}{x+1}$이 된다. 따라서 차분방정식은 다음과 같아진다.

$$\mathrm{L}(x+1)-\mathrm{L}(x)=\frac{1}{x+1} \qquad \mathrm{L}(x)\text{의 차분방정식}$$

여기서부터 $\mathrm{L}(x)$가 구해지면 다행인데…….

어라?

$\mathrm{L}(x+1)-\mathrm{L}(x)=\frac{1}{x+1}$이라는 건, 이전에 테트라에게 이야기했던 식과 똑같지 않나? 음…… 이거다.

$$\mathrm{H}_{n+1}-\mathrm{H}_n=\frac{1}{n+1} \qquad \text{조화수 }\mathrm{H}_n\text{의 귀납적인 식}$$

$\mathrm{L}(x)$의 차분 방정식은 조화수 H_n의 귀납적인 식과 똑같잖아!

$\mathrm{L}(1)=1$이라고 정의해 주면 이렇게 간단한 관계식을 구할 수 있어.

$$\mathrm{L}(x)=\sum_{k=1}^{x}\frac{1}{k}$$

조화수의 표기법 H_n을 쓰면 다음과 같이 된다.

$$\mathrm{L}(x)=\mathrm{H}_x \qquad x\text{는 양의 정수}$$

이렇게 문제 8-3이 풀렸다.

풀이 8-3 $\mathrm{L}(x)=\sum_{k=1}^{x}\frac{1}{k}$
$=\mathrm{H}_x$ (조화수)

이걸로 다음과 같은 대응 관계가 생겼어.

로그함수와 조화수의 관계

연속적인 세계 ⟷ 이산적인 세계

$\log_e x$ ⟷ $H_x = \sum_{k=1}^{x} \frac{1}{k}$

하지만 왠지 찝찝한걸. 로그함수와 조화수가 그렇게 밀접하게 관련되어 있다니…….

잠깐, '미분과 차분' 이야기를 했을 때 미르카는 마지막에 '적분과 시그마' 이야기를 했었지. '연속적인 세계'와 '이산적인 세계'라는 두 세계. 미분, 차분, 적분, 시그마라는 네 가지 연산인가…… 좋았어. 그림을 그려서 정리해 보자.

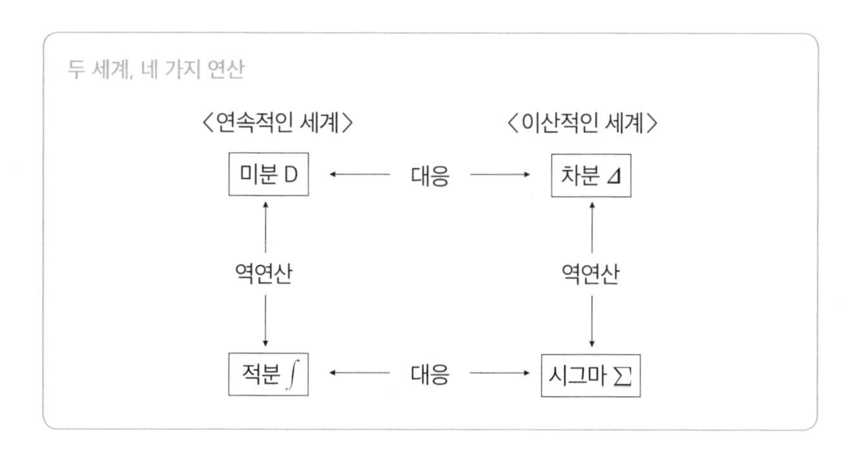

음, 아름답게 정리되는군. 이 그림으로 조화수는 오른쪽 아래의 $\sum$에 들어맞지. 이 말은, 그걸 왼쪽 아래의 연속적인 세계로 되돌리면……. 아, 그렇구나! $\log_e x$를 미분하면 $\frac{1}{x}$이 된다는 건, $\frac{1}{x}$을 적분하면 $\log_e x$가 된다는 거잖아? 멋지군. 역수의 적분과 역수의 $\sum$가 확실하게 대응하고 있어. $\log_e x$라고 써서 한번에 감이 안 왔던 거야. $\int_1^x \frac{1}{t}$이라고 쓰면 더 좋았을걸.

로그함수와 조화수의 관계

연속적인 세계	$\longleftrightarrow$	이산적인 세계
$\log_e x = \int_1^x \frac{1}{t}$	$\longleftrightarrow$	$H_n = \sum_{k=1}^{n} \frac{1}{k}$

이렇게 하니까 이해가 가네. 연속적인 세계의 적분에서는 dt도 쓰는 편이 좋을까? 그럼 이산적인 세계에서는…… δk가 필요하겠군. 아, 가령 $\delta k=1$로 해 두면 잘 호응할 거야.

$$\int_1^x \frac{1}{t}dt \quad \longleftrightarrow \quad \sum_{k=1}^{n} \frac{1}{k}\delta k$$

꽤나 잘 정리됐는데! 수식은 역시 기분 좋아.

'그래프를 그리지 않는 게 네 약점이야.'

윽, 미르카에게 정곡을 찔리다니 아프다. 발을 밟혔을 때보다 훨씬 더.

좋았어. 미르카가 말한 대로 그래프를 그려 보자. 적분과 시그마 모두 면적을 나타내는 그래프를 그리면 되겠지.

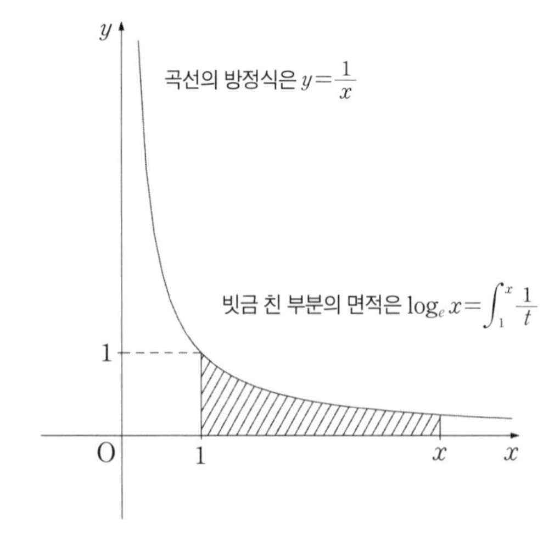

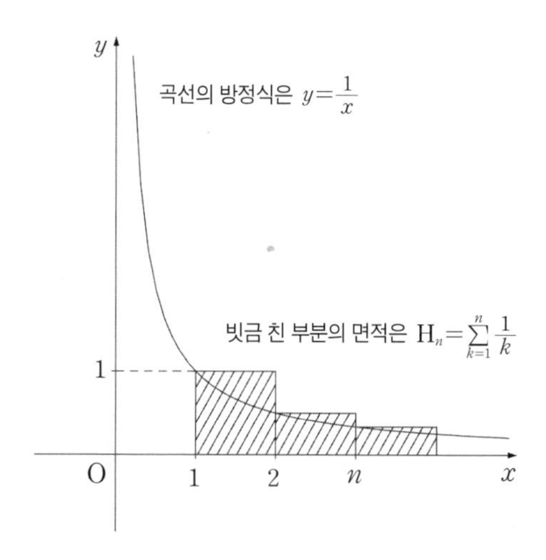

확실히 그래프를 그려 보니 '연속적인 세계'와 '이산적인 세계'의 호응 관계를 시각적으로 이해하기 쉽구나. 정말 놀랍게도.

8. 찾아낸 열쇠, 미지의 문

"그래서 '연속적인 세계의 로그함수'와 '이산적인 세계의 조화수'가 서로 대응한다는 걸 알았어."

평소와 같은 귀갓길. 나는 테트라와 나란히 역으로 향하면서 미르키의 문제와 내 성과를 간단히 들려주었다.

"생각해 보면, 오렘의 증명을 잘 검토하기만 했어도 금방 알았을 거야. 봐, $\sum_{k=1}^{\infty}\frac{1}{k}$이 양의 무한대로 발산한다는 걸 증명할 때 1개, 2개, 4개, 8개, 이렇게 항을 2^m개씩 모아서 확인했었잖아? 그렇다는 건 모인 항의 개수는 지수함수적으로 증가한다는 거야. 그 점에서 조화수가 지수함수의 역함수인 로그함수와 비슷하다는 가능성을 알아챘어야 했어."

그때 그래프만 그려 봤어도 미르카가 낸 문제를 들었을 때 바로 답할 수 있었을지도 모른다. 계속 생각해도 분하군. 미르카의 지적대로야.

테트라는 내 이야기를 흥미롭게 듣다가 갑자기 멈춰 서더니 시무룩한 표정으로 말했다.

"선배. 저, 연구 과제를 해 보겠다고 마음먹기는 했지만 결과적으로 전혀 '재미있는 것'을 발견할 수는 없었어요. 전부 선배가 가르쳐 준 걸로 끝이에요. 전 역시 수학은 안 되는 걸까요?"

"아니, 그건 아니야." 나도 멈춰 서서 말했다.

"테트라는 스스로 생각하려고 노력했잖아? 그게 중요해. 설령 아무것도 찾지 못했더라도. 열심히 생각했기 때문에 나중에 내가 이야기한 내용을 이해할 수 있었던 거야. 그걸 잊어선 안 돼."

테트라는 잠자코 내 말을 듣기만 했다.

"너는 수식을 어떻게든 읽어 보려고 했어. 그건 정말 대단한 일이야. 수식이 나오는 순간 사고가 멈춰 버리는 사람이 훨씬 많아. 수식의 의미를 생각하기 이전에 읽으려고도 안 해. 물론 어려운 수식의 의미는 모를 수 있어. 하지만 전부 모른다고 해도 '여기까진 알겠어. 여기부터 모르겠어' 하고 구분해서 생각하는 버릇을 들여야 해. '안 돼' 하고 말해 버리면 읽지 않게 되는 거야. 생각하지 않게 되고. 수학이 일상생활에 도움이 안 된다고 치부해 버릴 수도 있어. 하지만 그러면 '도움이 안 되니까 읽지 않는다'가 아니라 '도움이 될 수 있어도 읽지 못하는' 상태가 되어 버리는 거야. 수학을 신포도로 생각하면 안 돼. 도전하는 네가 대단한 거야."

"하지만…… 선배가 문제를 만들거나 푸는 걸 보면 이해는 되지만 제가 할 수 있을 것 같지는 않은걸요. 어떻게 하면 그렇게 되는 건지…… 머릿속 어디서 꺼내면 될지 잘 모르겠어요."

"나도 말이지, 진정한 의미에서 새로운 것을 생각하진 못하고 있어. 어딘가에서 읽었던 것, 과거에 풀었던 것을 바탕으로 하고 있는 거지. 수업에서 배운 문제, 스스로 생각해 본 과제, 책에 실려 있던 예제, 친구와 토론했던 해법…… 그것들이 지금 내 안에서 보물을 찾아내는 힘, 발굴해 내는 힘이 되고 있는 거야."

내가 다시 걷기 시작하자 테트라도 따라 걸었다. 나는 이어 말했다.

"문제를 풀 때의 마음가짐은 부등식을 써서 수식의 크기를 평가하는 것과 비슷해. 별안간 등식으로 딱 떨어지는 답을 구하기는 힘들어. '지금 알고 있는 것을 바탕으로, 답은 이것보다는 크지만 저것보다는 작겠군……'이라고 생각하지. 지금까지 내가 얻은 단서를 바탕으로 조금씩 답에 가까워지는 거야. 모든 것을 한 번에 알 수는 없어. 알아낸 것에 쐐기를 박아서 지렛대를 넣고 바위를 움직이는 거야. 찾아낸 열쇠로 미지의 문을 여는 거지."

테트라의 눈이 빛났다.

"테트라, 공부하면서 '아하, 그렇구나' 하는 경험을 계속 쌓아 가. 스스로 생각해 낸 것이 아니라도 좋아. 멋진 증명을 읽고 '이거 정말 대단한데' 하고 감동하는 경험도 중요한 거야."

"네, 알겠어요. 영어를 공부할 때 원어민의 멋진 발음을 듣고 저도 이렇게 발음할 수 있으면 좋겠다고 바라니까요. ……그런데 선배. 저 선배의 이야기를 듣고 있으면 무척 힘이 나요. 저, 저, 전…… 정말로……."

이야기를 하면서 그녀의 걸음이 점점 느려졌다. 항상 기운은 넘치는데 귀갓길은 느리게 걸어간다.

우리는 잠시 말없이 걸었다.

"아, 그렇지. 이번 주 토요일 천체 투영관에 안 갈래?"

"네? 선배와요? 천체 투영관에? 저랑요?" 테트라는 검지로 자기 코를 가리키며 말했다.

"쓰노미야한테서 무료 입장권을 받았거든. 의외로 볼 만하대. 싫어?"

"정말 좋아해요! 갈게요! 우, 우와…… 정말 기뻐요 선배! 아, 하지만 '그분'께 먼저 말하지 않아도 되나요? 미르카 선배……."

"아, 그렇지. 만약 테트라가 시간이 없다면……."

"아, 아니요! 시간 많아요! 꼭 갈게요!"

9. 세상에 소수가 둘뿐이라면

세상에 인간이 단둘이라면 고민이 꽤나 줄지 않을까? 인간이 너무 많으니까 남과 비교하면서 서로 경쟁하면서 싸우는 것이 아닐까? 아담과 이브처럼 단 두 사람뿐이라면 분란이 생기지 않을 텐데. 아니, 아담과 이브 때도 말썽은 있었다. 하지만 그때는 뱀이 있었다. 진짜 두 사람밖에 없었다면 문제가 없었을까? 아니, 일어났을지도 모른다. 게다가 처음엔 둘이었다 해도 언젠가는 늘어나게 되어 있다. 그렇게 되면 다양한 생각들과 고민이 생겨날지도 모른다.

"무슨 생각해?" 미르카가 물었다.

"세상에 인간이 둘뿐이라면 어떻게 될까에 대해." 내가 대답했다.

"수학 노트를 펼쳐놓고? 그럼 '세계에 소수가 둘 뿐이라면'에 대해 얘기해 보자."

미르카는 늘 그렇듯 내 노트를 끌어당겨 식을 쓰기 시작했다.

합성곱

"순서에 따라 이야기해 보자. 우선은 다음과 같은 형식적인 곱셈을 생각하는 거야." 미르카가 말했다. 나는 잠자코 들었다.

$$(2^0+2^1+2^2+\cdots)\cdot(3^0+3^1+3^2+\cdots)$$

"이 곱셈은 양의 무한대로 발산해. 그러니까 형식적인 곱셈이라고 한 거야. 하지만 처음 몇 항을 전개해서 관찰해 보자."

$$2^0 3^0+2^0 3^1+2^1 3^0+2^0 3^2+2^1 3^1+2^2 3^0+\cdots$$

"지수의 합에 따라 묶으면 패턴을 알 수 있지."

$$(2^0 3^0)+(2^0 3^1+2^1 3^0)+(2^0 3^2+2^1 3^1+2^2 3^0)+\cdots$$

"따라서 다음 이중합으로 표현할 수 있어."

$$\sum_{n=0}^{\infty}\sum_{k=0}^{n}2^k 3^{n-k}$$

나는 식 전개를 보면서 고개를 끄덕이고는 입을 열었다.

"이건 합성곱이네. 바깥쪽의 $\sum_{n=0}^{\infty}$에서, n은 0, 1, 2, ··· 이렇게 증가해. 그리고 그 각각에 대해 안쪽의 $\sum_{k=0}^{n}$에서는 2와 3의 지수의 합이 n이 되는 수를 열거하고 있지. 말하자면 2와 3으로 지수를 서로 나눠서……."

"나눈다고? ……음. 확실히 그렇게도 말할 수 있겠네. 그럼, **2 또는 3만을 소인수로 가지는 양의 정수는 이 합의 어딘가에 반드시 적어도 한 번은 나타나게 돼.** 왜냐하면 2 또는 3의 지수에는 0 이상인 정수의 조합이 적어도 한 번은 나타나니까."

"그렇지. 확실히 그래." 나는 장단을 맞췄다.

"2 또는 3만을 소인수로 가진다 해도 1도 포함되는데." 미르카는 이렇게 덧붙였다.

수렴하는 등비급수

"이번엔 다음과 같은 무한급수의 곱에 대해 생각해 보자. 이름을 Q_2라고 할게." 미르카는 계속해서 말했다.

$$Q_2=\left(\frac{1}{2^0}+\frac{1}{2^1}+\frac{1}{2^2}+\cdots\right)\cdot\left(\frac{1}{3^0}+\frac{1}{3^1}+\frac{1}{3^2}+\cdots\right)$$

"아까는 양의 무한대로 발산하는 형식적인 곱셈이었지만 이번엔 달라. 왜냐하면 Q_2의 인자가 되는 두 개의 무한급수는 수렴하는 등비급수니까. 등비급수의 공식으로 두 인수를 계산하면 Q_2는 '곱의 형태'가 돼."

$$Q_2=\left(\frac{1}{2^0}+\frac{1}{2^1}+\frac{1}{2^2}+\cdots\right)\cdot\left(\frac{1}{3^0}+\frac{1}{3^1}+\frac{1}{3^2}+\cdots\right)$$

$$=\left(\frac{1}{1-\frac{1}{2}}\right)\cdot\left(\frac{1}{1-\frac{1}{3}}\right) \qquad \text{곱의 형태}$$

그녀는 계속해서 말했다.

"이번엔 Q_2를 처음부터 전개해 보자. Q_2를 '합의 형태'로 만드는 거야. 그러면 분모에는 아까의 2^k3^{n-k} 형태가 나와."

$$\begin{aligned} Q_2 &= \left(\frac{1}{2^0}+\frac{1}{2^1}+\frac{1}{2^2}+\cdots\right)\cdot\left(\frac{1}{3^0}+\frac{1}{3^1}+\frac{1}{3^2}+\cdots\right) \\ &= \underbrace{\left(\frac{1}{2^0 3^0}\right)}_{n=0}+\underbrace{\left(\frac{1}{2^0 3^1}+\frac{1}{2^1 3^0}\right)}_{n=1}+\underbrace{\left(\frac{1}{2^0 3^2}+\frac{1}{2^1 3^1}+\frac{1}{2^2 3^0}\right)}_{n=2}+\cdots \\ &= \sum_{n=0}^{\infty}\sum_{k=0}^{n}\frac{1}{2^k 3^{n-k}} \qquad \text{합의 형태} \end{aligned}$$

"지금까지 Q_2를 두 가지 방법으로 구해 봤어. 따라서 다음 등식이 성립해."

$$\left(\frac{1}{1-\frac{1}{2}}\right)\cdot\left(\frac{1}{1-\frac{1}{3}}\right)=\sum_{n=0}^{\infty}\sum_{k=0}^{n}\frac{1}{2^k 3^{n-k}}$$

"좌변은 곱이고 우변은 합이네." 나는 말했다.

소인수분해의 유일성

"그럼 여기서 '세상에 소수가 2와 3만 남는다'고 가정하자. 그러면 모든 양의 정수는 $\sum_{n=0}^{\infty}\sum_{k=0}^{n}\frac{1}{2^k 3^{n-k}}$의 분모 2^k3^{n-k}의 어딘가에 반드시 한 번은 나타나." 미르카가 말했다.

"응? 미르카, 2^k3^{n-k}에 나타나는 건 모든 정수가 아니야. 1을 포함해서 2와 3만을 소인수로 가진 양의 정수뿐이지. 예를 들면 5나 7, 10은 안 나와." 내가 반박했다.

"그러니까 '소수가 2나 3 두 개뿐이다'라고 가정하는 거야. 세상에 소수가

2나 3밖에 없다면 5나 7, 10 따위의 정수는 존재하지 않아."

"지금 네가 말하는 게 **소인수분해의 유일성**이지? 1보다 큰 모든 정수는 소수의 곱으로 나타낼 수 있으니까 '세상에 소수가 2나 3밖에 없다면 5와 7 같은 정수는 없다'고 말하고 싶은 거겠지만…… 있잖아, '세상에 소수가 두 개밖에 없다는 이야기'는 이제 관두자. 왠지 깔끔하지 않아."

"알았어. 네가 그렇게 말한다면 관두지 뭐. 소수가 두 개밖에 없다는 건 있을 수 없는 일이니까. 그럼 이렇게 하자. 세계에 소수가 m개만 존재한다고 가정하는 거야." 미르카는 생글생글 웃으며 말했다.

"아니, 그러면 안 된다고. 2개든 m개든 똑같아. 그런 가정을 하면 소수가 유한개라는 말이 되잖아."

대체 미르카는 무슨 말을 하려는 걸까?

"'소수가 유한개'라고 가정한 거야. 아직 모르겠어?"

미르카의 표정을 보고 나는 드디어 깨달았다.

"귀류법이구나!"

소수의 무한성 증명

귀류법은 증명의 기본 방법 중 하나다. 귀류법을 한마디로 정의하면 '증명하고 싶은 명제가 거짓임을 가정하고 모순을 밝히는 것'이다. 하지만 스스로 증명하고 싶은 명제가 거짓임을 일부러 가정한다는 속임수 같은 방법이므로 제대로 활용하지 못하는 사람도 많다.

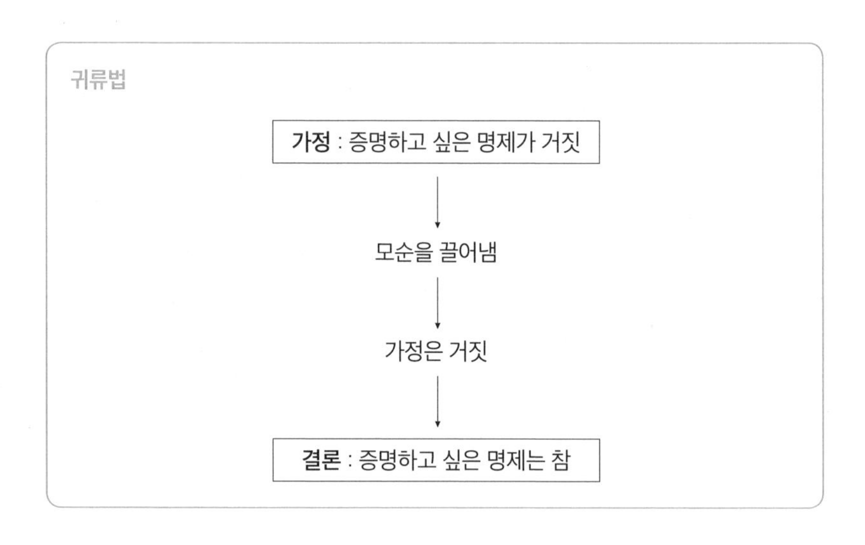

"그러면 지금부터 **소수는 무수히 많이 존재한다**는 명제를 귀류법을 써서 증명할 거야."

그녀는 이렇게 선언하고 마치 수술을 집도하는 외과의사처럼 양팔을 벌렸다.

"그런데 미르카, 소수의 무한성에 대한 증명이라면, 예전에 유클리드가 쓴 방법을 말하는 거야? 소수를 유한개라고 가정하면 모든 소수를 곱하여 1을 더한 수도 또 소수가 된다는……."

이렇게 말을 하자 미르카는 눈앞에서 손가락을 들어 흔들면서 내 말을 막았다.

"소수가 유한개라고 가정하자." 미르카는 단호한 목소리로 계속했다.

"소수의 개수를 m개라고 가정하면 모든 소수는 작은 순서대로 다음과 같이 나타낼 수 있어."

$$p_1,\ p_2,\ \cdots,\ p_k,\ \cdots,\ p_m$$

"앞의 세 개 소수는 $p_1=2, p_2=3, p_3=5$야. 거기서 이런 무한합의 유한곱 Q_m을 생각해 보는 거지."

$$
\begin{aligned}
\mathrm{Q}_m &= \left(\frac{1}{2^0}+\frac{1}{2^1}+\frac{1}{2^2}+\cdots\right)\cdot\left(\frac{1}{3^0}+\frac{1}{3^1}+\frac{1}{3^2}+\cdots\right) \\
&\qquad \cdots\cdots\left(\frac{1}{p_m^0}+\frac{1}{p_m^1}+\frac{1}{p_m^2}+\cdots\right) \\
&= \prod_{k=1}^{m}\left(\frac{1}{p_k^0}+\frac{1}{p_k^1}+\frac{1}{p_k^2}+\cdots\right) \\
&= \prod_{k=1}^{m}\frac{1}{1-\frac{1}{p_k}} \qquad \text{곱의 형태}
\end{aligned}
$$

"이건 아까 Q_2에서 2개였던 소수를 m개로 쓴 것뿐이야. 그리고 m개의 유한한 두 값을 곱하는 거니까 Q_m도 유한한 값이 되는 거지."

나는 식을 좇아 가며 생각했다.

"아하, 그렇구나. 소수 p_k는 2 이상이니까 등비급수 $\frac{1}{p_k{}^0}+\frac{1}{p_k{}^1}+\frac{1}{p_k{}^2}+\cdots$은 $\frac{1}{1-\frac{1}{p_k}}$에 수렴하지. 그러니까 유한한 값이라는 건가……."

"그래. 그런데 여기서부터 재미있어진다구……."

미르카는 이렇게 말하고 작은 혀를 내밀어 윗입술을 핥았다.

"아까 두 소수 2와 3으로 했던 걸 m개의 소수로 해 보는 거야. 즉, 유한개라는 걸 염두에 두고 구체적으로 전개해 보는 거지. 이번엔 지수를 두 개로 '나누는' 게 아니라 m개로 '나누는' 거야. 네 표현을 빌리자면 말이지."

$$
\begin{aligned}
\mathrm{Q}_m &= \left(\frac{1}{2^0}+\frac{1}{2^1}+\frac{1}{2^2}+\cdots\right)\cdot\left(\frac{1}{3^0}+\frac{1}{3^1}+\frac{1}{3^2}+\cdots\right) \\
&\qquad \cdots\cdots\left(\frac{1}{p_m^0}+\frac{1}{p_m^1}+\frac{1}{p_m^2}+\cdots\right) \\
&= \underbrace{\left(\frac{1}{2^0 3^0 5^0\cdots p_m^0}\right)}_{\text{지수의 합이 0인 항}}+\underbrace{\left(\frac{1}{2^1 3^0 5^0\cdots p_m^0}+\cdots+\frac{1}{2^0 3^0 5^0\cdots p_m^1}\right)}_{\text{지수의 합이 1인 항}}+\cdots \\
&= \sum_{n=0}^{\infty}\underbrace{\sum\frac{1}{2^{r_1}3^{r_2}5^{r_3}\cdots p_m^{r_m}}}_{\text{지수의 합이 }n\text{인 항}} \qquad \text{합의 형태}
\end{aligned}
$$

"이런 모양의 식이 돼." 미르카가 말했다.

"음…… 저, 마지막 식의 의미가 뭔지 모르겠는데. 특히 안쪽의 $\sum$에는 아무것도 안 써 있잖아?" 내가 말했다.

"아무것도 써 있지 않지만 이 식에서 안쪽의 $\sum$는 $r_1+r_2+\cdots+r_m=n$을 만족시키는 모든 $r_1, r_2, \cdots, r_m$에 관한 총합을 취하는 걸로 할 거야."

"그건 '지수의 합이 n이 되는 모든 조합'이라는 뜻이야?"

"맞았어. 말하자면 이 Q_m은 $\frac{1}{\text{소수의 곱}}$이라는 형태를 한 항의 합이야. 소수 p_k의 지수를 r_k라고 하고, 지수의 합이 n이 되는 모든 조합에 관하여 $\frac{1}{\text{소수의 곱}}$의 합을 구한 거야. 여기서 분모에 주목하자. 즉, '소수의 곱' 부분 말이야. 이렇게 되어 있지?"

$$2^{r_1}3^{r_2}5^{r_3}\cdots p_m^{r_m}$$

"귀류법의 가정에 따라 세상에 소수는 m개밖에 없어. 소인수분해의 유일성에 따라 모든 양의 정수는 $p_1^{r_1}p_2^{r_2}p_3^{r_3}\cdots p_m^{r_m}$의 형태로 유일하게 소인수분해할 수 있어. 그 말은…… Q_m을 전개한 각 항의 $\frac{1}{\text{소수의 곱}}$의 분모엔 모든 양의 정수가 반드시 한 번은 나타난다는 뜻이야."

"응, 그건 아까 2와 3뿐일 때 토론했던 것과 같네."

"분모에 '모든 양의 정수가 반드시 한 번은 나온다'라는 말은 다음 식이 성립한다는 의미지."

$$Q_m=\frac{1}{1}+\frac{1}{2}+\frac{1}{3}+\frac{1}{4}+\cdots$$

"아!" 조화급수다.

"알겠어?"

"Q_m은 유한한데, 이러면 발산해 버려."

"맞았어. 수렴하는 무한 등비급수를 써서 Q_m이 유한하다는 건 이미 보여줬지?" 미르카는 확인하듯 말했다.

$$Q_m = \prod_{k=1}^{m} \frac{1}{1-\frac{1}{p_k}} \qquad \text{유한한 값}$$

"하지만 이번엔 Q_m이 조화급수 $\sum_{k=1}^{\infty} \frac{1}{k}$과 같아졌어."

$$Q_m = \sum_{k=1}^{\infty} \frac{1}{k} \qquad \text{조화급수}$$

"즉, 다음 등식이 성립하게 돼."

$$\prod_{k=1}^{m} \frac{1}{1-\frac{1}{p_k}} = \sum_{k=1}^{\infty} \frac{1}{k}$$

"좌변은 소수가 유한개라는 귀류법의 가정에 따라 '유한한 값'이 되지. 우변은 조화급수니까 '양의 무한대로 발산'하고. 이건 모순이야."

"!" 나는 말이 나오지 않았다.

"귀류법의 가정 '소수는 유한개다'는 모순이야. 따라서 가정의 부정, 즉 '소수는 무수히 많이 존재한다'가 증명되었어. Q.E.D(Quod Erat Demonstrandum), 증명 끝."

미르카는 손가락을 쭉 펴고 선언했다.

"자, 이걸로 하나 해결."

조화급수의 발산을 소수의 무한성 증명과 연결 짓다니…… 놀랍다. 엄청난 보물이 아닌가?

"이 멋진 증명은 '마치 독수리가 비상하듯, 사람이 숨 쉬듯, 그는 계산을 했다'라고 일컬어지는 우리의 스승님이 보여 주셨던 거야." 그녀가 말했다.

"우리의 스승님?"

"18세기 최고의 수학자 레온하르트 오일러, 그분 말이야."

미르카는 나를 똑바로 바라보며 말했다.

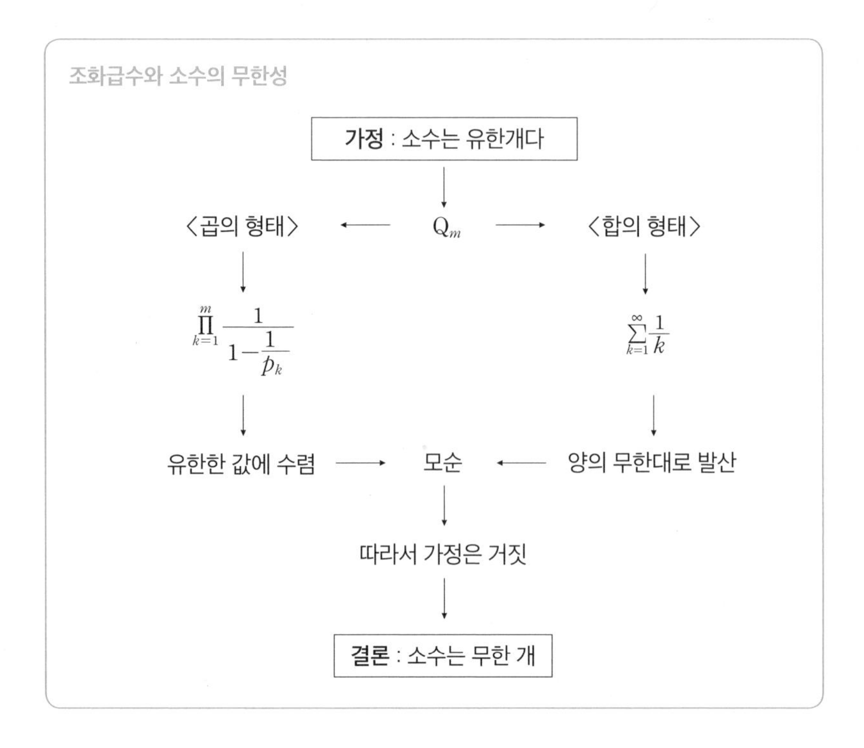

10. 천체 투영관

토요일.

천체 투영관은 연인들과 아이들을 데려온 가족들로 북적였다. 나와 테트라는 나란히 자리에 앉았다. 돔 중앙에는 기묘한 형태의 검은 투영기가 설치되어 있었다.

"선배와 함께 천체 투영관에 오다니 너무 긴장돼요. 오늘 아침엔 정말 일찍 눈이 떠지지 뭐예요. 헤헤." 테트라는 머리를 긁적였다.

잠시 후 조명이 꺼지고 석양이 드리워진 풍경이 나타났다. 해가 저물면서 별이 하나 둘 늘어 갔다. 어느새 밤하늘은 크고 작은 빛의 점으로 가득 찼다.

"예쁘다……."

바로 옆에 앉은 테트라의 감탄이 들렸다. 정말 아름다웠다.

"그럼 지금부터 북극점을 향해 날아가 볼까요?"

내레이션과 동시에 하늘 전체가 흔들리면서 별들이 일제히 떨어지기 시작했다. 하늘로 올라가는 듯한 착각이 들어 우리는 몸을 웅크렸다. "앗" 하는 사이에 북극점에 도착했다.

"오로라다!" 어딘가에서 아이가 소리쳤다.

가는 빛이 점점 몸집을 부풀리더니 커튼을 형성했다. 넘실거리는 빛의 그러데이션이 몇 겹으로 겹치며 우리를 둘러쌌다. 관객들도 오색 빛이 빚어내는 하모니에 빠져 말을 잃었다.

일상적인 세계, 일상적인 시간에서 벗어나 나와 테트라는 함께 북극점에 다녀왔다. 멀리 떨어진 세계, 멀리 떨어진 시간 속에서 함께 우주를 올려다본다. 분명 유한하지만 무한하다고 부르고 싶을 만큼 총총한 별들의 바다를 바라본다.

바로 그때…….

내 심장이 쿵, 하고 뛰었다.

오른팔에 테트라의 무게가 느껴졌기 때문이다.

그녀는 내 팔꿈치 부근을 살짝 감싸고 몸을 기댔다.

평소처럼 달콤한 향기가 더 강하게 풍겼다.

테트라…….

북극점에서 바라본 성좌, 지축의 기울어짐, 그리고 백야에 대한 해설이 이어지고 있있지만 내 머릿속에는 아무것도 들어오지 않았다.

하늘에는 별이 떠올라 있고, 내 마음속에는 바로 옆에 있는 테트라의 모습이 떠오른다. 이름을 부르면 얼굴을 빛내는 테트라, 활달한 테트라, 진지한 표정의 테트라. 납득이 갈 때까지 생각하고, 그러면서도 가끔 실수를 하고 마는 테트라. 올곧고, 한결같으며, 생기 있는 테트라.

그런 테트라가 나를……?

나는 이미 내가 무슨 생각을 하고 있는지조차 알 수 없었다.

마음이 일치할 수는 없겠지만 충분히 가까워질 수는 있지 않을까? 시간을 들인다면…… 귀납식 같은 걸음으로.

우리는 한정된 시간을 공유하고 있다. 눈에 보이는 것은 아주 일부분이고, 알아낼 수 있는 것도 티끌에 불과하다. 하지만 우리는 무한을 추구한다. 발견한 것들을 실마리 삼아, 이미 알아낸 것들을 지렛대 삼아. 우리에게 날개는 없다. 하지만 우리에게는 언어가 있다.

시간이 얼마나 흘렀을까? 이윽고 하늘의 오로라가 사라지고 안내원의 중후한 멘트가 혼란에 빠진 나를 현실로 데려왔다.

"자, 잠깐의 여행은 즐거우셨습니까?"

장내가 밝아졌다. 별들이 흰 조명에 묻혀 사라졌다. 지금까지 무수한 별들로 뒤덮여 있던 매끄러운 돔 천장은 다면체를 닮은 울퉁불퉁한 스크린으로 바뀌었다.

판타지의 세계에서 빠져나온 관객들은 아쉬워하면서도 어딘가 안심한 듯했다. 헛기침을 하고 허리를 펴며 이제 돌아갈 준비들을 한다. 모두들 일상으로 돌아간다.

하지만 나는 아직 테트라에게 붙잡힌 채였다. 우리는 아직도 북극점에 남아 있다. 먼 세계, 북쪽 끝, 오로라가 펼쳐지는 그곳에.

음…… 뭐라고 말을 걸면 좋지? 나는 천천히 그녀 쪽을 돌아보았다.

"어라?"

테트라는 내게 기댄 채로 잠들어 있었다.

무척이나 곤히.

나의 노트

부분합	$\sum_{k=1}^{n} a_k = a_1 + a_2 + a_3 + \cdots + a_n$
무한급수	$\sum_{k=1}^{\infty} a_k = a_1 + a_2 + a_3 + \cdots$
조화수	$\mathrm{H}_n = \sum_{k=1}^{n} \frac{1}{k} = \frac{1}{1} + \frac{1}{2} + \frac{1}{3} + \cdots + \frac{1}{n}$
조화급수	$\mathrm{H}_{\infty} = \sum_{k=1}^{\infty} \frac{1}{k} = \frac{1}{1} + \frac{1}{2} + \frac{1}{3} + \cdots$
제타함수	$\zeta(s) = \sum_{k=1}^{\infty} \frac{1}{k^s}$
제타함수와 조화급수	$\zeta(1) = \sum_{k=1}^{\infty} \frac{1}{k}$
제타함수와 오일러 곱	$\zeta(s) = \prod_{\text{소수 } p} \frac{1}{1 - \frac{1}{p^s}}$

테일러 전개와 바젤 문제

나는 연결되는 무수한 장을 쪼개어
많은 무한급수의 성질과 그 총합을 탐구했다.
그 급수 중 몇 개는 무한을 포함한 해석을 하지 않았더라면
거의 규명하지 못했을 성질을 갖고 있었다.
_오일러

1. 도서실

두 장의 카드

"선배, 편지요 편지!"

항상 활기찬 테트라가 달려왔다. 카드를 손에서 팔랑팔랑 돌리며 우렁찬 소리를 냈다. 아무리 그래도 그렇게 큰 소리로…….

"테트라, 여기는 도서실이야. 우리는 고등학생이고. 여기 규칙은 정숙이야. 조금만 조용히 말해 줘."

"네…… 죄송해요." 그녀는 금세 고개를 숙이고 부끄러운 듯 주위를 둘러보았다.

익숙한 도서실 풍경, 평소와 같은 시간, 늘 발랄한 소녀, 테트라. 도서실에 있는 건 우리뿐이지만…… 그래도 너무 떠들어 미즈타니 선생님이 나오기라도 하면 귀찮아진다.

"아, 이게 선배 거예요." 그녀는 손에 들고 있던 두 장의 카드를 비교해 보더니 한 장을 내게 내밀었다. "이게 제 거고요" 하고는 한 장을 가슴에 품었다.

"어, 무라키 선생님한테 테트라도 받은 거야?"

"에헤헤헤, 맞아요. 선배가 수학을 가르쳐 주고 있다고 무라키 선생님께

말씀드렸거든요. 그랬더니 카드를 주시면서 한 장은 제 거, 다른 한 장은 선배 거라고 하셨어요. 그래서 오늘 제가 배달부가 된 거랍니다."

쑥스러운 표정으로 말하는 테트라.

내 카드에는 이런 수식이 써 있었다.

나의 카드

$$\sum_{k=1}^{\infty} \frac{1}{k^2}$$

그리고 테트라의 카드에는 이런 식이 적혀 있었다.

테트라의 카드

$$\sin x = \sum_{k=0}^{\infty} a_k x^k$$

"선배…… 제 카드, '연구 과제'인 거죠?" 진지한 얼굴로 돌아온 테트라는 내 옆에 앉으며 말했다.

"그래, 연구 과제야. 이 카드를 출발점 삼아 스스로 문제를 만들어서 자유롭게 생각해 보라는 말이야. 무라키 선생님은 때때로 이런 과제를 내셔."

테트라는 자기 카드를 양손으로 잡고 얼굴 가까이 가져다 댔다. 식의 의미를 생각하는 모양이었다.

"그런데 선배. $\sin x = \sum_{k=1}^{\infty} a_k x^k$이라는 방정식이요. 전 아무래도 못 풀 것 같아요."

"테트라, 이건 x를 구하는 문제가 아니야. 즉, 이 식은 방정식이 아니라는 거지." 나는 웃으며 말했다.

"방정식이…… 아니라고요?"

"응, 방정식이 아니라 항등식이야. 이 카드의 식이 항등식이 되도록, 그러니까 모든 x에 대해 성립하도록 수열 $a_0, a_1, a_2, \cdots$를 구하는 문제인 것 같아."

"저…… 선배. 시작만 조금 도와주시면 안 될까요? 실제 문제를 푸는 건 혼자 해 볼게요. 시작 부분만 좀……."

이렇게 말하며 눈에 보이지 않는 사다리를 오르는 시늉을 하는 테트라. 아마 그곳에서 하늘로 올라갈 모양이다.

무한의 저편까지.

무한차 다항식

"자, 이렇게 문제 설정을 해 볼까?" 나는 그렇게 말하면서 테트라의 카드에 문제를 써 넣었다.

문제 9-1 함수 $\sin x$가 아래와 같은 멱급수로 전개된다고 가정할 때, 수열 $\langle a_k \rangle$를 구하라.

$$\sin x = \sum_{k=0}^{\infty} a_k x^k$$

"멱급수……란 건……."

"**멱급수**란 이 카드의 우변에 있는 무한차 다항식을 말하는 거야. 다항식…… 예를 들어 x에 대한 이차 다항식이라는 건 알겠지?"

"예를 들면, 이런 거지요?" 그녀는 노트를 펼쳤다.

$$ax^2+bx+c \qquad \text{이차 다항식} \qquad (?)$$

"그렇지. 하지만 엄밀하게 말하면 틀렸어. $a \neq 0$ 이라는 조건을 붙여야 해. 아니면…… $a=0, b \neq 0$일 때 이차 다항식이 아니라 일차 다항식이 되어 버리니까. 조건을 붙여 보렴."

"네."

바로 대답하고 노트를 써 내려간다. 말도 잘 듣지.

$$ax^2+bx+c \qquad \text{이차 다항식} \qquad (a \neq 0)$$

"저, 선배…… 그러면 무한차 다항식은 이렇게 쓰는 건가요? 하지만 뭔가 이상한데요."

$$ax^{\infty}+bx^{\infty-1}+cx^{\infty-2}+\cdots \qquad \text{무한차 다항식} \qquad (?)$$

이렇게 쓰게 되는구나…….

"아니, 그렇게 쓰면 안 돼. 무한차 다항식은 차수가 작은 항부터 써 나가는 거야. 그렇지 않으면 지수에 ∞를 써야 하는 이상한 형태가 돼. 무한차의 '무한'이라는 부분은 마지막에 '⋯'로 표현하게 되어 있어. 다음 식들을 비교해 보면 알겠지?"

$$a_0+a_1x+a_2x^2 \qquad \text{이차 다항식} \qquad (a_2\neq 0)$$

$$a_0+a_1x+a_2x^2+\cdots \qquad \text{무한차 다항식} \qquad (\text{멱급수})$$

"아, 그렇군요. x의 지수가 작은 쪽을 먼저 쓰는 거군요. 그건 그렇네요…… 그런데 왜 $a, b, c, \cdots$가 아니라 $a_0, a_1, a_2, \cdots$를 쓴 건가요?"

"계수로 $a, b, c, \cdots, z$를 써 버리면 0항부터 25항까지밖에 표현을 못 하잖아? 알파벳은 26개뿐이니까. 거기다…… 변수로 x를 쓰고 있으니까 계수로 x는 못 쓰고. 그리고 a_k처럼 k라는 변수를 쓰면 일반항을 나타내기 쉽다는 이유도 있어. '변수의 도입에 따른 일반화'라고 하는 거지. 그럼 여기서 문제 9-1의 식을 $\sum$를 쓰지 않고 써 볼까?"

$$\sin x=a_0+a_1x+a_2x^2+\cdots+\underbrace{a_kx^k}_{\text{일반항}}+\cdots$$

"이걸로 수열 $\langle a_k\rangle$를 구한 건가요?"

"아니야. 이건 아까 문제 9-1에서 $\sum$를 구체적으로 써 놓은 것뿐이야. $\sin x$의 움직임을 실마리 삼아서 수열 $\langle a_k\rangle$를 구하는 게 문제야. 즉, $a_0, a_1, a_2, \cdots$

의 실제 값을 찾아내는 거야."

"실제 값을 알 수 있나요? $a_0, a_1, a_2, \cdots$를 전부?"

"응, 전부 알 수 있어. 삼각함수 $\sin x$를 그래프로 그리면 이런 곡선이 되잖아? **sin 곡선**이지. 이걸 보면 적어도 a_0은 바로 구할 수 있어." 나는 그래프를 그리면서 말했다.

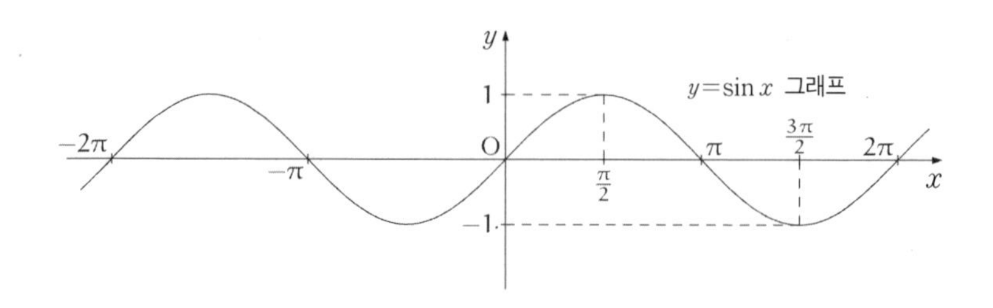

"테트라, 이 그래프를 보면서 생각해 봐. a_0의 값이 뭘지. 구체적인 수로 말할 수 있겠어?"

"아, 저도 알 수 있을까요?"

"물론이지. 열심히 생각해 봐. 지금 여기서."

테트라는 진지하게 식과 그래프를 비교하며 a_0의 값을 찾기 시작했다.

$$\sin x = a_0 + a_1 x + a_2 x^2 + a_3 x^3 + \cdots$$

그녀는 표정이 정말 풍부하다. 기쁠 때, 곤란할 때, 생각에 잠겨 있을 때, 마음의 동요가 바로바로 얼굴에 나타난다. 그것을 보고 있는 것만으로도 나의 기분까지 함께 변할 정도로.

음, 커다란 눈이 테트라의 매력 포인트지. 바쁘게 움직이는 눈동자, 커다란 제스처도 좋다. 그리고 무엇보다 솔직한 성격이 바탕에 깔려 있어. ……하지만 이런 식의 해석은 별로 재미없군. 테트라는…… 테트라야.

잠시 후 그녀는 기쁜 표정으로 고개를 들었다.

"선배, 간단해요. 알았어요! 0이에요! $a_0=0$이네요!"

"맞았어. 어째서지?"

"이 그래프를 보면 sin 0의 값은 0이라는 걸 알 수 있잖아요? 그래프가 $x=0$, $y=0$을 지나고 있으니까요. 이 말은 x가 0이라면 식 $a_0+a_1x+a_2x^2+\cdots$도 0과 같아질 거예요. sin 0과 같으니까요. 그리고 x가 0이라면 남는 건 a_0이 되지요. 왜냐하면 a_0 말고는 모두 $x=0$을 곱하니까 남는 건 a_0뿐이죠. 결국…… a_0의 값은 0!"

"정답이야. 하지만 소리 지르면 안 돼."

"아차…… 죄송해요. 규칙은 정숙……이었죠."

"그게 아니라 '0!'이라고 소리치면 1이 되어 버리잖아?"

"……."

"……."

"……."

"다음으로 넘어갈까? a_0 이외의 값은 알겠어?"

테트라는 답 $a_0=0$을 맞히고는 큰 눈을 더 크게 뜨고 수식을 노려보며 계산을 시작했다.

덜렁대긴 하지만 중요한 순간엔 집중력이 대단하다. 그것도 매력 포인트지.

테트라는 문제 9-1을 풀기 시작했다.

나는 나대로 카드 문제 $\sum_{k=1}^{\infty} \frac{1}{k^2}$에 집중하기 시작했다. 노트를 펼치고 샤프를 쥐었다. 우선은…… 구체적인 모습을 파악하는 것부터 시작해야 한다.

이곳은 도서실. 우리는 고교생. 정숙한 분위기에서 공부가 시작되었다.

2. 스스로 배운다는 것

귀갓길. 나와 테트라는 복잡하게 나 있는 주택가 골목길을 따라 역으로 향했다. 평소처럼 나는 테트라의 걸음에 맞추어 천천히 걸었다.

"sin x의 멱급수는 어디까지 생각해 본 거야?"

$$\sin x = a_0 + a_1 x + a_2 x^2 + a_3 x^3 + \cdots$$

"$x=0$을 대입시켜서 $a_0=0$이라는 걸 알았으니까, $x=\frac{\pi}{2}$나 $x=\pi$를 넣어서 계산하려고 했어요. 제가 sin에 대해 알고 있는 거라곤, $\sin\frac{\pi}{2}=1$이나, $\sin\pi=0$ 정도니까요……."

그녀는 검지를 들어 작은 소리로 '물결, 물결, 물결'이라고 말하면서 sin 곡선을 공중에 그렸다.

"그렇구나."

나는 웃음을 억누르지 못했다.

"하지만, $\sin\frac{\pi}{2}=1$을 알면서도 제일 중요한 우변의 멱급수에서 x에 $\frac{\pi}{2}$를 대입했을 때의 값을 몰라서 지금 좌절 중이에요. 으아아……."

"힌트 줄까?"

"네."

"함수를 연구하는 최강의 무기가 뭔 줄 아니?"

"무기요?" 테트라는 왼쪽 눈을 감고 나를 때리는 시늉을 했다.

"함수를 연구하는 최강의 무기는 미분이야."

"미분…… 아직 거기까진 안 배워서요. 뭐 주워들은 적도 있고 흥미도 있지만요."

"테트라는 그런 면에선 수동적이네?"

"수동적이요……?"

"도서관이나 서점에 가면 책이 산더미잖아? 참고서부터 전문 서적까지 없는 게 없지. 학교에서 선생님들로부터 배우는 건 공부의 계기가 된다는 점에서 중요해. 하지만 하나부터 열까지 선생님이 가르쳐 줘야 한다는 생각은 너무 수동적이지. 만약 흥미가 있다고 한다면 말이야."

"아……."

테트라가 당황한 듯했다. 너무 심하게 말했나?

"테트라는 영어를 좋아하니까…… 외국 도서도 잘 읽지?"

"그렇죠. 페이퍼백을 자주 읽어요."

"모르는 단어가 나오면 선생님이 가르쳐 주길 기다려?"

"아뇨, 스스로 사전을 찾죠. 학교에서 배울 때까지 기다리진 않아요. 다음 부분이 궁금한걸요. ……아, 선배 말이 그거로군요?"

"맞아. 우리는 좋아서 공부하고 있어. 선생님을 기다릴 필요는 없지. 수업을 기다릴 필요도 없어. 책을 찾아보면 돼. 읽으면 되고. 넓고, 깊게, 더 앞으로 공부해 나가면 되는 거야."

"확실히 영어 책을 읽을 때는 쭉쭉 앞으로 나가요. '다음엔 무슨 책을 읽지?' 하고 기대도 되고요. 단어를 그저 찾아보는 게 아니라 비슷한 말을 백과사전이나 웹에서 찾기도 해요. 아, 수학도 이렇게 스스로 배워 나가면 되는군요. 생각해 보면 당연한 일인데……. 왠지 마음대로 앞으로 나가면 안 될 것만 같은 느낌이 들어서요. 수업 시간에 배우지 않았으니까."

"얘기가 딴 데로 빠졌는데, 어디까지 얘기했더라?"

"Where were we?"

"음……."

"저 선배, 빈즈에서 같이 생각해 보지 않으실래요?"

나를 올려다보는 테트라의 눈빛 공격을 난 당하지 못했다.

3. 빈즈

미분의 규칙

테트라와 빈즈에 온 것도 벌써 몇 번째인지 모른다. 어느새 우리는 습관처럼 나란히 붙어 앉는다. 왜냐하면…… 마주 앉으면 수식을 읽기 힘들기 때문이다. 자리에 앉자마자 우리는 노트를 펼쳤다.

"이제부터는 삼각함수의 미분과 다항식의 미분을 모르면 조금 힘들어. 하지만 어려운 부분은 '미분의 규칙'으로 포인트만 설명해 줄 테니까……."

"괜찮아요. 열심히 할게요!" 테트라는 주먹을 꾹 쥐며 말했다.

"$\sin x$가 다음과 같은 멱급수로 표현된다고 하자."

$$\sin x = a_0 + a_1 x + a_2 x^2 + \cdots$$

"$\sin x$를 이런 식으로 표현할 수 있는지는 확실하지 않아. 분명하게 증명을 해야겠지만 지금은 너무 깊이 들어가지 않을게. 자, 무한수열 $\langle a_k \rangle = a_0, a_1, a_2, \cdots$가 어떤 수열이 되는지를 명백하게 하는 것이 목표야. $\sin x$라는 함수를 $\langle a_k \rangle$라는 수열로 분해하는 거지. 이걸 함수의 **멱급수 전개**라고 해. 여기까진 이해가 돼?"

테트라는 진지한 얼굴로 고개를 끄덕였다.

"이중에 a_0의 값은 아까 테트라가 $x=0$을 써서 구했어. $\sin 0 = 0$이니까, 이런 식이 성립하지."

$$a_0 = 0$$

테트라는 작게 고개를 끄덕이고 있었다. 좋아, 그럼 계속해 볼까?

"너는 아직 미분을 몰라. 하지만 지금은 시간도 없으니 미분의 정의부터 이야기하진 않을게. 대신 미분을 단순한 계산 규칙이라고 생각해 봐. 미분을 '함수에서 함수를 만들어 내는 계산'이라고 생각하는 거야. 뭐, 그게 거짓말도 뭣도 아니지만."

"'함수에서 함수를 만들어 내는 계산'…… 인가요?"

"맞았어. $f(x)$라는 함수를 미분하면 다른 함수를 얻을 수 있지. 그 함수를 $f(x)$의 **도함수**라고 해. $f(x)$의 도함수는 $f'(x)$라고 써. 그 외에도 몇 가지 표기법이 있는데 $f'(x)$를 자주 쓰지."

$f(x)$	함수 $f(x)$
$\downarrow$ 미분	
$f'(x)$	함수 $f(x)$의 도함수

"여기서 미분의 약속, 즉 '미분의 법칙'을 몇 개 알려줄게. 미분의 정의를

배우면 미분의 정의로 이들 규칙들을 확실하게 증명할 수 있지만, 여기서는 그냥 넘어가자."

미분의 법칙 1

정수를 미분하면 0이 된다.

$$(a)'=0$$

미분의 법칙 2

x^n을 미분하면 nx^{n-1}이 된다.

$$(x^n)'=nx^{n-1} \qquad \text{(지수가 낮아진다)}$$

미분의 법칙 3

$\sin x$를 미분하면 $\cos x$가 된다.

$$(\sin x)'=\cos x$$

"이 법칙들은 a priori에 given이라고 보는 거네요." 테트라가 말했다.

"뭐?" 어, 프라이어리에 기븐?

"'미분의 법칙'은 처음부터 부여된 걸로 보는 거네요." 테트라가 고쳐 말했다.

"응, 그렇지. 하지만 다음 식의 양변을 x로 미분해 보자." 나는 노트에 식을 썼다.

$$\sin x=a_0+a_1x+a_2x^2+a_3x^3+a_4x^4+\cdots$$

$$\downarrow$$

$$(\sin x)'=(a_0+a_1x+a_2x^2+a_3x^3+a_4x^4+\cdots)'$$

"미분한 결과가 이렇게 된다는 건 이해하겠어, 테트라?"

$$\cos x = a_1 + 2a_2x + 3a_3x^2 + 4a_4x^3 + \cdots$$

그녀는 '미분의 법칙'과 위 식을 몇 번이고 번갈아 보았다.

"음…… 좌변은 '미분의 법칙 3'이고요. $\sin x$를 미분하면 $\cos x$가 된다는 거죠. 우변은 '미분의 법칙 2'를 각 항에 적용한 것 같아요."

"맞았어. 사실은 미분 연산자의 선형성과 멱급수의 적용 가능성도 증명해야 하지만 말이야."

"그런데 a_0은 왜 없어진 건가요?"

"a_0은 x와는 관계없는 정수니까 '미분의 법칙 1'을 적용했어. 정수를 미분하면 0이 되지."

"알겠어요, 선배. '미분의 법칙'에 따라 다음 식이 나온다는 건 이해했어요."

$$\cos x = a_1 + 2a_2x + 3a_3x^2 + 4a_4x^3 + \cdots$$

또다시 미분

"그러면 다음 식에서 a_1의 값을 알겠어? $y=\cos x$의 그래프를 보면 알 거야."

$$\cos x = a_1 + 2a_2x + 3a_3x^2 + 4a_4x^3 + \cdots$$

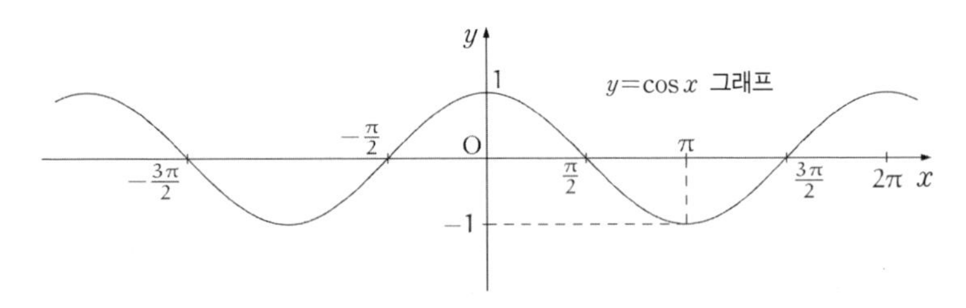

"어? 설마 아까랑 똑같은 건가요? $\cos x = \cdots$의 식에서 x에 0을 대입하면 되는 거지요? 그러니까 이거예요?"

$$\begin{aligned}\cos 0 &= a_1 + 2a_2 \cdot 0 + 3a_3 \cdot 0^2 + 4a_4 \cdot 0^3 \cdots \\ &= a_1\end{aligned}$$

"그래프에서 $\cos 0 = 1$이니까⋯⋯ 이렇게 돼요!"

$$a_1 = 1$$

"그렇지." 나는 고개를 끄덕였다.

테트라는 미소를 지었다.

"선배! 다음에 뭘 할지도 알았어요! 다음은 $\cos x$를 미분하는 거지요?"

"맞아, 그러기 위해선 $(\cos x)'$의 계산 법칙을 알면 돼. $\cos x$의 '미분 법칙' 이야."

미분의 법칙 4

$\cos x$를 미분하면 $-\sin x$가 된다.

$$(\cos x)' = -\sin x$$

"이 말은 $\cos x$를 미분해서⋯⋯."

$$\cos x = a_1 + 2a_2 x + 3a_3 x^2 + 4a_4 x^3 + \cdots$$

$$\downarrow$$

$$(\cos x)' = (a_1 + 2a_2 x + 3a_3 x^2 + 4a_4 x^3 + \cdots)'$$

"이렇게 되는 거죠?" 테트라가 붉게 상기된 얼굴을 들고 말했다.

$$-\sin x = 2a_2 + 6a_3 x + 12a_4 x^2 + \cdots$$

"맞았어. 이걸로 구할 수 있는 계수는?"

"a_2예요. 여기에 아까처럼 $x=0$을 대입해 볼게요." 테트라는 서둘러 노트에 써 내려갔다.

$-\sin x = 2a_2 + 6a_3x + 12a_4x^2 + \cdots$	앞에서 얻은 식
$-\sin 0 = 2a_2$	$x=0$을 대입한다
$a_2 = 0$	$\sin 0 = 0$을 써서 식을 정리한다

"이걸로 $a_2=0$까지 구했어요. 최강의 무기를 사용하고 있는 느낌이에요. 이제 슬슬 궤도에 오른 것 같아요. 자, 다음 '미분의 법칙'은 뭔가요?"

"이제, 없어도 괜찮아."

"하지만 이번에 $-\sin x$를 미분해야…… 아, 이건 $\sin x$의 미분에서 알 수 있군요!"

"맞았어. 이제부턴 이걸 빙글빙글 반복하는 것뿐이야."

"빙글빙글요?"

"$\sin x$를 미분하면 $\cos x$가 되고, $\cos x$를 미분하면 $-\sin x$가 되고…… 이것은 다음과 같이 '4가지의 주기가 반복'돼. 이게 삼각함수의 미분이 가진 특징이야."

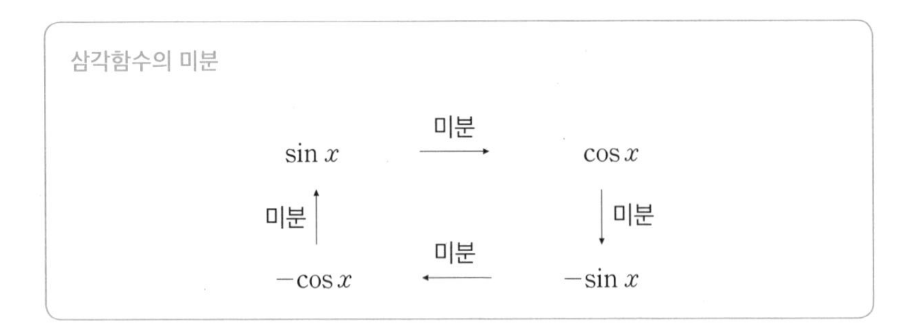

"알겠어요. 그럼 이제 a_3을 구해 볼게요."

$$
\begin{aligned}
-\sin x &= 2a_2+6a_3x+12a_4x^2+\cdots && \text{아까 얻은 식} \\
(-\sin x)' &= (2a_2+6a_3x+12a_4x^2+\cdots)' && \text{양변을 미분} \\
-\cos x &= 6a_3+24a_4x+\cdots && \text{'미분의 법칙'에서} \\
-\cos 0 &= 6a_3 && x=0\text{을 대입} \\
a_3 &= -\frac{1}{6} && \cos 0=1\text{을 써서 식을 정리한다}
\end{aligned}
$$

"네, $a_3=-\frac{1}{6}$이네요. 그럼 다음은 a_4를……."

"잠깐만. 그렇게 계수를 하나하나 구하는 것도 좋지만, 한꺼번에 한번 해 볼까? 괜찮겠어?"

"네? ……네! 괜찮아요!"

sin x의 테일러 전개

우리는 완전히 식어 버린 커피를 마시면서 노트의 새 페이지를 펼쳤다. 나는 입으로 힌트를 주고, 테트라는 손으로 노트에 수식을 적었다.

"지금 우리는 $\sin x$의 멱급수 전개를 하려고 해. 아까는 계수 a_0, a_1, a_2, a_3의 4개를 구했어. 지금부터는 이 계수를 한꺼번에 구해 보자. $\sin x$의 멱급수 전개식을 한 번 더 써 봐." 나는 말했다.

"네, 이거 말이죠?"

$$\sin x=a_0+a_1x+a_2x^2+a_3x^3+a_4x^4+a_5x^5+\cdots$$

"응. 그렇지. x는 x^1이라고 해 둘까?"

$$\sin x=a_0+a_1x^1+a_2x^2+a_3x^3+a_4x^4+a_5x^5+\cdots$$

"양변을 몇 번이고 미분하는 거야. 이때 계수를 계산하지 말고 곱의 형태를 남겨 두는 게 포인트지."

"네? 선배…… 계산을 안 하나요?"

"응, 안 해. 곱을 남겨 두는 편이 '규칙성'을 발견하기 쉬우니까. 그럼, 해볼까? 특히 상수항에 주목하는 거야."

"네!"

$$\sin x = \underline{a_0} + a_1x^1 + a_2x^2 + a_3x^3 + a_4x^4 + a_5x^5 + \cdots$$

↓미분

$$\cos x = \underline{1\cdot a_1} + 2\cdot a_2x^1 + 3\cdot a_3x^2 + 4\cdot a_4x^3 + 5\cdot a_5x^4 + \cdots$$

↓미분

$$-\sin x = \underline{2\cdot 1\cdot a_2} + 3\cdot 2\cdot a_3x^1 + 4\cdot 3\cdot a_4x^2 + 5\cdot 4\cdot a_5x^3 + \cdots$$

↓미분

$$-\cos x = \underline{3\cdot 2\cdot 1\cdot a_3} + 4\cdot 3\cdot 2\cdot a_4x^1 + 5\cdot 4\cdot 3\cdot a_5x^2 + \cdots$$

↓미분

$$\sin x = \underline{4\cdot 3\cdot 2\cdot 1\cdot a_4} + 5\cdot 4\cdot 3\cdot 2\cdot a_5x^1 + \cdots$$

↓미분

$$\cos x = \underline{5\cdot 4\cdot 3\cdot 2\cdot 1\cdot a_5} + \cdots$$

↓미분

⋮

"선배! '규칙성'이 보이기 시작했어요. 5·4·3·2·1이라는 규칙적인 곱셈이 나왔어요. 그렇구나. '미분의 법칙 2'에 나온 '지수가 낮아진다'는 게 이거군요? 곱하는 수가 규칙적으로 변하는 게 보여요."

"맞아. 직접 손으로 수식을 써 보면 그걸 잘 느낄 수 있지. 눈으로 좇는 것보다 손으로 쓰는 습관이 정말 중요한 거야, 테트라."

"정말 그렇네요."

"다음엔 여기 나온 도함수에서 $x=0$으로 하면 어떻게 될지 관찰해 보자."

"네. 관찰이라고 하니까, 어릴 때 썼던 나팔꽃 관찰 일기 같네요. 음, $\sin 0 = 0$에 $\cos 0 = 1$이니까……."

$$
\begin{aligned}
0 &= a_0 \\
+1 &= 1 \cdot a_1 \\
0 &= 2 \cdot 1 \cdot a_2 \\
-1 &= 3 \cdot 2 \cdot 1 \cdot a_3 \\
0 &= 4 \cdot 3 \cdot 2 \cdot 1 \cdot a_4 \\
+1 &= 5 \cdot 4 \cdot 3 \cdot 2 \cdot 1 \cdot a_5 \\
&\vdots
\end{aligned}
$$

"'규칙성'이 보이네요……."

"응. 좌변의 1을 +1이라고 쓰다니 꽤 좋은 방법인데. 그럼, 지금 구하고 싶은 건 수열 $\langle a_k \rangle$지? 위 식을 각 a_k가 좌변으로 오도록 정리하고, $5 \cdot 4 \cdot 3 \cdot 2 \cdot 1$은 계승이니까 5!라고 써 보자. 자, 이렇게 $\sin x$의 멱급수 전개를 해냈어. 아래 식의 a_k를 구체적으로 써 보자."

$$\sin x = a_0 + a_1 x^1 + a_2 x^2 + a_3 x^3 + \cdots$$

"네! 0은 건너뛰어도 되니까 $a_1, a_3, a_5, \cdots$ 다 풀었어요!"

"응. 테트라가 쓴 그 멱급수 전개는 $\sin x$의 **테일러 전개**라고 하는 거야."

$\sin x$의 테일러 전개

$$\sin x = +\frac{x^1}{1!} - \frac{x^3}{3!} + \frac{x^5}{5!} - \frac{x^7}{7!} + \cdots$$

"테트라 전개라고 외치고 싶은데요."

"……."

"……."

"……."

"그, 그런데 이거 복잡해서 기억하기 힘들 것 같아요."

"확실히 복잡하긴 하지만 잘 봐. 도출의 흔적이 여기저기 남아 있으니까 금방 알 수 있어. 예를 들면, 분모에 있는 1!, 3!, 5! 같은 계승이 나오는 건 몇 번이고 미분을 해서 지수를 낮췄기 때문이잖아? ＋와 － 부호가 교대로 나오는 것과, x의 짝수 제곱 항이 없는 것은 0, ＋1, 0, －1이 반복되기 때문이야. 직접 손을 써서 도출한 건 쉽게 잊어버리지 않아."

"아하…… 그렇군요. 그렇게 어렵지는 않을……지도."

"일부러 계승과 거듭제곱을 쓰지 않고 다시 쓰면, 리드미컬한 수식이 나와서 재미있어."

$$\sin x = +\frac{x}{1} - \frac{x \cdot x \cdot x}{1 \cdot 2 \cdot 3} + \frac{x \cdot x \cdot x \cdot x \cdot x}{1 \cdot 2 \cdot 3 \cdot 4 \cdot 5} - \frac{x \cdot x \cdot x \cdot x \cdot x \cdot x \cdot x}{1 \cdot 2 \cdot 3 \cdot 4 \cdot 5 \cdot 6 \cdot 7} + \cdots$$

"우와…… 식이 아름다워요. 이렇게 써도 되는 건가요?"

"괜찮고 말고. 자신의 이해와 재미를 위해 여러 가지 방법을 써 보는 건 좋은 자세야. 오일러도 책에서 x^2을 xx라고 썼다고 해. 하지만 시험을 볼 때는 곤란하지. 자, 이걸로 카드 문제 9-1은 해결이야."

"네? 아, 그새 카드는 까맣게 잊고 있었지 뭐예요. ……이거였죠?"

문제 9-1 함수 $\sin x$가 아래와 같은 멱급수로 전개된다고 가정할 때, 수열 $\langle a_k \rangle$를 구하라.

$$\sin x = \sum_{k=0}^{\infty} a_k x^k$$

"수열 $\langle a_k \rangle$는 k를 4로 나눈 나머지로 분류할 수 있어."

풀이 9-1

$$\begin{cases} 0 & k\text{를 4로 나눈 나머지가 0인 경우} \\ +\frac{1}{k!} & k\text{를 4로 나눈 나머지가 1인 경우} \\ 0 & k\text{를 4로 나눈 나머지가 2인 경우} \\ -\frac{1}{k!} & k\text{를 4로 나눈 나머지가 3인 경우} \end{cases}$$

극한으로 가는 함수의 형태

"이제 $\sin x$의 테일러 전개의 의미에 대해 좀 더 생각해 보자고. 한 번 더 $\sin x$의 테일러 전개를 써 봐."

"저…… 리드미컬한 테일러 전개라도 괜찮을까요? 왠지 써 보고 싶어서요."

$$\sin x = +\frac{x}{1} - \frac{x \cdot x \cdot x}{1 \cdot 2 \cdot 3} + \frac{x \cdot x \cdot x \cdot x \cdot x}{1 \cdot 2 \cdot 3 \cdot 4 \cdot 5} - \frac{x \cdot x \cdot x \cdot x \cdot x \cdot x \cdot x}{1 \cdot 2 \cdot 3 \cdot 4 \cdot 5 \cdot 6 \cdot 7} + \cdots$$

"테트라, 이 식은 무한급수…… 즉, 무한 개의 항의 합으로 되어 있잖아? 무한급수로부터 유한개의 항을 골라낸 부분합을 떠올려 봐. 여기서 x^k의 항까지 뽑아낸 부분합에 $s_k(x)$라고 이름을 붙여 봐. 물론 $s_k(x)$도 함수야."

$$s_1(x) = +\frac{x}{1}$$

$$s_3(x) = +\frac{x}{1} - \frac{x \cdot x \cdot x}{1 \cdot 2 \cdot 3}$$

$$s_5(x) = +\frac{x}{1} - \frac{x \cdot x \cdot x}{1 \cdot 2 \cdot 3} + \frac{x \cdot x \cdot x \cdot x \cdot x}{1 \cdot 2 \cdot 3 \cdot 4 \cdot 5}$$

$$s_7(x) = +\frac{x}{1} - \frac{x \cdot x \cdot x}{1 \cdot 2 \cdot 3} + \frac{x \cdot x \cdot x \cdot x \cdot x}{1 \cdot 2 \cdot 3 \cdot 4 \cdot 5} - \frac{x \cdot x \cdot x \cdot x \cdot x \cdot x \cdot x}{1 \cdot 2 \cdot 3 \cdot 4 \cdot 5 \cdot 6 \cdot 7}$$

나는 가방에서 그래프 용지를 꺼냈다.

"함수 $s_1(x)$, $s_3(x)$, $s_5(x)$, $s_7(x)$, …의 그래프를 그려 보자. 즉, $y = s_k(x)$의 그래프를 $k = 1, 3, 5, 7, \cdots$에 대해 그리는 거야. 그럼 이 함수의 열이 점점 $\sin x$에 가까워진다는 것을 알 수 있어."

나는 그래프를 그렸다.

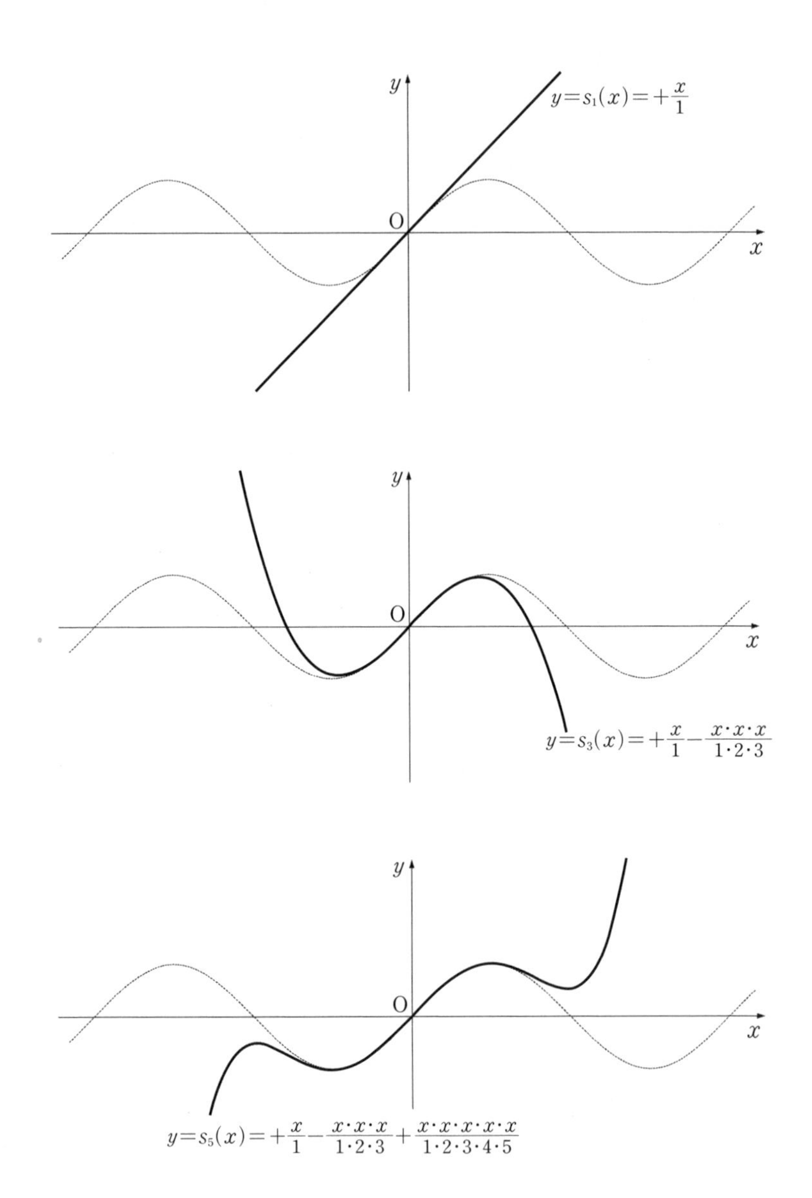
y
$y = s_1(x) = +\frac{x}{1}$
O
x
y
O
x
$y = s_3(x) = +\frac{x}{1} - \frac{x \cdot x \cdot x}{1 \cdot 2 \cdot 3}$
y
O
x
$y = s_5(x) = +\frac{x}{1} - \frac{x \cdot x \cdot x}{1 \cdot 2 \cdot 3} + \frac{x \cdot x \cdot x \cdot x \cdot x}{1 \cdot 2 \cdot 3 \cdot 4 \cdot 5}$

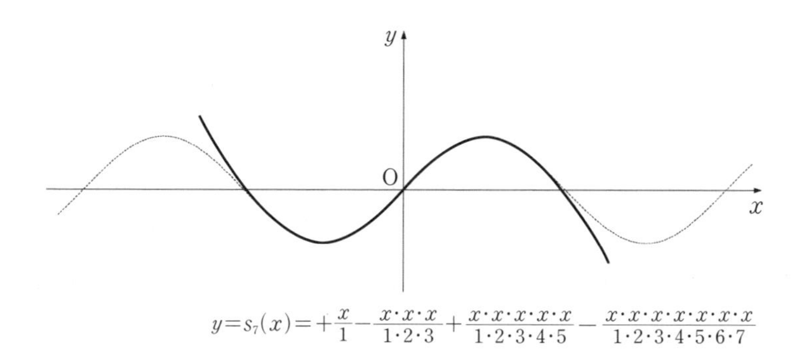

"음, 그렇군요. 선배, $\sin x$를 멱급수로 나타낸다는 의미를 이해하지 못했어요. '미분의 법칙'에 그런 식이 나온다는 것은 이해했지만 '그게 뭐?'라고 생각했었어요. 그런데 이 그래프를 보고 k가 커지면 $s_k(x)$가 $\sin x$에 가까워진다는 걸 알았어요. sin 곡선에 찰싹 달라붙어 있는 모습이 귀엽기도 하고요."

"그렇지?"

"선배, 어떻게 설명해야 할지 모르겠는데, $\sin x$란 건 결국 이름에 불과한 거잖아요? 어떤 함수를 $\sin x$라고 쓴 것뿐이죠. 테일러 전개도 같은 함수를 멱급수 형태로 나타낸 것뿐이고요. '$\sin x$'와 '멱급수'는 수식으로 보면 형태가 달라 보이지만 함수의 성질은 똑같은 거고. 그래서 말인데요, 멱급수의 형태로 되어 있기만 하면 참 편리할 것 같아요. 으…… 설명을 잘 못 하겠어요. 죄송해요."

"아니야, 테트라. 넌 정말 대단해. 본질을 제대로 이해하고 있어. 맞아. 함수를 연구하고 싶을 때, 그 함수가 테일러 전개를 할 수 있다면 다루기 쉬운 다항식의 연장선상에서 연구할 수 있어. 예를 들면, 아까의 $s_k(x)$처럼 근사적인 움직임을 포착하는 데도 도움이 되고. 무한차라는 걸 염두에 두고 쓰기만 하면 멱급수 형태는 매우 편리해. 그러고 보니 피보나치 수열이나 카탈란 수를 풀 때 썼던 생성함수도 멱급수 형태였지?"

"네……. 학교 수업을 듣다 보면 이런 세세한 부분이 신경 쓰여서 큰 그림을 보기가 힘들어요. 무엇을 위해 뭘 하고 있는지 모르겠고요. 하지만 선배의 설명은 완전히 반대예요. 세세한 것부터, 혼자 나중에 메울 수 있는 부분들은 가볍게 넘겨 주시고, 뭘 위해 이걸 하고 있는지 큰 흐름을 이해할 수 있게 해 주세요."

"그보단 테트라의 이해력이 좋은 것……."

"아니에요!" 테트라는 내 말을 자르며 말했다.

"아니에요, 선배. 오늘도 저는 미분에 대해 전혀 몰랐고, 멱급수나 테일러 전개라는 단어도 생전 처음 들었어요. 하지만 이제 다 이해했어요. 테일러 전개를 이용하면 평범한 다항식을 가지고 놀듯 함수를 연구할 수 있다는 것을요. 혼자 해 보라고 하면 못하지만…… 어려운 함수를 무한차 다항식 멱급수 x^k의 무한합으로 만드는 방법이 있다는 걸 이제 알겠어요."

가슴 앞에서 두 손을 쥐어 보이는 테트라.

"저 오늘 선배가 가르쳐 준 테일러 전개를 평생 잊지 못할 거예요. 함수를 연구할 때 '테일러 전개를 써 보면 어떨까?' 이런 발상법이 있다는 걸 오늘 확실히 이해했어요. 선배 덕분에요……."

그녀는 내 얼굴에서 시선을 돌리더니 테이블 위에 펼쳐진 그래프 용지를 보았다. 왠지 볼이 새빨갛게 변해 있다.

"그러니까…… 저기…… 저 선배의 귀중한 시간을 뺏어 죄송하지만, 선배 설명을 듣는 시간이 무척 좋아요. 선배, 저……."

거기서 테트라는 고개를 들어 나를 똑바로 바라보면서 말했다.

"저, 선배가 가르쳐 준 테일러 전개, 절대 잊지 못할 거예요!"

4. 집

밤.

나는 내 방에서 무라키 선생님이 주신 카드를 보았다. 내가 설정한 문제는 이것이다.

문제 9-2 다음 무한급수가 수렴한다면 그 값을 구하고, 수렴하지 않는다면 그것을 증명하라.

$$\sum_{k=1}^{\infty} \frac{1}{k^2}$$

우선은 $\sum$를 구체적으로 써서 식의 느낌을 파악하자.

$$\sum_{k=1}^{\infty} \frac{1}{k^2} = \frac{1}{1^2} + \frac{1}{2^2} + \frac{1}{3^2} + \frac{1}{4^2} + \frac{1}{5^2} + \cdots$$

한참을 시도했지만 실마리가 그리 간단하게 잡힐 것 같지는 않다. 수치 계산을 한번 해 볼까? 즉, $\sum_{k=1}^{\infty} \frac{1}{k^2}$이라는 무한급수가 아니라, 부분합 $\sum_{k=1}^{n} \frac{1}{k^2}$을 구체적인 n으로 계산해 보자. 점심때에는 테트라의 카드만 신경 쓰느라 수치 계산도 하다 말았는데, 본격적으로 계산해 봐야지.

$$\sum_{k=1}^{1} \frac{1}{k^2} = \frac{1}{1^2} = 1$$
$$\sum_{k=1}^{2} \frac{1}{k^2} = 1 + \frac{1}{2^2} = 1.25$$
$$\sum_{k=1}^{3} \frac{1}{k^2} = 1.25 + \frac{1}{3^2} = 1.3611 \cdots$$
$$\sum_{k=1}^{4} \frac{1}{k^2} = 1.3611 \cdots + \frac{1}{4^2} = 1.423611 \cdots$$
$$\sum_{k=1}^{5} \frac{1}{k^2} = 1.423611 \cdots + \frac{1}{5^2} = 1.463611 \cdots$$
$$\sum_{k=1}^{6} \frac{1}{k^2} = 1.463611 \cdots + \frac{1}{6^2} = 1.491388 \cdots$$
$$\sum_{k=1}^{7} \frac{1}{k^2} = 1.491388 \cdots + \frac{1}{7^2} = 1.511797 \cdots$$
$$\sum_{k=1}^{8} \frac{1}{k^2} = 1.511797 \cdots + \frac{1}{8^2} = 1.527422 \cdots$$
$$\sum_{k=1}^{9} \frac{1}{k^2} = 1.527422 \cdots + \frac{1}{9^2} = 1.539767 \cdots$$
$$\sum_{k=1}^{10} \frac{1}{k^2} = 1.539767 \cdots + \frac{1}{10^2} = 1.549767 \cdots$$

아, 잘 모르겠는걸. 그래프라도 그려 볼까?

"어라?"

가방을 뒤졌지만 그래프 용지가 없었다. 학교에 놔두고 왔나?

이 부분합은 급격하게 증가하진 않는 것 같다. 하지만 수렴한다고도 할 수 없다. 어제 계산한 조화급수처럼 완만하게 발산하는 급수일 리도 없고.

생각해 보니 이 식은 조화급수와도 상당히 닮았구나.

$$\sum_{k=1}^{\infty} \frac{1}{k^2} \qquad \text{문제 9-2}$$

$$\sum_{k=1}^{\infty} \frac{1}{k} \qquad \text{조화급수}$$

다른 점은 한 가지뿐이군. k의 지수다. 이번 문제 9-2는 $\frac{1}{k^2}$의 합이니까 k의 지수는 2지. 그리고 조화급수는 $\frac{1}{k^1}$의 합이니까 k의 지수는 1이고.

지수, 지수라. 아, 미르카가 제타함수를 가르쳐 줬었지. 나는 제타함수의 정의식을 다시 노트에 써 본다.

$$\zeta(s) = \sum_{k=1}^{\infty} \frac{1}{k^s} \qquad \text{제타함수의 정의식}$$

이 정의식을 쓰면 조화급수는 $\zeta(1)$이 되는군.

$$\zeta(1) = \sum_{k=1}^{\infty} \frac{1}{k^1} \qquad \text{조화급수를 제타함수로 나타냄}$$

문제 9-2도 제타함수의 형식으로 쓸 수 있구나. 지수는 2니까 $\zeta(2)$.

$$\zeta(2) = \sum_{k=1}^{\infty} \frac{1}{k^2} \qquad \text{문제 9-2를 제타함수로 나타냄}$$

이름, 이름이라. 하지만 이렇게 이름이 붙었다고 해서 길이 보이진 않았다.

5. 대수학의 기본 정리

"너, '대수학의 기본 정리' 알아?"

아침에 교실로 들어가자 미르카가 나를 손가락으로 가리키며 대뜸 이렇게 물었다.

미르카는 학교에서 배우는 수학을 뛰어넘어 자기가 좋아하는 책을 읽고 문제를 찾아내 푼다. 나도 수학을 못하는 편이 아닌데 미르카와는 비교도 안 되는 수준이다. 자격지심을 느끼는 건 아니다. 그저 그녀가 보고 있는 세계를 나도 보고 싶다.

수학이 만들어 내는 아름다움과 경이로움, 그 깊이를 나는 조금이나마 맛보기 시작했다. 서점에서 이과 서적 코너 앞에 설 때면 나는 여기 꽂혀 있는 책들 대부분을 이해할 수 없구나, 하고 느낀다. 동시에 미르카를 생각하게 된다. 그녀는 얼마만큼 이해하고 있을까?

그럴 때 나는 스스로에 대해 확신할 수 없게 된다. 수학을 생각하는 것인지, 나 자신에 대해 생각하고 있는 것인지, 아니면 그녀에 대해 생각하고 있는 것인지……. 나의 미숙함을 느꼈다. 그녀는 모든 일을 영리하게 이루어 내는 듯이 보인다. 그에 비해 나는 매일 수식을 가지고 노는 것뿐, 몇백 걸음이나 뒤처져 있다고 느껴진다.

아니, 이런 고민을 해 봤자 소용없다. 테트라처럼 "열심히 할게요!" 같은 기합이나 넣어 볼까?

"미르카, 대수학의 기본 정리라고? 'n차방정식은 n개의 해를 갖는다'였던가?"

"음, 그럭저럭 합격이야. '계수가 복소수인 n차방정식은 n개의 복소수 근을 갖는다. 단, 중근은 겹친 근도 합쳐서 센다'라고 할 수 있지."

"길기도 하다."

"가우스 선생님이 이 발견을 했을 때는 놀랍게도 22세였지. 게다가 학위 논문에서 이렇게 근본적인 정리를 증명해 버리다니, 역시 대단해."

아무래도 미르카는 강의 모드에 들어간 듯, 내가 오기 전에는 츠노미야를 상대로 이런 이야기를 한 듯했다. 내가 오자마자 츠노미야는 미르카의 상대역을 부탁한다는 듯 자기 자리로 재빨리 돌아갔다.

미르카는 나를 칠판 앞까지 끌고 가서 강의를 시작했다.

"사실은 진정한 '대수학의 기본 정리'는 '임의의 복소수 계수인 n차방정식은 적어도 1개의 해를 갖는다'로 충분해. 적어도 1개의 근 α를 가진다면 $x-\alpha$라는 인수로 n차 다항식을 나눠 주면 되니까. 지금부터 n차방정식 $a_nx^n+a_{n-1}x^{n-1}+\cdots+a_1x^1+a_0=0$이 적어도 1개의 해를 갖는다는 것을 증명해 보자. 우선은 함수 $f(x)=a_nx^n+a_{n-1}x^{n-1}+\cdots+a_1x^1+a_0$을 생각해 보고, 이 함수의 절대값 $|f(x)|$가 얼마나 작아질지를 관찰하는 거야. 최솟값이 0이 된다면 해를 갖는다는 말이니까. 그전에 복소수에 대한 복습을 해 볼까? 자……."

미르카는 엄청난 속도로 칠판에 필기를 하며 가우스의 증명을 보여 주었다. 그녀의 '강의'를 들으면서 나는 복소수에 대한 이해가 아직 부족하다는 것을 뼈저리게 느꼈다. 분위기는 대충 알지만 나중에 내 손으로 수식을 전개해 보지 않으면 납득이 안 될 것이다. 내 손으로 증명을 따라 해 보고, 몇 번이고 보지 않고도 증명을 써 내려갈 수 있을 만큼 해 둬야 한다. 미르카처럼 다른 사람에게 실시간으로 설명할 수 있으려면 그보다 높은 실력이 필요할 것이다.

나는 그런 생각을 하면서 미르카의 손끝에서 나오는 수식을 읽었다. '강의'는 대수학의 기본 정리와 인수 정리의 해설을 끝내고, 해를 사용한 n차 방정식의 인수분해에 이르렀다.

"구체적으로 써 볼게. n차방정식을 $a_nx^n+a_{n-1}x^{n-1}+\cdots+a_1x^1+a_0=0$이라 할 때, n개의 해를 α_1, α_2, $\cdots$ α_n이라 하면 좌변의 n차 다항식은 이렇게 인수분해할 수 있어." 미르카는 말하면서 판서를 멈추지 않았다.

$$a_nx^n+a_{n-1}x^{n-1}+\cdots+a_1x^1+a_0=a_n(x-\alpha_1)(x-\alpha_2)\cdots(x-\alpha_n)$$

"따라서 방정식의 해를 구한다는 건 인수분해와 직결돼. 이 식 우변의 첫 번째로 a_n이 붙어 있는데, 이건 최고차인 x^n의 계수를 비교하면 알기 쉬워.

처음부터 양변을 a_n으로 나눠 두고, n차 항의 계수를 1로 한 뒤에 생각해도 되지만 말야. n차 다항식이라고 했으니까 $a_n \neq 0$이므로 a_n으로 나누는 데는 문제가 없어."

그때 교실 입구에서 누군가가 나를 불렀다.

"어이, 그 소문의 덜렁이 여동생 면회다!"

하급생의 방문을 재미있어하는 반 친구들에게 끌려온 테트라는 얼굴이 빨개져서는 내게 그래프 용지를 내밀었다.

"선배…… 교실까지 찾아와서 미안해요. 이걸 갖다 드리려고요."

그녀는 조금 기어들어 가는 목소리로 말했다.

"선배…… 제가 그렇게 덜렁대는 편인가요……? 조금 충격 받았어요. 게다가 '여동생'이라니…… 이제부터 오빠라고 불러 버릴까 봐요."

"아니…… 그……."

"오빠라고 부르면 더 좋아할걸?" 미르카는 이쪽을 보지도 않고 칠판에 수식을 계속 쓰면서 말했다.

언제부터 이렇게 두 사람이 협력 모드였지? 호흡도 딱 맞는 것 같고. 신기하네.

"우와…… 칠판에 가득한 이 수식은 뭔가요? 미르카 선배가 쓰신 거예요?"

"그러고 보니 테트라는 '대수학의 기본 정리'가 뭔지는 알고 있는 것 같네."

아무래도 우리 반 강사님은 이번엔 발랄 소녀를 상대로 '강의'를 시작하실 모양이다.

미르카는 테트라를 상대로 '대수학의 기본 정리', '인수 정리', 그리고 'n차 방정식의 해와 계수의 관계'까지 초스피드로 이야기했다.

"이차방정식 $ax^2+bx+c=0$의 해를 α와 β라고 하면, $ax^2+bx+c=a(x-\alpha)(x-\beta)$가 성립하지. 방정식의 해를 구하는 건 인수분해와 직결되는 거야. 해와 계수의 관계는 다음과 같아." 미르카는 계속 말했다.

$$-\frac{b}{a}=\alpha+\beta$$
$$+\frac{c}{a}=\alpha\beta$$

"이와 같이 삼차방정식 $ax^3+bx^2+cx+d=0$의 해를 α, β, γ이라고 하면……."

$$
\begin{aligned}
-\frac{b}{a}&=\alpha+\beta+\gamma \\
+\frac{c}{a}&=\alpha\beta+\beta\gamma+\gamma\alpha \\
-\frac{d}{a}&=\alpha\beta\gamma
\end{aligned}
$$

"이걸 일반화해서 n차방정식 $a_nx^n+a_{n-1}x^{n-1}+\cdots+a_1x+a_0=0$의 해를 $\alpha_1, \alpha_2, \cdots, \alpha_n$이라고 하면……."

$$
\begin{aligned}
-\frac{a_{n-1}}{a_n}&=\alpha_1+\alpha_2+\cdots+\alpha_n \\
+\frac{a_{n-2}}{a_n}&=\alpha_1\alpha_2+\alpha_1\alpha_3+\cdots+\alpha_{n-1}\alpha_n \\
-\frac{a_{n-3}}{a_n}&=\alpha_1\alpha_2\alpha_3+\alpha_1\alpha_2\alpha_4+\cdots+\alpha_{n-2}\alpha_{n-1}\alpha_n \\
&\vdots \\
(-1)^k\frac{a_{n-k}}{a_n}&=(\alpha_1,\ \alpha_2,\ \cdots,\ \alpha_n\text{에서 }k\text{개를 곱한 항의 합}) \\
&\vdots \\
(-1)^n\frac{a_0}{a_n}&=\alpha_1\alpha_2\cdots\alpha_n
\end{aligned}
$$

"자, 이게 'n차방정식의 해와 계수의 관계'야."

그때 수업 예비 종이 울렸다. 활기찼던 소녀도 "수식이 머릿속에서 흘러나올 것 같아요……"라고 말하며 비틀비틀 교실로 돌아갔다.

"귀여운 애네, 그렇지 오빠?"

미르카는 이렇게 말하면서 앞머리를 쓸어 올렸다. 가운뎃손가락으로 안경을 밀어 올리더니 긴 머리카락 위로 손가락을 미끄러뜨리고는 귀를 드러냈다. 그녀의 손과 손가락이 우아한 곡선을 그렸다. 나는 그녀가 실시간으로 그려 내는 곡선을 눈으로 좇았다.

그녀의 뺨이 그려 내는 곡선도 나는 좋아한다. 미르카의 입술과 그 안에서 나오는 목소리. 좀 더, 좀 더 듣고 싶어지는 풍부한 울림의 목소리. 악기로 비유하자면 그렇지, 마치…….

"ζ였었지?" 그 목소리가 말했다.

"응?"

"저번 문제에 이어서 무라키 선생님의 문제는 제타였다고 말했어." 미르카가 내게 카드를 보여주며 말했다.

미르카의 카드

$$\zeta(2)$$

역시.

예전에도 그랬다. 조화수 때도 미르카의 카드는 제타 문제였으니 이번에는 $\zeta(2)$가 주어지리라 생각했다. 무라키 선생님은 하나의 문제가 가진 두 개의 모습을 보여 준다……. 응? 하지만 테트라에게는 다른 카드를 줬는데?

"벌써 풀었어? 미르카."

"풀었다고 해야 하나…… 바젤 문제의 답은 기억하고 있었으니까 카드를 받았을 때 선생님께 바로 답했어."

"바젤 문제? 답을…… 기억하고 있었다고?"

"응, 바젤 문제. $\zeta(2)$를 구하는 문제잖아. 내 답을 듣고 무라키 선생님은 웃더니 딱히 답이 필요하지는 않았다고 하시더라. 답을 알고 있다면 그 식에서 재미있는 문제를 끌어내서 다시 가지고 오래." 미르카는 어깨를 움츠렸다.

"하아…… 그렇게 유명한 문제야?"

"바젤 문제는 18세기 초기 수학자들을 괴롭혔던 최고의 난제였어. 오일러 선생님이 등장할 때까진 누구 한 사람도 답을 못 냈지. 오일러 선생님은 바젤 문제를 풀고 일약 유명인이 되었어."

"잠깐만. 그 어려운 문제를 우리 힘으로 풀 수 있어?"

"풀 수 있어."

미르카가 진지한 얼굴로 대답했다.

"18세기 초에는 어려웠겠지만 우리 손에는 지금 많은 무기가 있으니까. 매일 갈고닦는 무기가."

"하지만 너는 답을 기억하고 있었잖아?"

"그건 단순한 기억력이고. 모처럼 선생님께 받은 카드니까 나는 다른 문제를 생각하고 있던 참이야. x를 z로 하고 복소수의 범위까지 넓혀서 생각 중이야."

"음…… 그런데 바젤 문제였나? 그 $\zeta(2)$는 발산하는 거야?"

"궁금해?"

미르카는 놀란 표정으로 나를 보았다. 순간 안경이 반짝 빛났다.

"아니야. 실언했어. 나도 아직 한참 생각 중이니까 말하지 말아 줘." 나는 당황해서 대답했다.

나는 카드 아랫부분에 '바젤 문제'라고 메모했다.

문제 9-2 다음 무한급수가 수렴한다면 그 값을 구하고, 수렴하지 않는다면 그것을 증명하라.

$$\sum_{k=1}^{\infty} \frac{1}{k^2} \qquad \text{바젤 문제}$$

6. 도서실

테트라의 도전

"선배, 대발견이에요!"

평소와 같은 방과 후 도서실. 이제 계산을 시작해 볼까 하던 찰나, 상큼 발랄 소녀 테트라가 찾아왔다.

"뭔데? 테트라."

최근 거의 매일 테트라를 만나다 보니 이제 슬슬 내 문제를 풀고 싶다고 느껴지곤 했다.

"있잖아요, 어제 $\sin x$를 테일러 전개했잖아요? 생각하다가 깨닫게 된 것이 있어요. $\sin x$는 x의 값을 변화시키면 몇 번이고 0이 되었어요. 예를 들면……."

이렇게 말하면서 테트라는 자기 노트를 꺼내서 내게 펼쳐 보였다.

$$\sin \pi = 0,\ \sin 2\pi = 0,\ \sin 3\pi = 0,\ \cdots,\ \sin n\pi = 0,\ \cdots$$

"이렇게 $n = 1, 2, 3, \cdots$일 때 $\sin n\pi = 0$이 돼요."

"그렇지."

대답하면서도 나는 초조함을 느꼈다. 그건 당연한 건데, 그런데…….

"테트라, 넌 n이 0 이하일 때를 잊고 있어. 이걸 일반화하면 이렇게 돼."

$$\sin n\pi = 0 \qquad n = 0,\ \pm 1,\ \pm 2,\ \cdots$$

"아차. 그, 그렇네요. 확실히 마이너스도 있었어요."

"그리고 0도. 그런 건 그래프를 그려 보고 x축과의 교차점을 생각하면 간단하잖아."

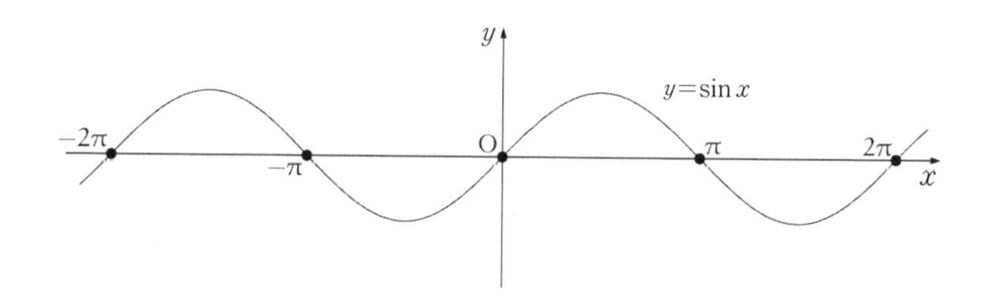

"저 혼자 들떠 있어서 죄송해요. 바쁘실 텐데 방해나 하고……."

내 딱딱한 말투에 테트라의 텐션이 단번에 떨어졌다. 그녀는 기뻐할 때뿐 아니라 의기소침할 때도 표정에 그대로 드러난다. 나는 조금 계면쩍어 서둘러 말을 돌렸다.

"어제 이야기와 관련해서 생각한 거 있어?"

"네, 하지만 별 대단한 이야기는 아니에요……." 테트라는 내 얼굴을 살피면서 이야기를 시작했다.

그리고…….

나는…….

테트라가 하는 말에 깜짝 놀랐다.

"$\sin x$를 인수분해해 봤어요."

뭐라고?

"$\sin x$를…… 인수분해했다고? 무슨 뜻이야?"

"음, 있잖아요. $\sin x=0$을 만족시키는 x를 많이 발견했는데, 그렇다는 건 그런 x가 $\sin x=0$이라는 방정식의 해라는 거지요!"

내 대답을 기다리지 않고 테트라는 계속 말했다.

"오늘 미르카 선배가 말하던 거 있잖아요. '방정식의 해를 구하는 것은 인수분해와 직결되어 있다'고요."

그렇기는 하지만…… $\sin x$를 '인수분해'한다고? 나는 테트라가 하는 말의 의미를 계속 곱씹었다.

말이 없는 나를 향해 테트라는 이야기를 계속했다.

"아까 선배가 말했던 것처럼 해가 $x=0, \pm\pi, \pm 2\pi, \pm 3\pi, \cdots$이라고 하면."

$$\sin x = x(x+\pi)(x-\pi)(x+2\pi)(x-2\pi)(x+3\pi)(x-3\pi)\cdots \qquad (?)$$

"이렇게 인수분해할 수 있지요!"

나는 아직도 이해가 되지 않았다. 어? 이게 되나……? 확실히 $x=n\pi$를 대입하면 0이 되지만…….

"아니, 테트라. 이건 이상해. $\sin x$에는 이런 유명한 극한식이 있어."

$$\lim_{x \to 0} \frac{\sin x}{x} = 1$$

"즉, $x \to 0$일 때 $\dfrac{\sin x}{x} \to 1$이 되는 거야. x가 0에 한없이 가까워질 때

$\frac{\sin x}{x}$는 1에 한없이 가까워지지. 하지만 테트라의 식에서 $x \neq 0$이라고 하고 양변을 x로 나누면 이렇게 돼."

$$\frac{\sin x}{x} = (x+\pi)(x-\pi)(x+2\pi)(x-2\pi)(x+3\pi)(x-3\pi)\cdots \quad (?)$$

"$x \to 0$일 때 이 식의 좌변 극한값은 1이지만 우변의 극한값이 1이라고는 할 수 없지. 이건 분명 이상한 거지."

어디에 도달할까?

"테트라도 바젤 문제를 기억해?"

"우악!"

"꺅!"

바로 뒤에서 들려온 소리에 우리는 깜짝 놀랐다. 미르카가 서 있었다. 전혀 몰랐다.

당황한 테트라는 노트와 필통을 모두 떨어뜨렸다. 샤프와 지우개, 형광펜이 소리를 내며 바닥에 굴렀다.

"미르카, 아니야. 테트라는 바젤 문제가 아니라 $\sin x$를 '인수분해'하는 걸 생각했어."

"선배, 저…… 바젤 문제는 뭐예요?" 샤프를 주우면서 테트라가 물었다.

나는 테트라에게 카드를 보여 주고 바젤 문제에 대해 설명했다.

"양의 정수의 제곱의 역수의 합을 구하는 문제. 내 카드의 표현을 빌리자면 $\sum_{k=1}^{\infty} \frac{1}{k^2}$의 값, 미르카의 카드의 표현을 빌리자면 $\zeta(2)$의 값을 구하는 문제야. 물론 값을 구한다는 것은 '수렴한다'는 의미이기도 하지만."

테트라는 내 설명을 듣고 이상하다는 표정을 지었다. 그야 그렇겠지. 자기가 생각지도 않은 문제에 대한 설명을 들었으니.

그 사이에 미르카는 테트라의 노트를 책상 밑에서 주워서 페이지를 넘겨 보기 시작했다.

"흐응……."

"아, 그건……." 테트라는 노트를 향해 손을 뻗었으나 미르카의 시선에 눌려서 다시 손을 내려놓았다.

"넌……." 미르카는 노트에서 눈을 떼지 않고 내게 말을 걸었다.

"너, 테트라에게 $\sin x$의 테일러 전개를 가르친 거야? ……흐음, 그렇구나. 이것도 무라키 선생님의 작전인가? 그런데 이 '평생, 잊지 않을 거예요!'란 메모는 뭐야?"

"죄, 죄송해요!" 테트라는 허둥지둥 노트를 빼앗았다.

"흐음." 미르카는 눈을 감고 지휘자처럼 손가락을 휘저었다. 그녀가 그런 행동을 할 때 주위 사람은 뭐라고 해야 할지 알 수가 없다. 그저 가만히 바라보고 있을 뿐이다. 미르카가 무언가를 생각하는 모습에는 우리들을 매혹시키는 힘이 있다.

미르카가 눈을 떴다.

"$\sin x$의 테일러 전개부터 시작하자."

그녀는 그렇게 말하곤 내 샤프와 노트를 빼앗아 수식을 써 내려갔다.

$$\sin x = +\frac{x^1}{1!} - \frac{x^3}{3!} + \frac{x^5}{5!} - \frac{x^7}{7!} + \cdots \qquad \sin x\text{의 테일러 전개}$$

"여기서 $x \neq 0$이라고 하고 양변을 x로 나누면 다음 식을 얻을 수 있지. 이건 $\frac{\sin x}{x}$를 '합'으로 나타낸 것임을 짚고 넘어갈게."

$$\frac{\sin x}{x} = 1 - \frac{x^2}{3!} + \frac{x^4}{5!} - \frac{x^6}{7!} + \cdots \qquad x \neq 0\text{이라고 하고 }x\text{로 양변을 나누었다}$$

"여기서 테트라는 이 방정식을 생각했지."

$$\sin x = 0$$

"이 방정식의 해는 이렇게 나타난다고 치자고." 미르카는 계속해서 말했다.

$$x = n\pi \ (n = 0, \pm 1, \pm 2, \pm 3, \cdots)$$

"이 해를 써서 $\sin x$를 '인수분해'하자는 것이 테트라의 아이디어란 말이지?"

말끝을 올리는 미르카 특유의 질문에 테트라는 고개만 끄덕였다. 그녀는 아까 미르카에게서 돌려받은 노트를 아직도 가슴에 끌어안은 채였다. '평생, 잊지 않을 거예요!'라고 쓰인 노트. 테일러 전개를 끌어안고 있는 테트라.

"하지만 잘 안 됐는걸요. $x \to 0$일 때 $\frac{\sin x}{x}$의 극한은 1이 된다지만, 인수분해로는 그렇게 안 나와서……." 테트라가 말했다.

"그거라면……." 미르카는 장난스러운 표정을 지으며 말했다.

"그렇다면 $\sin x$를 이렇게 '인수분해'해 보면 어때?"

$$\sin x = x\left(1+\frac{x}{\pi}\right)\left(1-\frac{x}{\pi}\right)\left(1+\frac{x}{2\pi}\right)\left(1-\frac{x}{2\pi}\right)\left(1+\frac{x}{3\pi}\right)\left(1-\frac{x}{3\pi}\right)\cdots$$

나와 테트라는 순간 얼굴을 마주 보고는 미르카가 쓴 인수분해 식을 보았다. 테트라는 가슴에 끌어안은 노트를 바로 펼쳐서 계산하기 시작했다.

"음…… 확실히 성립하네요. $x=0$일 때는 전체가 0이 되고, $x=n\pi$일 때도 어딘가에는 $\left(1-\frac{x}{n\pi}\right)$라는 인자가 존재하니까 전체는 0이 돼요. 그러니까 $x=0, \pm\pi, \pm 2\pi, \cdots$일 때 $\sin x = 0$이 되네요."

나는 그 말을 받아 이야기를 시작했다.

"게다가 다음과 같이 $\frac{\sin x}{x}$를 나티내면 $x \to 0$일 때 $\frac{\sin x}{x} \to 1$이 될 것 같은데?"

나는 테트라의 노트에 이렇게 썼다.

$$\frac{\sin x}{x} = \left(1+\frac{x}{\pi}\right)\left(1-\frac{x}{\pi}\right)\left(1+\frac{x}{2\pi}\right)\left(1-\frac{x}{2\pi}\right)\left(1+\frac{x}{3\pi}\right)\left(1-\frac{x}{3\pi}\right)\cdots$$

"테트라." 다정하지만 힘있는 미르카의 목소리.

"테트라, 지금 얘가 쓴 $\frac{\sin x}{x}$의 우변을 더 간단하게 정리해 보렴."

테트라는 "음, 네" 하곤 생각하기 시작했다.

"간단하게 정리하면…… 아, 돼요……. '합과 차의 곱은 제곱의 차'였지요? $\left(1+\frac{x}{\pi}\right)\left(1-\frac{x}{\pi}\right)=1^2-\frac{x^2}{\pi^2}$ 이니까……." 테트라는 나를 힐끔 보고는 이렇게 썼다.

$$\frac{\sin x}{x}=\left(1-\frac{x^2}{\pi^2}\right)\left(1-\frac{x^2}{2^2\pi^2}\right)\left(1-\frac{x^2}{3^2\pi^2}\right)\cdots$$

'이제 어디로 가야 하지?' 나는 생각했다. 한참 앞까지 내다보고 있는 듯한 미르카의 말에 왠지 초조해졌다. 미르카는 무엇을 어디까지 알고 있는 것일까? 왜 바젤 문제 이야기를 꺼낸 걸까? 무라키 선생님의 작전은 또 뭘까? 알 수 없는 것투성이다. 하지만 무언가 엄청난 것이 튀어나올 것만 같은 예감이 든다.

미르카는 나를 보고 말했다.

"지금 테트라는 $\frac{\sin x}{x}$를 '곱'으로 표현했어. 인수분해는 식을 곱으로 나타내는 거니까. 그런데 네가 쓴 테일러 전개는 같은 $\frac{\sin x}{x}$를 '합'으로 표현하고 있어. 그렇다면……."

미르카는 거기서 말을 끊고 심호흡을 한 다음 계속했다.

"여기서 테트라의 '곱'과 네 '합'은 같다고 생각하자."

$$\frac{\sin x}{x}\text{의 곱의 형태}=\frac{\sin x}{x}\text{의 합의 형태}$$

$$\left(1-\frac{x^2}{1^2\pi^2}\right)\left(1-\frac{x^2}{2^2\pi^2}\right)\left(1-\frac{x^2}{3^2\pi^2}\right)\cdots=1-\frac{x^2}{3!}+\frac{x^4}{5!}-\frac{x^6}{7!}+\cdots$$

여기까지 쓴 미르카는 식을 들여다보는 테트라에게 바짝 얼굴을 들이대고는 "슬슬 알겠어? 테트라" 하고 물었다.

테트라는 얼굴을 붉히고 몸을 뒤로 젖히면서 "뭐, 뭘요?" 하고 물었다.

미르카는 거기서 우리를 향해 양손을 펼쳐 보이고 속삭이는 듯한 목소리로 말했다.

"x^2의 계수 비교."

나는 식을 보았다.

계수 비교?

순간 머릿속이 바르게 돌아갔다.

계수 비교!

나는 숨을 들이켰다.

설마.

대단해! 정말 대단하다.

나는 미르카를 보았다.

미르카는 테트라를 보고 있었다.

테트라는…….

"네? 무슨 말인가요? 네? 네?"

당황하고 있다. 아직 눈치 채지 못한 거다.

"좌변의 x^2의 계수가 뭔지, 테트라는 알겠어?" 미르카가 말했다.

"그, 그걸, 제가 어떻게 알겠어요? 무한개의 곱이지요?……."

"전개해 보자, 테트라. 지금부터 이 식을 전개할 거야."

$$\left(1-\frac{x^2}{1^2\pi^2}\right)\left(1-\frac{x^2}{2^2\pi^2}\right)\left(1-\frac{x^2}{3^2\pi^2}\right)\left(1-\frac{x^2}{4^2\pi^2}\right)\cdots$$

"하지만 π 같은 게 섞여 있어서 읽기 번거롭지? 그러니까 다음과 같이 정의하는 거야."

$$a=-\frac{1}{1^2\pi^2}\ ,\ b=-\frac{1}{2^2\pi^2},\ c=-\frac{1}{3^2\pi^2},\ d=-\frac{1}{4^2\pi^2},\ \cdots$$

"그러면 이런 무한곱이 돼."

$$(1+ax^2)(1+bx^2)(1+cx^2)(1+dx^2)\ \cdots$$

"이걸 왼쪽부터 순서대로 전개하는 거야."

$$
\begin{aligned}
&\underbrace{(1+ax^2)(1+bx^2)}_{\text{최초의 두 인수에 주목}}(1+cx^2)(1+dx^2)\cdots \\
&=\underbrace{(1+(a+b)x^2+abx^4)}_{\text{전개한다}}(1+cx^2)(1+dx^2)\cdots \\
&=\underbrace{(1+(a+b)x^2+abx^4)(1+cx^2)}_{\text{다음 두 인수에 주목}}(1+dx^2)\cdots \\
&=\underbrace{(1+(a+b+c)x^2+(ab+ac+bc)x^4+abcx^6)}_{\text{전개한다}}(1+dx^2)\cdots \\
&\vdots
\end{aligned}
$$

"엥…… 왠지 모르게 규칙적인데요." 미르카의 전개를 보면서 테트라가 말했다.

"사실은 이거, 아침에 말했던 근과 계수의 관계야. x^2의 계수의 규칙성은 알겠어?" 미르카는 말했다.

아까부터 미르카는 테트라에게만 말을 걸고 있었다. 식 전개도 평소보다 천천히 했다. 테트라가 알기 쉽도록 배려하고 있는 건지도 모른다.

"네, 잘 알겠어요. x^2의 계수는 $a+b+c+d+\cdots$가 되지요?"

"맞았어. 이 무한곱의 각 인수에 있는 x^2의 계수 $(a, b, c, d, \cdots)$의 무한합 $(a+b+c+d+\cdots)$이, 전개 후의 x^2의 계수가 되는 거야. 그럼 아까 '인수분해'로 돌아가 보자." 미르카가 말했다.

$$
\frac{\sin x}{x}\text{의 곱의 형태}=\frac{\sin x}{x}\text{의 합의 형태}
$$

$$
\left(1-\frac{x^2}{1^2\pi^2}\right)\left(1-\frac{x^2}{2^2\pi^2}\right)\left(1-\frac{x^2}{3^2\pi^2}\right)\cdots=1-\frac{x^2}{3!}+\frac{x^4}{5!}-\frac{x^6}{7!}+\cdots
$$

미르카는 담담하게 말을 계속했다.

"좌변을 전개했을 때 'x^2의 계수'는 좌변 각 인수의 'x^2의 계수의 합', $a+b+c+d+\cdots$ 즉, $-\frac{1}{1^2\pi^2}-\frac{1}{2^2\pi^2}-\frac{1}{3^2\pi^2}-\frac{1}{4^2\pi^2}-\cdots$이 돼. 한편, 우변의 '$x^2$의 계수'는 바로 알 수 있지. 거기까지 생각하고 양변의 x^2의 계수를 비교해 보

는 거야. 그럼 다음 등식이 성립하지."

$$-\frac{1}{1^2\pi^2}-\frac{1}{2^2\pi^2}-\frac{1}{3^2\pi^2}-\frac{1}{4^2\pi^2}-\cdots=-\frac{1}{3!}$$

테트라는 미르카의 등식을 확인했다.

"x^2의 계수를 빼내서…… 그렇네요."

"아직 모르겠어? 테트라."

"뭐, 뭘요?" 테트라는 커다란 눈을 이리저리 굴리며 말했다.

미르카는 '당황하지 않아도 괜찮아'라고 말하는 듯 웃음을 지으며 노트를 펼쳐서는 테트라에게 설명하기 시작했다.

"식을 정리하면 이렇게 돼."

$$\frac{1}{1^2\pi^2}+\frac{1}{2^2\pi^2}+\frac{1}{3^2\pi^2}+\frac{1}{4^2\pi^2}+\cdots=\frac{1}{6}$$

"양변에 π^2를 곱하면……."

$$\frac{1}{1^2}+\frac{1}{2^2}+\frac{1}{3^2}+\frac{1}{4^2}+\cdots=\frac{\pi^2}{6}$$

"아, 아아아아아아앗!"

테트라가 큰 소리를 질렀다. 여긴 도서실이라고 했는데도.

하지만 외치고 싶은 그 기분은 이해가 간다.

"풀렸어요, 풀렸어! 바젤 문제가 풀렸어요!"

테트라는 미르카를 쳐다봤다가 이내 나를 봤다.

미르카는 고개를 끄덕이며 낭랑하게 말했다.

"풀렸어. 바젤 문제가 풀렸어. 18세기 수학자들을 고생시켰던 그 어려운 문제, 바젤 문제가 풀렸어. 이 얼마나 재미있는 일이야?"

미르카는 다시 식을 고쳐 썼다.

$$\sum_{k=1}^{\infty} \frac{1}{k^2} = \frac{\pi^2}{6}$$

"물론, 이렇게 써도 돼." 다시 한 줄을 덧붙였다.

$$\zeta(2) = \frac{\pi^2}{6}$$

"자, 이걸로 하나 해결!" 미르카는 검지를 세우고 고개를 조금 옆으로 기울이고는 싱긋 웃었다. 최고의 미소다.

"어, 어떻게? 어느새! 이, 이상해요!"

테트라는 아직 혼란스러운 모양이다.

풀이 9-2 바젤 문제 $\sum_{k=1}^{\infty} \frac{1}{k^2} = \frac{\pi^2}{6}$

무한을 향한 도전

"이걸 푼 사람은 우리의 스승님 레온하르트 오일러야. 그가 바젤 문제를 세계 최초로 풀어냈어. 때는 1735년, 28세였던 오일러 선생님이 결혼하고 2년째 되는 때였어."

우리는 2세기 반 이상을 뛰어넘어 오일러의 해법을 맛본 것이다. 당시의 오일러는 우리와 열 살 정도밖에 차이가 나지 않았다. 결혼하고 2년째였다고?

"저희도 이걸로 바젤 문제를 푼 게 되나요?" 테트라가 말했다.

"그래. 오일러 선생님은 바젤 문제에 대한 해법을 몇 가지 남겼어. 이건 그 중 하나고. 우리는 그걸 따라가면서 푼 거지."

"저는 이 증명, 중간은 잘 이해가 안 갔지만 무척 놀라웠어요. 눈 깜짝할 새 바젤 문제를 풀다니, 정말 깜짝 놀랐어요. 저, $x = n\pi$가 $\sin x = 0$의 근이 되니까, $\sin x$를 인수분해할 수 있지 않을까 생각했어요. 이건 정말 대단한 발견이라고 생각했어요. 하지만 거기까지였어요. 그런데 미르카 선배가 다른 인수분해를 보여 주고, 어? 어? 하는 사이에 x^2의 계수 비교로 바젤 문제를 풀어 버린 거예요. 그리고 한 가지 더…….”

테트라가 이어서 말했다.

“$\sum_{k=1}^{\infty} \frac{1}{k^2}$의 합이 $\frac{\pi^2}{6}$이 된 건 충격이었어요. 왜 정수의 역제곱의 합에서 π가 나오는지…….”

우리는 잠시 침묵했다. 무리수인 원주율 π가 갑자기 등장하는 진기한 장면을 음미하면서.

“그런데 어째서 테트라의 ‘인수분해’로는 안 됐을까?”

나는 말했다.

“그것도 $x=n\pi(n=\pm1, \pm2, \cdots)$은 $\frac{\sin x}{x}=0$의 해가 되었는데 말이야.”

$$\frac{\sin x}{x}=(x+\pi)(x-\pi)(x+2\pi)(x-2\pi)(x+3\pi)(x-3\pi)\cdots \qquad (?)$$

미르카가 내 의문에 답했다.

“확실히 $n\pi$는 $\frac{\sin x}{x}=0$의 해지만, 이 ‘인수분해’는 아직 너무 길어. 자유도(degrees of freedom)가 있지. 봐, $x=n\pi$가 해라는 조건뿐이라면 이렇게 전체를 C배를 해도 돼. 유일성에 벗어나.”

$$\frac{\sin x}{x}=\mathrm{C}\cdot(x+\pi)(x-\pi)(x+2\pi)(x-2\pi)(x+3\pi)(x-3\pi)\cdots \quad (?)$$

“으음, 그렇구나. $\lim_{x\to0}\frac{\sin x}{x}=1$이라는 조건은 이 ‘인수분해’만으로는 표현되지 않는구나.”

“맞았어. n차 다항식이라면 n차의 계수 모두 정수 배의 조정을 할 수 있어. 보통은 최고차의 계수가 정해져 있으니까 스케일을 맞출 수 있는 거야. 하지만 무한차의 다항식에서는 최고차의 계수를 맞출 수 없어. x^∞의 계수를 모르니까. $(x-n\pi)$를 만들어서 계수를 맞추는 대신에, $\lim_{x\to0}\frac{\sin x}{x}=1$인 걸 처음부터 집어넣은 인수 $\left(1-\frac{x}{n\pi}\right)$의 곱을 만들어 낸 게 포인트였지. 무한의 행보를 시작하기 전에 스케일을 맞추는 꼼수가 유효했던 거야.”

미르카는 안경을 매만지더니 이야기를 계속했다.

"하지만 엄밀히 말하면 아까의 논리 흐름은 빈틈투성이야. 왜냐하면 $\sin x=0$의 해를 구하는데, 그래프로 x축의 교차점을 생각해서 $x=n\pi$로 했지만, 허수 해는 x축과의 교차점으로 나타나지 않으니까 허수 해의 가능성은 염두에 두고 있지 않잖아. 실제로 오일러 선생님은 이것 외에도 몇 가지 증명을 남겼어. 하지만 $\sin x$의 멱급수 전개를 쓴 이 증명은 아주 매력적이야. x^2의 계수를 비교하여 $\zeta(2)$를 구한 것처럼, $x^{\text{양의 짝수}}$의 계수를 비교하면 $\zeta(\text{양의 짝수})$를 구할 수 있으니까. 이번에 마지막 정리를 한 것은 나지만, 오일러 선생님의 해법을 나는 예전부터 알고 있었어."

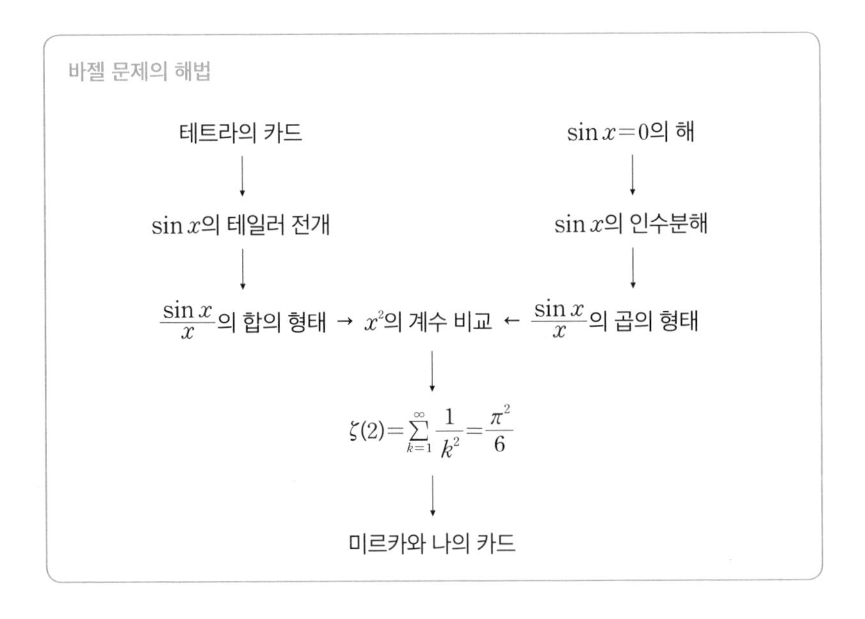

미르카는 이렇게 말하면서 자리에서 일어났다.

"잘 풀리지는 않았지만 '방정식의 해를 써서 $\sin x$를 인수분해'하려고 한 테트라의 아이디어는 멋져. 엄밀하지 못한 부분도 있지만, 거기엔 무한을 향한 도전이 있어."

미르카는 앉아 있는 테트라의 머리에 오른손을 얹었다.

"우리의 스승 오일러 선생님에게 경의를 표하며, 지금은 테트라에게 박수를 보내자."

미르카는 박수를 쳤다. 나도 일어서서 박수를 쳤다. 두 사람은 그녀에게 박수를 보냈다.

"미르카 선배…… 선배…… 전……."

테트라는 빨갛게 상기된 뺨에 양손을 올린 채 커다란 눈을 깜박거렸다.

이곳은 도서실. 우리는 고등학생. 지켜야 할 것은 정숙.

하지만 그게 무슨 상관이란 말인가?

우리의 발랄 소녀 테트라에게 박수를!

이렇게 명백히 드러나듯

$1+\frac{1}{2^n}+\frac{1}{3^n}+\frac{1}{4^n}+\cdots$이라는 일반적인 형태의

모든 무한급수의 합은,

n이 짝수일 때 원주율 π로 표현할 수 있다.

실제로 이와 같은 급수의 합은 항상 π^n의 비로 표현된다.

_오일러

분할수

고백의 대답은 은하의 저편에 있음이라.
_오마츠 미와

1. 도서실

분할수

"받아 왔어."

미르카가 도서실로 들어왔다. 무라키 선생님의 문제를 가져온 듯했다. 평소와 같은 방과 후였다. 나와 테트라는 책상 위에 펼쳐진 종이를 들여다보았다.

무라키 선생님의 카드

액면이 1원, 2원, 3원, 4원, … 인 동전이 있다고 치자. 합계 n원을 지불하기 위한 동전의 조합이 몇 가지인지 생각해 보자. 이 조합의 경우의 수를 P_n이라고 하자. 지불 방법을 n의 분할이라고 할 때 분할의 개수, 즉 P_n을 n의 분할수라 하기로 한다.
예를 들어 3원을 지불하는 방법에는 '3원짜리 하나' '2원짜리 하나와 1원짜리 하나' '1원짜리가 셋'이라는 세 가지가 존재하므로, $P_3=3$이다.

문제 10-1 P_9를 구하라.

문제 10-2 $P_{15}<1000$은 성립할까?

"이 문제는 지불 방법을 세기만 하면 되는 거니까 간단하네요." 발랄 소녀 테트라가 말했다.

"그럴까?" 내가 말했다.

"네? P_9라면 합계 9원을 지불할 경우의 수잖아요? '1원짜리를 쓸 경우', '2원짜리를 쓸 경우', 이렇게 순서대로 세어 보기만 하면 되지 않아요?"

"그렇게 간단하지 않아, 테트라. 같은 액면의 동전을 몇 개 써도 상관없으니까 1원을 쓸 경우라도 '몇 개를 쓸 것인가'라는 점까지 생각해야 해."

"선배…… 제가 항상 조건을 까먹는 덜렁이는 아니에요. 개수에 대한 것도 당연히 염두에 뒀다고요. 침착하게 세어 보기만 하면 된다니까요." 테트라는 자신만만했다.

"과연 그럴까? 세는 방법은 실패하기 마련이야. 일반적으로 푸는 게 안전할 텐데. 문제 10-1의 P_9는 그렇다 치고, 문제 10-2의 P_{15}는 아마 '엄청난 수'일 거야."

"그럴까요? '엄청난 수'라고요? 그저 15원을 지불하는 방법인데요."

"15원이라고 해도 조합의 수는 폭발적……"

쾅.

잠자코 있던 미르카가 손바닥으로 책상을 쳤다. 폭발한 건가?

테트라와 나는 즉시 입을 다물었다.

"테트라는 저쪽 구석으로 가. 너는 저쪽 창가 자리. 난 여기. 모두 입 다물고 조용히 생각해."

미르카가 명령하자 테트라와 나는 조용히 고개를 끄덕였다.

"알아들었으면 움직여."

방과 후의 도서실. 모두 입 다물고 공부 시작.

구체적인 예를 생각하라

액면이 양의 정수(1, 2, 3, 4, …)인 특이한 동전. 그 동전을 써서 돈을 n원 지불한다. 이때 지불하는 방법의 경우의 수, 분할수 P_n을 구하는 문제다.

늘 그렇듯 나는 작은 수를 가지고 구체적으로 생각하기 시작했다. **구체적인 예**로 먼저 얼개를 잡는 것이 중요하다.

$n=0$일 때, 즉 지불할 금액이 0원일 경우…… '지불하지 않는다' 방법 하나만이 존재한다. 경우의 수는 1이다. $P_0=1$이라고 할 수 있다.

$$P_0=1 \qquad \text{0원을 지불하는 방법은 1가지}$$

$n=1$일 때는…… '1원 동전을 1개 쓴다' 방법 한 가지만 존재하므로 $P_1=1$이다.

$$P_1=1 \qquad \text{1원을 지불하는 방법은 1가지}$$

$n=2$일 때는…… '2원 동전을 1개 쓴다'와 '1원 동전을 2개 쓴다' 방법이 있으므로 $P_2=2$이다.

$$P_2=2 \qquad \text{2원을 지불하는 방법은 2가지}$$

$n=3$일 때는…… '3원 동전을 1개 쓴다', '2원 동전 1개와 1원 동전 1개를 쓴다'와 '1원 동전을 3개 쓴다'의 3가지 방법이 있다.

이렇게 문장으로 쓰니까 성가시군. '2원 동전을 1개, 1원 동전을 1개 쓴다' 방법을 2+1로 표현해야겠다. 그러니까,

$$\underbrace{2}_{\text{2원 동전 1}} + \underbrace{1}_{\text{1원 동전 1}}$$

이렇게 생각해 보자. 그러면 $n=3$일 때는 3가지 방법으로 표현할 수 있지.

$$3=3$$
$$=2+1$$
$$=1+1+1$$

즉, $P_3=3$이다.

$P_3=3$ 3원을 지불하는 방법은 3가지

P_3이라는 건 '3원을 지불하는 경우의 수'라고도 할 수 있지만, '3을 몇 개의 양의 정수로 분할하는 경우의 수'라고 해도 좋다. 그러니까 '분할수'라는 이름이 붙어 있겠지.

$n=4$라면 5가지. 5개의 분할이 존재한다. 음. 이제 슬슬 요령을 알겠는걸.

$$4=4$$
$$=3+1$$
$$=2+2$$
$$=2+1+1$$
$$=1+1+1+1$$

$P_4=5$ 4원을 지불하는 방법은 5가지

$n=5$라면…… 이렇게 7가지라고 할 수 있다.

$$5=5$$
$$=4+1$$
$$=3+2$$
$$=3+1+1$$
$$=2+2+1$$

$$= 2+1+1+1$$
$$= 1+1+1+1+1$$

$P_5 = 7$ 5원을 지불하는 방법은 7가지

이 정도로 n이 커지면 규칙성이 조금씩 보이기 시작한다. 수가 크지 않으면 규칙성을 발견하기 어렵다. 예전에 미르카가 "표본이 작으면 규칙이 보이지 않는다"라고 말했었지. 하지만 수가 크면 이번엔 구체적으로 열거하기가 힘들어진다.

자, 쭉쭉 나가 볼까? $n=6$이라 하자. 이 경우 11가지 방법이 있다.

$$\begin{aligned} 6 &= 6 \\ &= 5+1 \\ &= 4+2 \\ &= 4+1+1 \\ &= 3+3 \\ &= 3+2+1 \\ &= 3+1+1+1 \\ &= 2+2+2 \\ &= 2+2+1+1 \\ &= 2+1+1+1+1 \\ &= 1+1+1+1+1+1 \end{aligned}$$

$P_6 = 11$ 6원을 지불하는 방법은 11가지

음, $\langle P_2, P_3, P_4, P_5, P_6 \rangle = \langle 2, 3, 5, 7, 11 \rangle$이라면 소수와 관련이 있는 패턴인 건가?

P_7은 13이 될까?

$$
\begin{aligned}
7 &= 7 \\
&= 6+1 \\
&= 5+2 \\
&= 5+1+1 \\
&= 4+3 \\
&= 4+2+1 \\
&= 4+1+1+1 \\
&= 3+3+1 \\
&= 3+2+2 \\
&= 3+2+1+1 \\
&= 3+1+1+1+1 \\
&= 2+2+2+1 \\
&= 2+2+1+1+1 \\
&= 2+1+1+1+1+1 \\
&= 1+1+1+1+1+1+1
\end{aligned}
$$

$P_7 = 15$ 7원을 지불하는 방법은 15가지

P_7은 15가지. 유감이군. 소수가 아니야.

하지만 점점 증가하는군. 이대로 $n=8$과 $n=9$를 생각해도 괜찮을까? 세다가 틀리지 않을까? 아니, 그런 걱정을 할 시간에 끈기 있게 도전해 보자.

$n=8$일 경우.

$$
\begin{aligned}
8 &= 8 \\
&= 7+1 \\
&= 6+2 \\
&= 6+1+1 \\
&= 5+3
\end{aligned}
$$

$$=5+2+1$$
$$=5+1+1+1$$
$$=4+4$$
$$=4+3+1$$
$$=4+2+2$$
$$=4+2+1+1$$
$$=4+1+1+1+1$$
$$=3+3+2$$
$$=3+3+1+1$$
$$=3+2+2+1$$
$$=3+2+1+1+1$$
$$=3+1+1+1+1+1$$
$$=2+2+2+2$$
$$=2+2+2+1+1$$
$$=2+2+1+1+1+1$$
$$=2+1+1+1+1+1+1$$
$$=1+1+1+1+1+1+1+1$$

$P_8=22$ **8원을 지불하는 방법은 22가지**

드디어 $n=9$일 경우다.

$$9=9$$
$$=8+1$$
$$=7+2$$
$$=7+1+1$$
$$=6+3$$
$$=6+2+1$$

$=6+1+1+1$

$=5+4$

$=5+3+1$

$=5+2+2$

$=5+2+1+1$

$=5+1+1+1+1$

$=4+4+1$

$=4+3+2$

$=4+3+1+1$

$=4+2+2+1$

$=4+2+1+1+1$

$=4+1+1+1+1+1$

$=3+3+3$

$=3+3+2+1$

$=3+3+1+1+1$

$=3+2+2+2$

$=3+2+2+1+1$

$=3+2+1+1+1+1$

$=3+1+1+1+1+1+1$

$=2+2+2+2+1$

$=2+2+2+1+1+1$

$=2+2+1+1+1+1+1$

$=2+1+1+1+1+1+1+1$

$=1+1+1+1+1+1+1+1+1$

$P_9=30$ 9원을 지불하는 방법은 30가지

음, 이걸로 무라키 선생님의 문제 10-1이 해결되었다. 9원을 지불하는 방법이 30가지나 있구나. 9의 분할은 30개.

문제 10-2는 어떻게 할까? 별안간 P_{15}로 뛰어넘으면 '엄청난 수'가 될 게 뻔하다. P_n의 일반항을 구하고 나서 생각해야 할 것 같다.

"퇴실 시간입니다."

미즈타니 선생님의 등장이다! 벌써 시간이 이렇게 됐나?

미즈타니 선생님은 정시에 나타난다. 눈이 어디를 보는지 알 수 없을 정도로 짙은 안경을 쓰고 있고, 로봇 같은 정확한 움직임으로 도서실 중앙까지 나와 퇴실 시간을 선언한다.

일단 여기까지 할까? 문제 10-1의 답은 $P_9=30$이라는 걸 알았다. 문제 10-2의 답은 아직 모른다.

풀이 10-1

$$P_9=30$$

2. 귀갓길

피보나치 사인

셋이서 역까지 걸어간다.

테트라가 가위바위보라도 하듯 손가락을 흔든다.

"뭐 해?"

내가 물었다.

"피보나치 사인이에요."

"뭐야 그게?"

"모르시는 게 당연하죠. 제가 생각해 낸 수신호예요."

"……?"

"이건 말이죠, '난 수학을 정말 좋아해!'라는 신호예요. 수학 애호가의 인사랄까요. 만날 때나 헤어질 때 쓸 수 있어요. 그냥 제스처니까 말이 통하지 않아도, 멀리 떨어져 있어도 상대에게 전할 수 있다고요. 엣헴."

왠지 뿌듯해 보인다.

"자, 해 볼게요."

테트라는 내 코앞에서 휙휙휙휙 손가락을 네 번 흔들었다.

"알겠어요?"

"……뭐를?"

"손가락의 수를 잘 보시라구요. 1, 1, 2, 3으로 손가락 숫자가 늘어났지요?"

테트라는 다시 한번 똑같이 손가락을 흔들었다. 확실히 흔들 때마다 1, 1, 2, 3으로 개수를 늘렸다. 그런데 그게 뭐?

"그런데 이 피보나치 사인을 보면요, 손을 가위바위보의 보처럼 만들어서 대답하는 거예요. 1, 1, 2, 3 다음은 5니까요. 손가락 수로 피보나치 수열을 만드는 게 피보나치 사인이죠."

"아, 그렇구나. 미르카, 아까 P_9 말인데……."

"앗 선배! 절 그렇게 무시하지 말아 주세요오……."

미르카 쪽을 보니 그녀도 손가락을 휙휙휙휙 흔들고 있다.

"미르카까지 뭐 하는 거야?"

나는 아연해져서 물었다.

"피보나치 사인이야. 그런데 테트라, 5 다음엔 어쩔 거야? 양 손가락으로 3+5=8을 만들어? 이 피보나치 사인을 계속하면 곧 전 세계 사람들의 손을 다 빌려야겠는걸." 미르카가 말했다.

"아뇨, 5로 끝이에요. 자, 같이 해 봐요. 제가 1, 1, 2, 3을 내면 5로 답하는 거예요……. 하나, 둘, 셋…… 어서요."

미르카는 쿡쿡 웃으며 손가락을 폈다.

꽤 부끄럽군. 초등학생도 아니고.

하지만 테트라는 세 손가락을 세운 채로 커다란 눈을 더 크게 뜨고는 나를 봤다. 이래서야 저항할 수가 없지. 나는 할 수 없이 손을 펴고 대답했다.

"……5."

"네, 감사합니다!"

발랄 소녀는 오늘도 텐션이 최고다.

그룹 만들기

큰길로 나왔다. 가드레일 때문에 인도가 좁아져서 테트라, 나, 미르카는 한 줄로 걸었다. 테트라는 계속 뒤를 보며 걸었기에 아슬아슬했다. 나는 미르카에게 등을 보여 왠지 쑥스러웠다.

"문제 10-1은 그저 손 운동이고, 문제 10-2는 뇌 운동이지." 미르카가 말했다.

테트라가 뒤를 돌아보았다. "저, 문제 10-1은 풀었어요. 지금은 10-2를 푸는 중인데요. P_{15}를 실제 쓰려고 보니 정말 '엄청난 수'라는 말이 이해가 되는 거예요. 엄청나게 늘어나더라고요. 50까지 썼는데, 좀처럼 끝나질 않아요. 하지만 절대 1000까지는 안 갈 거라고 생각해요."

"테트라, 앞을 봐 제발. 전신주가 있다고."

"괜찮아요, 선배. 그런데 P_9는 29가지 맞지요?" 테트라는 내게 노트를 펼쳐 보였다.

"어라…… 29가지? 30가지 아니야?"

①+⑧　②+⑦　①×2+⑦
③+⑥　①+②+⑥　①×3+⑥
④+⑤　①+③+⑤　②×2+⑤
①×2+②+⑤　①×4+⑤　①+④×2
①×2+③+④　①+②×2+④　①×3+②+④
①×5+④　③×3　①+②+③×2
①×3+③×2　②×3+③　①×2+②×2+③
①×4+②+③　①×6+③　①+②×4
①×3+②×3　①×5+②×2　①×7+②
①×9　⑨

"이건 어떻게 읽는 거야?"

"네? 보이는 대로요. 예를 들어 ①×3이란 건 1원 동전이 3개란 뜻이에요."

"아, 그렇군. 표기법도 제각각이구나."

"②+③+④가 없어." 내 어깨 너머로 노트를 들여다본 미르카가 말했다. 긴 머리카락이 내게 닿았다. 옅은 과일 향.

"아차. 몇 번이고 확인했는데…… 아얏!" 테트라가 간판에 머리를 부딪쳤다. 그렇게 조심하라고 했는데.

역에 도착.

"난 그럼, 여기서 이만 갈게. 내일 또 봐." 미르카는 테트라의 머리를 톡 두드리더니 금세 사라져 버렸다. 나나 테트라와는 집이 반대 방향이다.

"아아, 미르카 선배…… 피보나치 사인으로 인사하려고 했는데." 테트라는 입술을 삐죽이더니 손가락을 휘휘 흔들었다.

그러자 미르카는 오른손을 들어 다섯 개 손가락을 팔랑팔랑 흔들었다. 걷는 속도는 변함없이, 이쪽을 돌아보지도 않고.

3. 빈즈

커피를 마시자는 테트라의 말에 우리는 역 앞 빈즈로 향했다. 테트라는 오늘 맞은편에 앉았다.

테트라는 커피에 우유를 넣고는 젓는 것도 잊은 채 멍하니 앉아 있었다. 평소와는 다른 모습이다. 마침내 혼잣말처럼 말을 꺼냈다.

"수학을 좀 더 잘하게 되면 얼마나 좋을까? 조건을 놓치지 않는 것도 중요하지만 그것만으로는 안 된다니 큰일이야. P_{15}를 일일이 세려고 하다가 일이 너무 커져 버렸어……."

크게 한숨을 쉰다.

"아, 선배 안에 내가 들어갈 자리가 있기는 할까……?"

"응?"

"앗?" 테트라의 얼굴이 점점 빨개졌다. "저, 제가 방금 뭐라고 했나요? 못 들은 걸로 해 주세요! 아니, 아닌가, 그게 아니라! 아, 진짜."

그녀는 양손을 마구 내저었다. 피보나치 사인이 아니다.

잠시 후.

테트라는 고개를 숙인 채 천천히 이야기하기 시작했다.

"선배가 중3이고 제가 중2일 때, 문화제에서 발표하신 적이 있죠? 이진법에 대해. 그 발표 마지막에 선배가 이렇게 말했어요. '**수학은 시간을 초월한다**'라고요. 역사적으로 많은 수학자가 이진법을 연구해서 그게 현대의 컴퓨터 속에서 살아 숨 쉬는 거라고요. 저, 그 마지막 말이 마음속에 계속 남았어요. 예를 들면, 이진법을 연구했던 17세기의 수학자 라이프니츠는 21세기의 컴퓨터에 대해 모르잖아요? 라이프니츠는 이제 이 세상에 없지만 수학은 시간을 초월해 살아남아 현대인에게 전해지고 있어요. 그걸 선배의 말을 통해 느꼈어요. 아, 정말 그렇구나, 수학은 시간을 초월한다고 순수하게 생각했어요."

그러고 보니 그런 발표를 했었구나.

"그 무렵 선배는 방과 후에 항상 도서실에 계셨지요? 문화제가 끝난 후 저도 도서실에 다니게 됐어요. 왠지 선배 가까이에 있고 싶어서…… 도서실 구석에서 책을 읽었어요. 선배는 계속 계산만 하고 있었으니까 저에 대해 몰랐죠? 이래저래 그해 겨울에는 제가 도서실 이용자 베스트 10에도 올랐다구요."

그녀는 고개를 들고 "에헤헤" 하고 부끄러운 듯 웃었다.

아, 정말 몰랐는데. 아무도 없는 도서실에 나 혼자라고 생각했는데.

"저…… 선배 고등학교에 입학했을 때 정말 기뻤어요. 그때 큰맘먹고 편지를 쓰길 잘했어요. '테트라' 하고 이름을 불러 주었을 땐 정말 기뻤어요. '테트라는 대단해'라는 말을 들었을 땐 정말 저, 뭐든지 다 할 수 있을 것만 같은 기분이었어요. 천체 투영관도 데려가 주시고…… 미르카 선배와도 수학 이야기를 할 수 있어서 기뻐요."

그러고 보니 천체 투영관에도 같이 갔었지.

"하지만…… 의기소침해질 때도 있어요. 선배들 이야기를 듣고 있다 보면 저 혼자 아무것도 못 하는 것만 같아서. 오늘처럼 저만 실패할 때 말이에요."

그 기분 잘 알지. 나도 미르카를 보면서 그렇게 생각할 때가 있으니까.

"제 자리…… 선배의 마음속에 제 자리가 있나요? 전 그냥 덜렁대는 후배

중 한 명에 지나지 않을 거라고 생각하지만…… 선배 마음속 구석진 곳이라도 좋으니, 가끔 수학을 가르쳐 주셨으면 좋겠다…… 고."

내 마음속, 눈에 보이지 않는 공간에 있는 영역. 테트라를 위한 자리…….

나는 입을 열었다.

"응, 지금까지도 그렇게 하고 있잖아. 테트라와 이야기하는 게 즐거워. 네 솔직함과 이해력은 대단하다고 생각해. 이전에 로비에서 약속했던 것처럼, 언제라도 수학을 가르쳐 줄게. 너와의 약속은 변함없이 지킬 거야. 나 자신도 혼자서는 아무것도 못 하는걸. 도서실에서 수학을 풀던 중학생 때도 즐거웠어. 하지만 지금이 훨씬 즐거워. 수학을 자유롭게 이야기할 수 있는 상대가 있고……. 내 마음속에 테트라의 자리는 분명히 있어. 내게 너는 틀림없이 소중한 친구야."

"그만요……."

테트라는 나를 향해 오른손을 펼쳤다. 다섯 손가락.

"고, 고맙습니다. 저, 너무너무 기뻐요. 하지만 지금 저……부끄러운 것까지 말해 버릴 것 같아서 여기까지만 할래요."

구불구불한 길은 공간을 둘러싼다.

아, 그랬구나. 귀갓길에 항상 테트라가 천천히 걸었던 이유.

그녀는 나와 공유하는 영역을 확대하려고 했던 것이다.

고교 생활이라는 한정된 시공간 안에서.

4. 집

집.

디지털 시계는 23시 59분을 가리키고 있다. 23도 59도 소수군.

가족들은 모두 잠들었다. 나는 내 방에서 문제를 푼다. 제일 행복한 시간이다.

내가 어떤 수식에 도전하고 있는지 가족들은 전혀 관심이 없다. 재미있는 수식 변형을 해냈을 때, 기쁜 나머지 설명을 해 보았지만, 단 한마디 '멋지네'

라는 말을 들었을 뿐이었다.

친구란 귀중한 것이다. 미르카와 테트라. 서로 문제를 내며 같이 풀어 간다. 서로 검토하며 각자의 지력을 이용하여 겨룬다. 해법에 대해 토론하며 갈고닦는다. 수식이라는 언어를 통해 소통한다……. 나는 그런 시간을 좋아한다. 도서실에서 혼자 보낸 중학생 때와는 많은 것이 달라졌다. 그때는 계속 혼자 계산만 했다. 아니, 사실 그때 그 장소에 테트라도 있었지…….

이제 무라키 선생님의 문제로 다시 돌아가 보자. 분할수 P_n에 대해 생각하고 있었지. $P_{15} < 1000$이 성립하는지 묻는 문제 10-2를 생성함수로 풀 수 있는지 도전해 보려고 한다.

생성함수란 x의 거듭제곱을 써서 수열의 모든 항을 단 하나의 함수 속에 압축시킨 것이다. 지금까지 나와 미르카는 **생성함수**를 써서 피보나치 수열과 카탈란 수 등의 일반항을 구했다. 이번 분할수 P_n도 생성함수로 일반항을 구할 수 있을까? 일반항 P_n의 'n에 대해 닫힌 식'만 발견할 수 있다면 문제 10-2는 바로 풀린다.

지금까지 알게 된 분할수 P_n을 정리해 두자.

n	0	1	2	3	4	5	6	7	8	9	…
P_n	1	1	2	3	5	7	11	15	22	30	…

이 수열의 생성함수를 $P(x)$라 하자. $P(x)$는 다음과 같이 쓸 수 있다. 이건 생성함수의 정의를 그대로 쓴 것이다.

$$P(x) = P_0x^0 + P_1x^1 + P_2x^2 + P_3x^3 + P_4x^4 + P_5x^5 + \cdots$$

P_0, P_1, …의 값을 구체적으로 채워 보자. n차의 계수가 P_n이니까 다음과 같다.

$$P(x) = 1x^0 + 1x^1 + 2x^2 + 3x^3 + 5x^4 + 7x^5 + \cdots$$

형식적인 변수 x는 수열의 각 항이 헷갈리지 않기 위한 것이다. 수열을 계수로 끌어안고 키우는 모체, 그것이 생성함수다.

그리고 다음 단계는 생성함수의 'x에 대해 닫힌 식'을 만들 것.

피보나치 수 F_n 때는 귀납적인 식을 써서 닫힌 식을 구했다. x를 거듭제곱하여 $F(x)$의 계수를 전환하는 익숙한 과정이다.

카탈란 수 C_n 때는 생성함수의 곱을 이용하여 닫힌 식을 구했다. '나눠 갖기' 과정을 즐기면서.

분할수 P_n은 어떨까? 생성함수를 만들었다고는 하나 마법처럼 문제가 풀릴 리가 없다. 그 수열에 관해 뭔가 본질적인 발견이 필요하다.

분할수의 생성함수를 더 연구해 봐야겠다. 밤은 아직도 길다.

골라내기 위해

나는 방 안을 돌며 생각에 잠겼다. 손을 움직여 구체적인 수를 구하는 것은 중요하다. 하지만 그것만으로는 '경우의 수'의 폭발적인 증가에 지고 만다. 엄청난 일이 벌어지기 전에 일반적으로 해결하기 위한 도약이 필요하다. 미르카는 '뇌 운동'이 필요하다고 표현했었다. 생각하자, 생각.

창문을 열어 밤공기를 들이마셨다. 저 멀리 어디선가 개 짖는 소리가 들렸다. 나는 왜 수학을 좋아하는 걸까? 수학은 대체 무엇일까?

미르카가 이런 말을 한 적이 있다.

"칸토어의 말처럼 '수학의 본질은 자유'야. 오일러 선생님은 자유로웠어. 무한대나 무한소의 개념을 자신의 연구를 위해 자유롭게 사용했지. 원주율 π, 허수 단위 i, 자연대수의 밑인 e도 오일러 선생님이 쓰기 시작한 문자지. 선생님은 당시 건널 수 없던 강에 다리를 놓은 거야. 쾨니히스베르크(오일러가 정리한 유명한 한붓그리기 문제)에 새로운 다리를 놓은 거랄까?"

다리, 나도 언젠가 어딘가에 새로운 다리를 놓을 수 있을까?

생성함수에서 조금 벗어나 생각해 보자. 비슷한 문제를 풀었던 적이 있는지 생각해 보자.

"기억이 안 나요. 죄송해요."

"기억하는 게 아니라 생각하는 거야, 생각."

테트라와 이런 대화를 한 적이 있다. '생각하는 것이 중요하다'는 말을 '떠올리는' 나 자신을 깨닫고 나는 쓴웃음을 지었다. 생각하는 것도 중요하지만 떠올리는 것도 중요하구나.

테트라와 이항정리에 대한 이야기를 할 때였다. $(x+y)^n$을 계산하자 조합의 경우의 수가 나와 테트라는 놀랐다. $\binom{n}{k}$가 ${}_n\mathrm{C}_k$와 같은 의미라는 것을 가르쳐 줬을 때였다.

$(x+y)$를 n제곱할 때에는 n개의 인수 $(x+y)$ 각각에서 x 또는 y를 선택한다. 선택한 x와 y의 곱이 항이 된다. 동류항을 정리하면 선택 방법의 경우의 수가 계수가 된다.

예를 들어 $(x+y)^3$을 전개할 때, x와 y를 3개의 각 인수에서 고르면 다음 8개 항이 생겨난다.

$$
\begin{aligned}
(\textcircled{x}+y)(\textcircled{x}+y)(\textcircled{x}+y) &\rightarrow xxx=x^3y^0 \\
(\textcircled{x}+y)(\textcircled{x}+y)(x+\textcircled{y}) &\rightarrow xxy=x^2y^1 \\
(\textcircled{x}+y)(x+\textcircled{y})(\textcircled{x}+y) &\rightarrow xyx=x^2y^1 \\
(\textcircled{x}+y)(x+\textcircled{y})(x+\textcircled{y}) &\rightarrow xyy=x^1y^2 \\
(x+\textcircled{y})(\textcircled{x}+y)(\textcircled{x}+y) &\rightarrow yxx=x^2y^1 \\
(x+\textcircled{y})(\textcircled{x}+y)(x+\textcircled{y}) &\rightarrow yxy=x^1y^2 \\
(x+\textcircled{y})(x+\textcircled{y})(\textcircled{x}+y) &\rightarrow yyx=x^1y^2 \\
(x+\textcircled{y})(x+\textcircled{y})(x+\textcircled{y}) &\rightarrow yyy=x^0y^3
\end{aligned}
$$

이걸 전부 더해서 '동류항을 정리'하면, 곱의 전개가 된다.

$$(x+y)(x+y)(x+y)=\underline{1}x^3y^0+\underline{3}x^2y^1+\underline{3}x^1y^2+\underline{1}x^0y^3$$

계수 1, 3, 3, 1은 x를 3개, 2개, 1개, 0개 골라내는 경우의 수와 각각 일치한다. 즉, 계수를 $\binom{n}{k}$로 나타내면 다음과 같은 식이 된다.

$$(x+y)(x+y)(x+y)=\binom{3}{3}x^3+\binom{3}{2}x^2y+\binom{3}{1}xy^2+\binom{3}{0}y^3$$

거기까지 생각해 내고 테트라의 감탄하는 표정이 머릿속에 떠오른 순간, 나는 걸음을 멈추었다.

응?

무언가 중요한 것에 맞닥뜨린 듯한 느낌이다.

'테트라의 감탄하는 표정'…… 아니, 더 앞.

'떠올리는 게 아니라 생각하는 것'…… 이보다는 좀 더 뒤야.

'선택 방법에 대한 경우의 수가 계수다'…… 바로 이거다.

선택 방법의 경우의 수가 계수다.

테트라의 그룹 만들기를 써서…… 인수에서 골라내서…… 이어질 것 같아. 분할수의 생성함수로 이어질 거야. 무한합의 무한곱으로 만들면 된다. 이제 알았다.

'알았다면 바로 움직여.' 미르카의 목소리가 어디선가 들려왔다.

나는 서둘러 계산을 시작했다. 무한곱이니까 'x에 대해 닫힌 식'이라고 할 수는 없지만, 곱의 형태가 된 생성함수 $\mathrm{P}(x)$는 구할 수 있을 것 같다.

한밤중. 조용히 공부 시작.

문제 10-3 내가 만든 문제

분할수의 생성함수를 $\mathrm{P}(x)$라 한다. 곱의 형태가 된 $\mathrm{P}(x)$를 구하라.

5. 음악실

다음 날.

방과 후 음악실에서 예예와 나, 그리고 미르카 셋이 대화를 하고 있었다.

"오일러를 읽어라? 나라면 '바흐를 연주하라'라고 할 텐데."

예예는 그랜드 피아노로 골드베르크 변주곡을 치면서 그런 말을 했다.

"응, 바흐는 최고지." 미르카는 싱글벙글 손을 뒤로 깍지 끼고 피아노 음률에 맞추어 한 걸음 한 걸음을 즐기는 듯 음악실을 돌아다녔다. 기분이 아주 좋아 보였다.

"그런데 오늘은 테트라 안 와? 네가 있는 곳마다 찾아오던데." 예예가 연주를 계속하면서 나를 보고 말했다.

"딱히 그 아이가 나를 쫓아다니거나 하는 건 아니야."

마침 그때 노트를 안고 테트라가 음악실로 들어왔다.

"아, 여기 계셨네요? 도서실에 안 보여서 무슨 일 있나 했어요."

"쫓아다니는 거 확실하네." 예예가 작은 소리로 속삭였다.

"제가 방해했나요?" 테트라는 우리를 둘러보며 말했다.

"괜찮아, 테트라. 딱히 뭘 하고 있었던 것도 아니고." 내가 말했다.

"내 감동적인 연주를 듣고 있던 거 아니었어?"

"예예, 그렇고 말고요…… 아, 그렇지. 마침 잘 왔어. 모두 잠깐만 수학 모드로 들어가서 들어주지 않을래? 어젯밤 성과에 대해 이야기하려고. 미르카, 분할수에 대한 식을 써도 될까?"

"일반항 P_n의 닫힌 식을 구했다는 거야?" 미르카가 갑자기 멈춰 서더니 심각한 표정으로 물었다.

"아니, 일반항 P_n의 닫힌 식을 구한 게 아니라, 생성함수 $P(x)$를 무한곱의 형태로 나타냈다는 얘기야."

"그럼 됐어." 미르카는 다시 미소 띤 얼굴로 돌아왔다.

"그럼, 저 앞에 있는 칠판을 쓰도록 할까?"

나는 음악실 앞으로 나가 슬라이드식 칠판을 움직여 준비를 했다. 미르카와 테트라도 앞으로 모여들었다.

예예는 "아하, 수학 시작하는 거야?"라며 피아노 치던 손을 멈추었다.

나의 발표: 분할수의 생성함수

"나는 문제 10-2를 풀기 위해 분할수 P_n의 일반항을 구하려고 했어. 그걸 위해 우선 생성함수 $P(x)$를 구했지. 생성함수 $P(x)$는 이렇게 쓸 수 있어."

$$P(x) = P_0x^0 + P_1x^1 + P_2x^2 + P_3x^3 + P_4x^4 + P_5x^5 + \cdots$$

"이건 정의를 그대로 쓴 거야. 나는 '곱의 형태가 된 생성함수 $P(x)$를 구하라'라는 문제 10-3을 스스로 만들었어. 하지만 문제 10-3을 풀기 전에 이 문제 10-4를 설명할게. 동전의 개수와 종류에 제한을 둔 '제한부 분할수'야."

문제 10-4 제한부 분할수

액면이 1원, 2원, 3원인 동전이 1개씩 있다고 할 때 3원을 지불하는 방법은 몇 가지인가?

"이 문제 10-4는 어렵지 않아. 동전은 1, 2, 3원짜리 세 종류로 한정되어 있고, 게다가 하나씩밖에 없으니까. 3원을 지불하는 방법은 '1원짜리와 2원짜리'와 '3원짜리'의 2가지뿐이야. 이게 답이지."

풀이 10-4 2가지

"그럼, 이 문제 10-4를 이용해 생성함수를 설명하겠어. 각 동전을 써서 지불하는 금액을 다음과 같이 정리할 수 있어."

①을 써서 지불하는 금액은 0원 또는 1원 중 하나
②를 써서 지불하는 금액은 0원 또는 2원 중 하나
③을 써서 지불하는 금액은 0원 또는 3원 중 하나

"여기서 다음과 같은 식을 생각해 보자. 형식적인 변수 x를 써서, 그 지수부분에 '지불 금액'을 표시하는 거지. 알기 쉽게 1은 x^0이라고 쓸게."

$$(x^0+x^1)(x^0+x^2)(x^0+x^3)$$

"그렇군. 재미있네." 미르카가 말했다.

"그렇지?" 내가 웃으며 말했다.

"미르카 선배, 뭐가 '그렇군'이에요? 선배, 뭐가 '그렇지'인가요? 전혀 모르겠어요. 오빠 언니, 제발 순서대로 설명 좀 해 주세요." 테트라가 불평을 했다. 거기에 예예가 익살스러운 효과음을 피아노로 쳐 주었다.

"계속하지 그래?" 미르카가 말했다.

"테트라, 아까 식은 이렇게 읽는 거야." 나는 말했다.

$$\underbrace{(x^0+x^1)}_{\text{① 부분}}\underbrace{(x^0+x^2)}_{\text{② 부분}}\underbrace{(x^0+x^3)}_{\text{③ 부분}}$$

"전개하면 이해가 갈 거야. 각 동전의 지불 부분이 지수가 되고, 지불할 수 있는 모든 가능성이 항으로 등장하는 거야."

$$\begin{aligned}(x^0+x^1)(x^0+x^2)(x^0+x^3) = \ & x^{0+0+0} \\ &+x^{0+0+3} \\ &+x^{0+2+0} \\ &+x^{0+2+3} \\ &+x^{1+0+0} \\ &+x^{1+0+3} \\ &+x^{1+2+0} \\ &+x^{1+2+3}\end{aligned}$$

"예를 들면, x^{1+2+0}이라는 항의 지수 $1+2+0$은 이렇게 읽는 거야."

1 → ①을 써서 지불하는 금액은 1원

2 → ②를 써서 지불하는 금액은 2원

0 → ③을 써서 지불하는 금액은 0원

"선배, 잠깐만요. x^{1+2+0}이 뭔지 모르겠어요. ①을 하나, ②를 하나, ③을 0개 쓴다면, 지수는 $1+2+0$이 아니라 $1+1+0$이 되어야 하잖아요?" 열심히 식을 따라온 테트라가 물었다.

"아니지. 여기선 'k원짜리 동전의 개수'가 아니라, 'k원짜리 동전으로 지불하는 금액'을 생각하는 거야."

"나였다면 'k원짜리 동전의 기여분'이라고 했겠지만." 미르카가 덧붙였다.

"선배, 조금 알 것 같아요. 확실히 전개한 식을 보면 x의 지수에는 ①과 ②와 ③으로 지불하는 모든 가능성이 나오네요. ……음, 그래도 이상해요. 어째서 $(x^0+x^1)(x^0+x^2)(x^0+x^3)$이라는 식을 생각해야 하나요?"

"그건 말이지…… '식의 전개 방법'이 '지불 방법의 모든 가능성을 만드는 방법'과 완전히 같기 때문이야. $(x^0+x^1)(x^0+x^2)(x^0+x^3)$을 전개했을 때 각 항은 이렇게 만들어져."

- x^0+x^1에서 항을 고르고
- x^0+x^2에서 항을 고르고
- x^0+x^3에서 항을 고르고 곱을 만든다.

"이 방법은 다음과 같은 지불 방법을 생각했을 때와 똑같아."

- ①로 지불할 금액을 고르고
- ②로 지불할 금액을 고르고
- ③으로 지불할 금액을 고르고 곱을 만든다.

"아하, 그렇군요. 이제 알겠어요. 모든 조합을 만들어 내기 위해 식의 전개에 편승한 거네요. ……우와." 테트라가 이해한 모양이었다.

나는 설명을 계속했다.

"전개한 후의 식을 정리하면 이렇게 돼. 같은 x^k을 가진 항을 모아서, 그러니까 동류항을 정리해서 지수가 작은 순서대로 다시 배열하는 거야."

$$
\begin{aligned}
&(x^0+x^1)(x^0+x^2)(x^0+x^3) && \text{확인할 식} \\
&= x^{0+0+0}+x^{0+0+3}+x^{0+2+0}+x^{0+2+3} && \\
&\qquad +x^{1+0+0}+x^{1+0+3}+x^{1+2+0}+x^{1+2+3} && \text{전개} \\
&= x^0+x^3+x^2+x^5+x^1+x^4+x^3+x^6 && \text{지수를 계산} \\
&= x^0+x^1+x^2+2x^3+x^4+x^5+x^6 && \text{동류항을 묶어서} \\
& && \text{지수 순으로 다시 배열}
\end{aligned}
$$

"테트라, x^3의 계수가 2가 되어 있는데, 이건 뭘 말한다고 생각해?"

"아, 계수가 왜 2가 되냐면…… x^3이 되는 항이 2개 있으니까요. 구체적으로는 x^{0+0+3}과 x^{1+2+0}을 말해요. ……알겠어요. x^3의 계수가 2가 된 것은 지불하는 금액이 3이 되는 경우의 수가 2가지 있다는 걸 말해요."

"맞았어. 지금 테트라가 말한 걸 다시 잘 생각해 보자. 우리 눈앞에는 형식적인 변수 x를 쓴 거듭제곱의 합이 있어. 그리고 x^n의 계수는 '지불하는 금액이 n이 될 경우의 수'지. '지불할 금액이 n이 될 경우의 수'가 뭘까?"

"'지불할 금액이 n이 될 경우의 수'…… 아! 분할수예요!"

"그렇지. 이 문제 10-4는 동전의 개수와 종류에 제한이 붙어 있으니 무라키 선생님의 문제 10-1과 문제 10-2에 나온 분할수와는 달라. 하지만 무척 비슷하지. 형식적 변수 x를 쓴 거듭제곱의 합이 있고, 그 계수는 '지불할 금액이 n이 될 경우의 수'가 되어 있지. 이건 생성함수 말고는 생각할 수 없어. 즉, $(x^0+x^1)(x^0+x^2)(x^0+x^3)$은 '제한부 분할수'의 생성함수야."

문제 10-4의 '제한부 분할수'의 생성함수

$$(x^0+x^1)(x^0+x^2)(x^0+x^3)$$

"그렇군요…… 생성함수에 무한급수가 나와서 왠지 어렵겠다고 생각했는데 $(x^0+x^1)(x^0+x^2)(x^0+x^3)$이라는 조그만 유한곱도 생성함수가 되네요……. 미니 생성함수……." 테트라는 주먹밥 만드는 시늉을 하며 말했다.

"어쨌든." 나는 설명을 계속했다.

◆◆◆

여기까지의 이야기는 '제한부 분할수'였어. 이제부터는 동전의 개수와 종류의 제한을 해제할 거야. 하지만 진행 방법은 똑같아. $(x^0+x^1)(x^0+x^2)(x^0+x^3)$이라는 '유한합의 유한곱'이 아니라, 다음과 같은 '무한합의 무한곱'에 대해 생각할 거야.

$$\begin{aligned}
&(x^0+x^1+x^2+x^3+\cdots) && \text{①의 기여분}\\
\times&(x^0+x^2+x^4+x^6+\cdots) && \text{②의 기여분}\\
\times&(x^0+x^3+x^6+x^9+\cdots) && \text{③의 기여분}\\
\times&(x^0+x^4+x^8+x^{12}+\cdots) && \text{④의 기여분}\\
\times&\cdots\\
\times&(x^{0k}+x^{1k}+x^{2k}+x^{3k}+\cdots) && \text{ⓚ의 기여분}\\
\times&\cdots
\end{aligned}$$

무한합이 나오는 것은 동전의 개수에 제한을 두지 않았기 때문이고, 무한곱이 나오는 것은 동전의 종류에 제한을 두지 않았기 때문이야.

이 무한합의 무한곱을 전개하면 지불 방법의 가능성을 모두 한 번에 만들어 낼 수 있어. 곱하기를 해서 동류항을 정리한 후, x^n의 항을 알아보는 거야. 그러면 x^n의 계수는 n의 분할수가 되어 있겠지. 왜냐하면 x^n의 계수는 'n원의 지불 방법'의 경우의 수와 같기 때문이야.

'계수가 분할수가 되는 형식적 멱급수', 즉 위에 쓴 무한합의 무한곱은 '분할수의 생성함수'야. 그러면 $\mathrm{P}(x)$는 다음과 같아지지.

$$\begin{aligned}\mathrm{P}(x) = &(x^0 + x^1 + x^2 + x^3 + \cdots)\\ &\times(x^0 + x^2 + x^4 + x^6 + \cdots)\\ &\times(x^0 + x^3 + x^6 + x^9 + \cdots)\\ &\times(x^0 + x^4 + x^8 + x^{12} + \cdots)\\ &\times \cdots\\ &\times(x^{0k} + x^{1k} + x^{2k} + x^{3k} + \cdots)\\ &\times \cdots\end{aligned}$$

그럼, 여기서 시점을 바꿔 보자. 형식적 변수 x를 $0 \leqq x < 1$의 범위에 있는 실수라고 생각하고, 등비급수의 공식을 쓰는 거야. 그럼 k원짜리 동전의 기여분은 이렇게 분수로 만들 수 있지.

$$x^{0k} + x^{1k} + x^{2k} + x^{3k} + \cdots = \frac{1}{1 - x^k}$$

$\mathrm{P}(x)$에 나오는 무한합은 모두 이 공식을 이용해 분수로 만들 수 있어.

$$\begin{aligned}\mathrm{P}(x) = &\frac{1}{1-x^1}\\ &\times\frac{1}{1-x^2}\\ &\times\frac{1}{1-x^3}\\ &\times\frac{1}{1-x^4}\\ &\times\cdots\\ &\times\frac{1}{1-x^k}\\ &\times\cdots\end{aligned}$$

'무한합의 무한곱'이 '분수의 무한곱'으로 바뀌었어. 이게 곱의 형태가 된 생성함수 $P(x)$야. ×는 ·로 표시하기로 하자.

풀이 10-3 분할수 P_n의 생성함수 $P(x)$ (곱의 형태)

$$P(x)=\frac{1}{1-x^1}\cdot\frac{1}{1-x^2}\cdot\frac{1}{1-x^3}\cdots$$

지금까지의 과정을 정리해 보자. 나는 무라키 선생님의 문제 10-2를 풀기 위해 P_{15}를 구하려고 했고, 일반항 P_n을 얻고 싶었어. 그 때문에 P_n의 생성함수 $P(x)$를 파악하고자 했고, 문제 10-3을 만들어 냈지. 그 결과 풀이 10-3에 나타낸 것처럼 곱의 형태가 된 생성함수 $P(x)$를 손에 넣은 거야.

이제부터 나는 다음 문제 X에 대해 생각해 보려고 해.

문제 X 다음 함수 $P(x)$를 멱급수 전개했을 때 x^n의 계수는 무엇인가?

$$P(x)=\frac{1}{1-x^1}\cdot\frac{1}{1-x^2}\cdot\frac{1}{1-x^3}\cdots$$

x^n의 계수는 P_n이지. 먼저 일반항 P_n을 구한 다음에 문제 10-2의 부등식 $P_{15}<1000$을 검토해 보자.

'분할수의 일반항 구하기' 여행 지도

분할수	⟶	생성함수 $P(x)$
		↓ 문제 10-3
분할수의 일반항 P_n	⟵ 문제 X	곱의 형태의 생성함수 $P(x)$

여기까지 쓰고 나는 말을 멈추었다.

◆◆◆

"너는 정면으로 돌파하려고 했네." 미르카가 바로 끼어들며 말했다.

"그렇지."

"하지만 문제 10-2의 부등식을 증명하는 것뿐이라면 반드시 P_n을 구할 필요는 없지. 안 그래?"

"뭐…… 이론상으로는…… 그렇다고 할 수 있지만……." 나는 불안해지기 시작했다.

"왜냐하면 난 일반항 P_n을 구하지도, P_{15}를 구하지도 않고 문제 10-2를 풀었으니까."

"뭐……?"

미르카의 발표: 분할수의 상계

"문제 10-2의 부등식 $P_{15} > 1000$을 증명하기 위해 반드시 P_{15}를 구할 필요는 없어."

미르카는 이렇게 말하면서 나와 자리를 바꾸어 칠판 앞에 섰다.

"테트라가 겪었듯이 '엄청난 수'가 될걸. 분할수 P_n이 급격히 증가하지. 거기서 난 분할수 P_n의 상계를 우선 생각해 봤어."

"상계가 뭐예요?" 테트라가 바로 물었다.

"상계란 임의의 정수 $n \geqq 0$에 대해 $P_n \leqq M(n)$을 충족시키는 함수 $M(n)$을 말하는 거야. n이 커지면 P_n도 커지지만, $M(n)$보다는 커지지 않아. 그런 $M(n)$을 말하는 거지. 상계는 무수히 많아. 한 종류라고는 할 수 없지."

"위쪽에 한계가 있다는 뜻인가요?" 머리 위에 손바닥을 얹고 묻는 테트라.

"그래. 상계라는 용어는 정수라는 의미로 쓰이기도 하지만, 여기서는 정수가 아니야. $M(n)$은 어디까지나 n의 함수야. 그럼 P_0, P_1, P_2, P_3, P_4를 관찰하면, 각각 피보나치 수인 F_1, F_2, F_3, F_4, F_5와 같아."

$$P_0 = F_1 = 1$$
$$P_1 = F_2 = 1$$
$$P_2 = F_3 = 2$$
$$P_3 = F_4 = 3$$

$$P_4 = F_5 = 5$$

미르카는 1, 1, 2, 3을 손가락으로 나타내다 5에서 멈추었다.

"하지만 아쉽게도 P_5와 F_6은 같지 않아. $P_5 = 7$, $F_6 = 8$이니까, 다음과 같은 부등식이 되어 버려."

$$P_5 < F_6$$

"그래서 난 $P_n = F_{n+1}$이라는 등식은 성립하지 않지만, 다음과 같은 부등식이라면 성립하지 않을까 추측했어."

$$P_n \leqq F_{n+1}$$

"그래서 실제로 그것이 성립한다는 걸 증명했어. 즉, 상계를 $M(n) = F_{n+1}$이라고 한 거야. 수학적 귀납법을 이용해서 증명할 거야." 미르카가 말했다.

◆◆◆

피보나치 수에 의한 분할수 P_n의 상계

분할수를 $\langle P_n \rangle = \langle 1, 1, 2, 3, 5, 7, \cdots \rangle$이라고 하고, 피보나치 수열을 $\langle F_n \rangle = \langle 0, 1, 1, 2, 3, 5, 8 \cdots \rangle$이라고 한다. 이때 모든 정수 $n \geqq 0$에 대해 다음 식이 성립한다.

$$P_n \leqq F_{n+1}$$

증명에는 **수학적 귀납법**을 사용할 거야.

우선, $n = 0$ 및 $n = 1$에서는, $P_n \leqq F_{n+1}$이 성립해.

그러므로 임의의 정수 $k \geqq 0$에 대해,

$$P_k \leqq F_{k+1}, P_{k+1} \leqq F_{k+2} \Rightarrow P_{k+2} \leqq F_{k+3}$$

이 성립한다는 것만 증명하면 돼.

왜냐하면, 이게 가능하다면,

- $P_0 \leqq F_1$과 $P_1 \leqq F_2$이면 $P_2 \leqq F_3$이 성립한다.
- $P_1 \leqq F_2$와 $P_2 \leqq F_3$이면 $P_3 \leqq F_4$가 성립한다.
- $P_2 \leqq F_3$과 $P_3 \leqq F_4$이면 $P_4 \leqq F_5$가 성립한다.
- $P_3 \leqq F_4$와 $P_4 \leqq F_5$이면 $P_5 \leqq F_6$이 성립한다.

…

즉, 임의의 정수 $n \geqq 0$에 대해 $P_n \leqq F_{n+1}$이 성립한다고 할 수 있기 때문이야. 즉 수학적 귀납법의 해설이지. 이건 머리 위에 커다란 의문 부호를 달고 있는 테트라를 위한 보충 설명이야.

지금, '$(k+2)$원의 지불 방법'이 하나 주어졌다고 하면, 그 지불 방법은 사용된 동전의 최소 액면가에 따라 다음 3가지 경우로 나눌 수 있어.

(1) 동전의 최소 액면이 ①인 경우
(2) 동전의 최소 액면이 ②인 경우
(3) 동전의 최소 액면이 ③ 이상인 경우

그리고 다음과 같은 조작법을 써서, '$(k+2)$원의 지불 방법'을 '$(k+1)$원의 지불 방법' 또는 'k원의 지불 방법'으로 변환할 거야.

(1) **동전의 최소 액면이 ①인 경우**, ①을 1개 제거하는 거야. 그럼 남은 동전은 '$(k+1)$원의 지불 방법'이 되겠지.
(2) **동전의 최소 액면이 ②인 경우**, ②를 1개 제거하면 남은 동전은 k원의 지불 방법이 돼. 게다가 그 지불 방법의 최소 액면 동전은 ①이 아니야.
(3) **동전의 최소 액면이 ③ 이상인 경우**, 동전의 최소 액면을 ⓜ이라 할 때, 그 동전 ⓜ 1개를 다음과 같이 교환하는 거야.

$$② + \underbrace{① + ① + \cdots + ①}_{m-2\text{개}}$$

그리고 교환한 뒤 ②를 1개 제거하는 거지. 그럼 남은 동전은 '$(k+1)$원의 지불 방법'이 돼. 게다가 이 지불 방법의 최소 액면 동전은 ①이야.

따라서 위의 방법으로 임의의 '$(k+2)$원의 지불 방법'에서 '$(k+1)$원의 지불 방법' 또는 'k원의 지불 방법'을 만들어 낼 수가 있는데, 이때 만들어진 지불 방법은 모두 달라. 그러니까 만들어 낸 지불 방법이 서로 겹칠 염려는 없어.

조금 이해하기 힘들려나? $k+2=9$의 분할을 구체적으로 열거해 보면, 다음 표처럼 나와. 없앤 동전은 2중 취소선으로, 교환된 동전은 밑줄로 나타낼 거야. 1이 반복되어 나오는 부분은 '⋯'로 생략하겠어.

P_9	(1) P_8의 일부	(2) P_7의 일부	(3) P_7의 일부
9			$\underline{\cancel{2}+1+\cdots+1}$
8+1	8+~~1~~		
7+2		7+~~2~~	
7+1+1	7+1+~~1~~		
6+3			$6+\underline{\cancel{2}+1}$
6+2+1	6+2+~~1~~		
6+1+1+1	6+1+1+~~1~~		
5+4			$5+\underline{\cancel{2}+1+1}$
5+3+1	5+3+~~1~~		
5+2+2		5+2+~~2~~	
5+2+1+1	5+2+1+~~1~~		
5+1+1+1+1	5+1+1+1+~~1~~		
4+4+1	4+4+~~1~~		
4+3+2		4+3+~~2~~	
4+3+1+1	4+3+1+~~1~~		
4+2+2+1	4+2+2+~~1~~		
4+2+1+1+1	4+2+1+1+~~1~~		
4+1+⋯+1+1	4+1+⋯+1+~~1~~		

3+3+3			3+3+~~2~~+1
3+3+2+1	3+3+2+~~1~~		
3+3+1+1+1	3+3+1+1+~~1~~		
3+2+2+2		3+2+2+~~2~~	
3+2+2+1+1	3+2+2+1+~~1~~		
3+2+1+1+1+1	3+2+1+1+1+~~1~~		
3+1+⋯+1+1	3+1+⋯+1+~~1~~		
2+2+2+2+1	2+2+2+2+~~1~~		
2+2+2+1+1+1	2+2+2+1+1+~~1~~		
2+2+1+⋯+1+1	2+2+1+⋯+1+~~1~~		
2+1+⋯+1+1	2+1+⋯+1+~~1~~		
1+⋯+1+1	1+⋯+1+~~1~~		

이와 같은 조작을 보면, '$(k+2)$원의 지불 방법'의 개수는 '$(k+1)$원의 지불 방법'의 개수와 'k원의 지불 방법'의 개수를 더한 값을 넘지 않아.

따라서 모든 정수 $k \geqq 0$에 대해 분할수 P_{k+2}, P_{k+1}, P_k 사이에는 다음 부등식이 성립해.

$$P_{k+2} \leqq P_{k+1} + P_k$$

그리고,

$$P_k \leqq F_{k+1},\ P_{k+1} \leqq F_{k+2}$$

가 성립한다고 가정했을 때, 위 결과를 합치면 이런 식이 성립하게 되지.

$$P_{k+2} \leqq F_{k+2} + F_{k+1}$$

피보나치 수의 정의에서 우변은 F_{k+3}과 같아. 그 때문에 다음과 같은 식이 성립하지.

$$P_{k+2} \leqq F_{k+3}$$

따라서 임의의 정수 $k \geqq 0$에 대해,

$$P_k \leqq F_{k+1},\ P_{k+1} \leqq F_{k+2} \Rightarrow P_{k+2} \leqq F_{k+3}$$

이 성립해.

수학적 귀납법에 따라 임의의 정수 $n \geqq 0$에 대해 $P_n \leqq F_{n+1}$이 성립하는 거야.

자, 이걸로 하나 해결! 분할수 P_n은 피보나치 수 F_{n+1}로 제어되어 있는 거니까. 아차, 끝난 게 아니었네. 아직 문제 10-2가 완벽하게 풀리지 않았어. $F_{k+2} = F_{k+1} + F_k$를 써서 피보나치 표를 만들어 보자.

n	0	1	2	3	4	5	6	7	8	9	10	11	12	13	14	15	16	⋯
F_n	0	1	1	2	3	5	8	13	21	34	55	89	144	233	377	610	987	⋯

이 표에서 $F_{16} = 987$이라는 걸 알 수 있어. 따라서 다음과 같은 거지.

$$P_{15} \leqq F_{16} = 987 < 1000$$

따라서 문제 10-2의 부등식은 성립하는 거야.

자, 이것으로 진짜 하나 해결.

일반항 P_n을 구하지 않고, 심지어 P_{15}도 구하지 않고 증명을 끝낸 셈이지.

풀이 10-2 $P_{15} < 1000$은 성립한다.

미르카는 만족스럽게 이야기를 마무리했다.

테트라의 발표

"저기……." 테트라가 손을 들었다.

"응, 테트라. 질문 있어?" 미르카가 테트라를 가리키며 말했다.

"아뇨, 질문이 아니라……. 저도 문제 10-2를 풀었는데 발표를 해도 될까요?" 테트라가 말했다.

"응, 그럼 교대할까?" 그렇게 말하고 미르카는 분필을 내밀었다.

"아뇨, 금방 끝나요. 15원의 지불 방법을 모두 써 봤거든요. 세어 보니까 P_{15}의 값은 176이었어요. 그러니까 다음 식이 성립해요."

$$P_{15} = 176 < 1000$$

"따라서 문제 10-2의 부등식은 성립하는 거죠."

테트라는 그렇게 말하고 우리에게 노트를 펼쳐 보여 주었다.

①×15	①×13+②
①×11+②×2	①×9+②×3
①×7+②×4	①×5+②×5
①×3+②×6	①+②×7
①×12+③	①×10+②+③
①×8+②×2+③	①×6+②×3+③
①×4+②×4+③	①×2+②×5+③
②×6+③	①×9+③×2
①×7+②+③×2	①×5+②×2+③×2
①×3+②×3+③×2	①+②×4+③×2

①×6+③×3

①×2+②×2+③×3

①×3+③×4

③×5

①×9+②+④

①×5+②×3+④

①+②×5+④

①×6+②+③+④

①×2+②×3+③+④

①×5+③×2+④

①+②×2+③×2+④

②+③×3+④

①×5+②+④×2

①+②×3+④×2

①×2+②+③+④×2

①+③×2+④×2

①+②+④×3

①×10+⑤

①×6+②×2+⑤

①×2+②×4+⑤

①×7+③+⑤

①×3+②×2+③+⑤

①×4+③×2+⑤

②×2+③×2+⑤

①×6+④+⑤

①×2+②×2+④+⑤

①×3+③+④+⑤

③×2+④+⑤

①×4+②+③×3

②×3+③×3

①+②+③×4

①×11+④

①×7+②×2+④

①×3+②×4+④

①×8+③+④

①×4+②×2+③+④

②×4+③+④

①×3+②+③×2+④

①×2+③×3+④

①×7+④×2

①×3+②×2+④×2

①×4+③+④×2

②×2+③+④×2

①×3+④×3

③+④×3

①×8+②+⑤

①×4+②×3+⑤

②×5+⑤

①×5+②+③+⑤

①+②×3+③+⑤

①×2+②+③×2+⑤

①+③×3+⑤

①×4+②+④+⑤

②×3+④+⑤

①+②+③+④+⑤

①×2+④×2+⑤

②+④×2+⑤

①×3+②+⑤×2

①×2+③+⑤×2

①+④+⑤×2

①×9+⑥

①×5+②×2+⑥

①+②×4+⑥

①×4+②+③+⑥

②×3+③+⑥

①+②+③×2+⑥

①×5+④+⑥

①+②×2+④+⑥

②+③+④+⑥

①×4+⑤+⑥

②×2+⑤+⑥

④+⑤+⑥

①+②+⑥×2

①×8+⑦

①×4+②×2+⑦

②×4+⑦

①×3+②+③+⑦

①×2+③×2+⑦

①×4+④+⑦

②×2+④+⑦

④×2+⑦

①+②+⑤+⑦

①×2+⑥+⑦

①+⑦×2

①×5+⑤×2

①+②×2+⑤×2

②+③+⑤×2

⑤×3

①×7+②+⑥

①×3+②×3+⑥

①×6+③+⑥

①×2+②×2+③+⑥

①×3+③×2+⑥

③×3+⑥

①×3+②+④+⑥

①×2+③+④+⑥

①+④×2+⑥

①×2+②+⑤+⑥

①+③+⑤+⑥

①×3+⑥×2

③+⑥×2

①×6+②+⑦

①×2+②×3+⑦

①×5+③+⑦

①+②×2+③+⑦

②+③×2+⑦

①×2+②+④+⑦

①+③+④+⑦

①×3+⑤+⑦

③+⑤+⑦

②+⑥+⑦

①×7+⑧

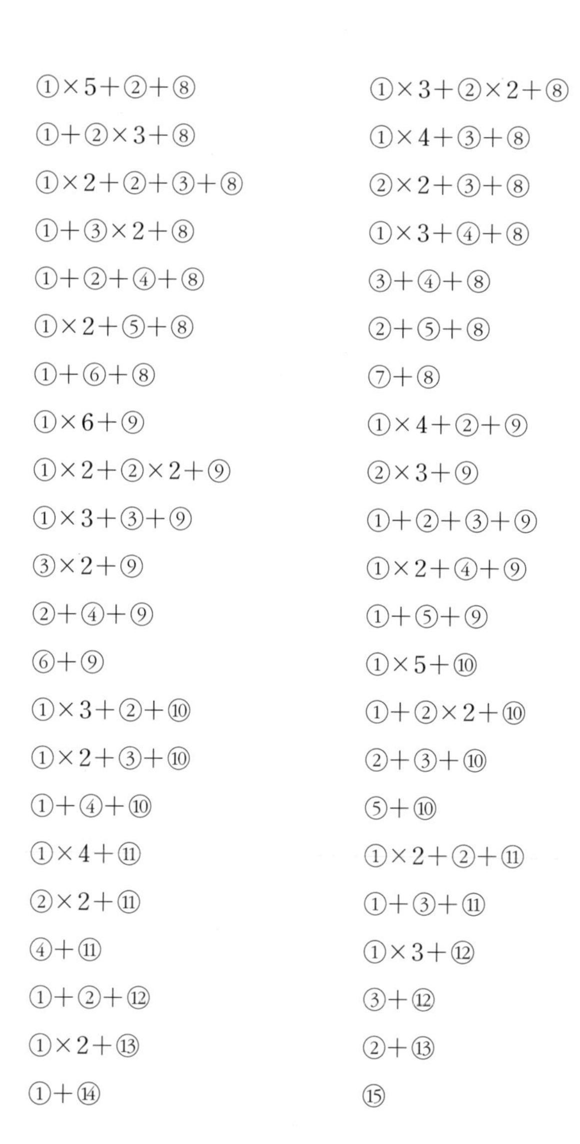

①×5+②+⑧　①×3+②×2+⑧
①+②×3+⑧　①×4+③+⑧
①×2+②+③+⑧　②×2+③+⑧
①+③×2+⑧　①×3+④+⑧
①+②+④+⑧　③+④+⑧
①×2+⑤+⑧　②+⑤+⑧
①+⑥+⑧　⑦+⑧
①×6+⑨　①×4+②+⑨
①×2+②×2+⑨　②×3+⑨
①×3+③+⑨　①+②+③+⑨
③×2+⑨　①×2+④+⑨
②+④+⑨　①+⑤+⑨
⑥+⑨　①×5+⑩
①×3+②+⑩　①+②×2+⑩
①×2+③+⑩　②+③+⑩
①+④+⑩　⑤+⑩
①×4+⑪　①×2+②+⑪
②×2+⑪　①+③+⑪
④+⑪　①×3+⑫
①+②+⑫　③+⑫
①×2+⑬　②+⑬
①+⑭　⑮

미르카는 테트라가 열거한 지불 방법을 재빨리 체크해 보았다.

"맞았어. 이건…… 테트라, 끈기의 승리네." 미르카가 웃음 지으며 테트라의 머리를 쓰다듬었다.

"에헤헤, 이번엔 실수하지 않았어요." 테트라가 말했다.

나는 아무 말도 할 수 없었다.

6. 교실

가방을 가지러 교실에 간 나는 급속도로 기분이 나빠졌다.

내 의자에 앉아 책상에 엎드렸다.

일반항 P_n을 고집한 것이 실책이었다. 문제도 부등식이지 않았는가? 아이디어에 너무 신난 나머지 생성함수를 쓴 것이 문제 해결에는 조금도 도움이 되지 않았다.

분하다.

문제가 주어진다. 목적지가 저 멀리 보인다. 그 문제를 풀기 위한 작은 문제를 스스로 발견한다. 목적지에 이르기 위한 길을 찾는 것이다. 나는 방향을 잘못 잡았다. 피보나치 수나 카탈란 수처럼 분할수의 일반항을 찾아낼 거라고 생각했는데.

분하다.

교실에 누군가가 들어왔다. 이 발소리는…… 미르카다. 발소리가 점점 가까워졌다.

"왜 그래?" 미르카의 목소리.

나는 대답하지 않았다. 고개도 들지 않았다.

"흐음, 왠지 우울해 보이네."

조용한 교실. 미르카는 움직이지 않는다.

침묵.

나는 결국 고개를 들었다.

그녀는 평소와 달리 난처한 듯한 표정을 짓고 있었다. 이윽고 미르카는 손가락을 흔들기 시작했다.

1　1　2　3

피보나치 사인. 수학 애호가들의 인사. 하지만 나는 손을 펼쳐 대답할 기분이 들지 않았다.

미르카는 손을 뒤로 하고 옆을 보면서 말했다.

"테트라, 귀엽지?"

나는 대답하지 않았다.

"나는, 그렇게 귀엽게는 될 수 없겠지……."

나는, 대답하지 않았다.

교실의 스피커에서 드보르자크의 '신세계로부터' 2악장이 흘러나왔다.

"풀지 못했어……. 길을 잘못 든 거야." 나는 말했다.

"흐음……." 미르카는 말했다. "지구 곳곳에서, 엄청난 시간을 들여 수학자들은 여러 문제의 해법을 찾아 왔어. 아무것도 발견하지 못할 때도 많았을 거야. 그럼 그것이 쓸모없는 거였을까? 아니야. 찾지 않으면 아무도 발견할 수 있을지, 없을지를 알 수 없어. 해 보지 않으면 가능한지 아닌지 알 수 없는 거야. ……우리는 여행자야. 지칠 때도 있겠지. 길을 잘못 들 때도 있을 거야. 그래도 우리는 여행을 계속해야 해."

"나는…… 아는 척, 잘난 척을 하면서 생성함수를 구했어. 하지만 문제를 푸는 데는 어떤 도움도 되지 않았어. ……바보 같아."

"그거라면……." 미르카가 내 쪽을 향해 말했다. "……그거라면, 네가 발견한 생성함수 $P(x)$를 사용하는 문제를 내가 찾아볼게." 그렇게 말하고 그녀는 미소 지었다.

미르카는 다시 한번 손가락을 흔들었다. 피보나치 사인.

$$1 \quad 1 \quad 2 \quad 3\cdots$$

계속해서 그녀는 손을 펴고, 자기 사인에 스스로 대답했다.

$$\cdots 5$$

그리고 펼친 손을 내게 내밀었다. 따뜻한 손가락이 내 뺨에 닿았다.

"피곤하면 쉬어. 길을 잘못 들었다면 다시 돌아가면 돼. 그 모든 과정이 우리의 여행이니까."

그녀는 그렇게 말하고 고개를 숙여 얼굴을 가까이 댔다.

안경이 닿을 것처럼 가까워졌다.

렌즈 너머로 보이는 깊은 눈동자.

그리고 그녀는,

고개를 살짝 기울여

천천히…….

"여기서 미즈타니 선생님이 나타나면 놀랍겠는걸." 내가 말했다.

"입 다물어." 미르카가 말했다.

7. 더 나은 상계를 찾아가는 긴 여행

며칠이 지났다.

방과 후, 미르카가 문득 말을 꺼냈다.

"피보나치 수보다 좋은 분할수의 상계를 구했으니까 들어 봐. 그렇지, 테트라도 부르자."

출발점은 생성함수

미르카가 분필을 들고 교단에 섰다.

불려 나온 테트라와 나는 교실의 맨 앞줄에서 그녀의 '강의'를 듣는다.

셋 이외에는 아무도 없었다.

"분할수 P_n의 상계를 구하는 건 $P_n \leqq M(n)$이 되는 함수 $M(n)$을 구하는 거야. 저번에는 피보나치 수가 분할수의 상계가 된다는 걸 증명했지. 그럼 여기서 더 나은 상계를 구해 보자."

"더 나은 상계라는 건, 피보나치 수보다도 작은 상계라는 거지요?" 테트라가 손을 들고 질문했다.

"맞았어. 하지만 n이 한없이 클 때의 이야기지." 미르카는 간단하게 대답했다. 그리고 "우리들의 출발점은 생성함수야"라고 말하곤 싱긋 웃었다.

◆◆◆

우리들의 출발점은 생성함수야. 우선은 분할수 P_n과 생성함수 $P(x)$의 크기를 생각해 보도록 하자. $0<x<1$의 범위에서 생각하면 P_n에 x^n을 곱한 식은 $P(x)$보다 작아.

$$P_n x^n < P(x)$$

왜냐하면 생성함수의 정의에는 $P_n x^n$이 포함되어 있기 때문이지. 다음 식에서 우변의 각 항은 모두 양수니까 좌변은 우변보다도 작아지게 되어 있어.

$$\underline{P_n x^n} < P_0 x^0 + P_1 x^1 + \cdots + \underline{P_n x^n} + \cdots$$

하지만 우리는 생성함수 $P(x)$의 다른 모습을 알고 있지. 그래, 곱의 형태야. (여기서 그녀는 내 쪽을 흘끗 바라보았다.) 그러니까 우변은 이런 형태로 변형시킬 수 있어.

$$P_n x^n < \frac{1}{1-x^1} \cdot \frac{1}{1-x^2} \cdot \frac{1}{1-x^3} \cdots$$

양변을 x^n으로 나누면,

$$P_n < \frac{1}{x^n} \cdot \frac{1}{1-x^1} \cdot \frac{1}{1-x^2} \cdot \frac{1}{1-x^3} \cdots$$

이 우변은 P_n보다 커졌어. 즉, 상계 후보가 된 셈이지. 하지만 무한곱은 다루기 까다로워. 그러니까 n까지라고 개수에 제한을 걸어 두고, 다음과 같은 유한곱으로 생각해 보기로 하자.

$$P_n \leqq \frac{1}{x^n} \cdot \frac{1}{1-x^1} \cdot \frac{1}{1-x^2} \cdot \frac{1}{1-x^3} \cdot \cdots \cdot \frac{1}{1-x^n}$$

자, 이 부등식까지는 비교적 일직선으로 뻗은 길이었지? 하지만 우변의 곱은 아직 좀 성가실 것 같아. 여기서 머리를 좀 굴려 보자.

나는 이렇게 생각했어. 곱이 까다롭다면, 합으로 바꾸면 돼. 곱을 합으로 바꿀 때는 어떻게 해야 할까?

첫 번째 갈림길, 곱을 합으로 바꾸려면

"로그를 취하면 돼. 로그를 취하면 곱을 합으로 바꿀 수 있어." 나는 말했다.

"맞았어." 미르카가 대답했다.

◆◆◆

$$P_n \leqq \frac{1}{x^n} \cdot \frac{1}{1-x^1} \cdot \frac{1}{1-x^2} \cdot \frac{1}{1-x^3} \cdot \cdots \cdot \frac{1}{1-x^n}$$

이 양변에 log를 취하는 거야. 여기가 '첫 번째 분기점'이야. 우리는 집을 출발해서 'P_n의 상계를 찾는 길'에서 '$\log_e P_n$의 상계를 찾는 길'로 옮겨 간 거지. 테트라, 이해하겠어? 부분도 중요하지만 커다란 흐름을 잃지 않는 게 중요해.

$$\log_e(P_n) \leqq \log_e\left(\frac{1}{x^n} \cdot \frac{1}{1-x^1} \cdot \frac{1}{1-x^2} \cdot \frac{1}{1-x^3} \cdot \cdots \cdot \frac{1}{1-x^n}\right)$$

로그를 취하면 곱은 합으로 바뀌어. 그리고 이런 식을 얻을 수 있지.

$$\log_e P_n \leqq \log_e \frac{1}{x^n} + \log_e \frac{1}{1-x^1} + \log_e \frac{1}{1-x^2} + \log_e \frac{1}{1-x^3} + \cdots + \log_e \frac{1}{1-x^n}$$

너무 길지? $\sum$를 쓰자. 의미는 똑같으니까.

$$\log_e \mathrm{P}_n \leqq \log_e \frac{1}{x^n} + \sum_{k=1}^{n}\left(\log_e \frac{1}{1-x^k}\right)$$

여기서 문제는 서쪽과 동쪽으로 향하는 두 길로 갈라져. '갈림길'이지. 나중에 다시 여기로 돌아오니까 이 지점을 잘 기억해야 해.

$$\log_e \mathrm{P}_n \leqq \underbrace{\log_e \frac{1}{x^n}}_{\text{(서쪽 언덕)}} + \underbrace{\sum_{k=1}^{n}\left(\log_e \frac{1}{1-x^k}\right)}_{\text{(동쪽 숲)}}$$

서쪽으로 가면 언덕이 나오고, 동쪽으로 가면 숲이 있을 거야.

동쪽 숲, 테일러 전개

우선은 '동쪽 숲'을 살펴보자.

$$\langle \text{동쪽 숲} \rangle = \sum_{k=1}^{n}\left(\log_e \frac{1}{1-x^k}\right)$$

동쪽 숲은 n그루의 나무로 이루어져 있어. '동쪽 숲'을 구성하고 있는 '나무', 즉 $\log_e \frac{1}{1-x^k}$의 상계를 구해 보는 거야.

현재 문제는 이 함수야.

$$\langle \text{동쪽 나무} \rangle = \log_e \frac{1}{1-x^k}$$

이 함수 대신 $t=x^k$를 이용해 함수 $f(t)$를 생각해 보는 거야.

$$f(t) = \log_e \frac{1}{1-t}$$

이 함수 $f(t)$를 구하고 싶어. 어쩌면 좋을까? 테트라, 어떡할래?

◆◆◆

"네? 저 말인가요? 아직 log에 대해 잘 몰라서요……. 죄송해요."

"알 수 없는 함수 $f(t)$가 있어. 자자, 테트라. '평생 잊지 않을게요!'라고 하지 않았어?"

"아! 테일러 전개!"

"그래." 미르카가 말했다. "$f(t)$를 테일러 전개해서 멱급수로 바꿔 보자."

◆◆◆

로그함수의 미분과 합성함수 미분이 필요하니까 여기서는 결과만 쓸게.

함수 $f(t)=\log_e \frac{1}{1-t}$은 다음과 같이 멱급수로 테일러 전개를 할 수 있어.

$$
\begin{aligned}
\langle \text{동쪽 나무} \rangle &= \log_e \frac{1}{1-t} \\
&= \frac{t^1}{1} + \frac{t^2}{2} + \frac{t^3}{3} + \cdots \quad (\text{단}, 0 < t < 1)
\end{aligned}
$$

여기서 $t=x^k$으로 되돌리면, '동쪽 나무'의 멱급수 전개를 얻을 수 있지.

$$
\log_e \frac{1}{1-x^k} = \frac{x^{1k}}{1} + \frac{x^{2k}}{2} + \frac{x^{3k}}{3} + \cdots \quad (\text{단}, 0 < x^k < 1)
$$

이 식에서 $k=1, 2, 3, \cdots, n$에 관한 합을 구하는 거야. 말하자면 '동쪽 나무'에서 '동쪽 숲'을 만드는 거지.

$$
\begin{aligned}
\langle \text{동쪽 숲} \rangle &= \sum_{k=1}^{n} \langle \text{동쪽 나무} \rangle \\
&= \sum_{k=1}^{n} \log_e \frac{1}{1-x^k}
\end{aligned}
$$

테일러 전개를 해 보자.

$$
= \sum_{k=1}^{n} \left(\frac{x^{1k}}{1} + \frac{x^{2k}}{2} + \frac{x^{3k}}{3} + \cdots \right)
$$

안쪽의 합도 $\sum$로 표시하고.

$$=\sum_{k=1}^{n}\left(\sum_{m=1}^{\infty}\frac{x^{mk}}{m}\right)$$

합의 순서도 바꿔 주고.

$$=\sum_{m=1}^{\infty}\left(\sum_{k=1}^{n}\frac{x^{mk}}{m}\right)$$

여기서 m은 안쪽의 $\sum$와는 무관하니까 $\frac{1}{m}$은 밖으로 꺼낼 수 있어.

$$=\sum_{m=1}^{\infty}\left(\frac{1}{m}\sum_{k=1}^{n}x^{mk}\right)$$

안쪽의 $\sum$를 전개해서 내가 이해한 게 맞는지 확인해 보자.

$$\sum_{m=1}^{\infty}\frac{1}{m}(x^{1m}+x^{2m}+x^{3m}+\cdots+x^{nm})$$

도중에 합의 순서를 바꾼 거 알겠지? 무한급수에서 합의 순서를 바꿀 때는 주의가 필요한데, 여기서는 깊이 들어가지 않을게.

그럼 여기서 일단 휴식. 지금 구하고 싶은 건 상계니까 '동쪽 숲'보다 값이 큰 식을 찾자고. 거기서 유한합을 무한합으로 바꾸고 부등식으로 만들 거야. 무한합으로 만든 건 등비급수의 합의 공식을 쓰기 위해서지. 계속 살펴보자.

$$\langle\text{동쪽 숲}\rangle=\sum_{m=1}^{\infty}\frac{1}{m}(x^{1m}+x^{2m}+x^{3m}+\cdots+x^{nm})$$

안쪽의 유한합을 무한합으로 만들고 부등식을 만들자.

$$<\sum_{m=1}^{\infty}\frac{1}{m}(x^{1m}+x^{2m}+x^{3m}+\cdots+x^{nm}+\cdots)$$

$0<x^{m}<1$이라고 하고, 등비급수의 공식을 쓰는 거야.

$$=\sum_{m=1}^{\infty}\frac{1}{m}\cdot\frac{x^m}{1-x^m}$$

잠깐 멈춰. 여기서도 마지막 식을 구할 필요는 없어. 지금은 상계를 구하는 거니까 이것보다 큰 식이면 상관없어. 여기서 분수 $\frac{x^m}{1-x^m}$의 분모 $1-x^m$에 주목해 보자. 이 분모를 보다 작은 식으로 변환하면 또 부등식을 만들 수 있어.

알겠어? 여기서 목적으로 하는 건 '좀 더 다루기 쉬운 식으로 만들기'와 '조금 큰 식을 만들기'의 교환이야. 좀 더 다루기 쉬운 식을 만드는 대신 좀 더 큰 상계가 되어도 괜찮도록 타협하는 거지. 타협할 때마다 부등호가 나오는 셈이야.

그럼 '동쪽 숲'을 계속 검토하자.

$$\langle\text{동쪽 숲}\rangle=\sum_{m=1}^{\infty}\frac{1}{m}\cdot\frac{x^m}{1-x^m}$$

분모를 인수분해.

$$=\sum_{m=1}^{\infty}\frac{1}{m}\cdot\frac{x^m}{(1-x)\underbrace{(1+x+x^2+\cdots+x^{m-1})}_{m\text{개}}}$$

분모의 항을 모두 가장 작은 항인 x^{m-1}로 바꾸어 부등식을 만들어.

$$<\sum_{m=1}^{\infty}\frac{1}{m}\cdot\frac{x^m}{(1-x)\underbrace{(x^{m-1}+x^{m-1}+\cdots+x^{m-1})}_{m\text{개}}}$$

x^{m-1}이 m개 있으니까 곱으로 나타내자.

$$=\sum_{m=1}^{\infty}\frac{1}{m}\cdot\frac{x^m}{(1-x)\cdot m\cdot x^{m-1}}$$

◆◆◆

"이걸 정리하면 테트라가 소리를 지를걸?" 미르카는 테트라를 바라보며 장난스러운 표정으로 웃었다.

"네? 미르카 선배, 어째서 제가 소리를 지르나요?"

"어디 한번 볼까?"

$$\langle\text{동쪽 숲}\rangle=\sum_{m=1}^{\infty}\frac{1}{m}\cdot\frac{x^m}{(1-x)\cdot m\cdot x^{m-1}}$$

"식을 정리하면……."

$$=\sum_{m=1}^{\infty}\frac{1}{m^2}\cdot\frac{x}{1-x}$$

"m과 관계없는 부분을 $\sum$의 밖으로 끌어내면……."

$$=\frac{x}{1-x}\cdot\sum_{m=1}^{\infty}\frac{1}{m^2}$$

"아, 아아아아아아아아아아앗!"

"내 말이 맞지?"

"바젤 문제! $\frac{\pi^2}{6}$이에요, 이거!" 테트라가 외쳤다.

"맞았어."

미르카는 검지를 세우며 말했다.

◆◆◆

여기서 오일러 선생님이 풀어낸 바젤 문제의 답을 써 보도록 하자.

$$\sum_{m=1}^{\infty}\frac{1}{m^2}=\frac{\pi^2}{6} \qquad \text{바젤 문제}$$

이걸 써서 계속 풀어 보는 거야.

$$
\begin{aligned}
\langle \text{동쪽 숲} \rangle &= \sum_{k=1}^{n} \log_e \frac{1}{1-x^k} \\
&< \frac{x}{1-x} \cdot \sum_{m=1}^{\infty} \frac{1}{m^2} \\
&= \frac{x}{1-x} \cdot \frac{\pi^2}{6} && \text{바젤 문제}
\end{aligned}
$$

'동쪽 숲'은 이 정도만 할까?

아 참, 나중을 생각해서 $t=\frac{x}{1-x}$라고 해 두자. 그럼 '동쪽 숲'은 이렇게 볼 수 있지.

> '동쪽 숲'의 상계
>
> $$\sum_{k=1}^{n} \log_e \frac{1}{1-x^k} < \frac{\pi^2}{6} t \qquad (\text{단, } t=\frac{1}{1-x})$$

서쪽 언덕, 조화수

여행은 이제 절반 정도 온 거야. '갈림길'로 다시 돌아가서 이번엔 '서쪽 언덕'으로 갈 거야. $0<x<1$이라고 할 때 $\log_e \frac{1}{x^n}$을 살펴보자.

아까처럼 $t=\frac{x}{1-x}$로 할 거야. 그러면 $0<x<1$에서 $0<t$라고 할 수 있지. 또 $x=\frac{t}{1+t}$이기도 해.

$$
\begin{aligned}
\langle \text{서쪽 언덕} \rangle &= \log_e \frac{1}{x^n} \\
&= n \log_e \frac{1}{x} && \log_e a^n = n \log_e a \text{에서} \\
&= n \log_e \frac{t+1}{t} && x\text{를 } t\text{로 나타냄} \\
&= n \log_e \left(1+\frac{1}{t}\right)
\end{aligned}
$$

여기서 $\log_e\left(1+\frac{1}{t}\right)$에 주목해야 해. $u=\frac{1}{t}$로 두고, $u>0$일 때 $\log_e(1+u)$의 변동을 조사하는 거야. 조화수를 조사할 때도 비슷하게 했었지? 완만한 '서쪽 언덕' 그래프를 그려 보자.

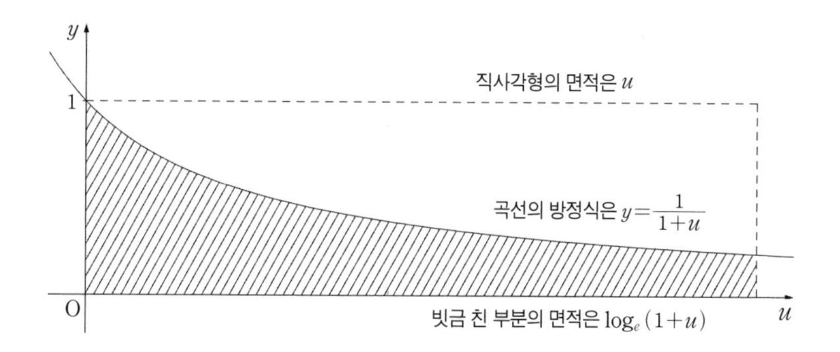

따라서 $u>0$일 경우, 빗금 친 부분의 면적보다 직사각형의 면적이 크다는 사실에서,

$$\log_e(1+u)<u$$

라고 할 수 있지.

$u=\frac{1}{t}$이니까,

$$\log_e\left(1+\frac{1}{t}\right)<\frac{1}{t}$$

따라서 이런 식을 구할 수 있어.

$$\log_e\frac{1}{x^n}=n\log_e\left(1+\frac{1}{t}\right)<\frac{n}{t}$$

'서쪽 언덕'은 이상으로 끝.

'서쪽 언덕'의 상계

$$\log_e \frac{1}{x^n} < \frac{n}{t} \qquad t > 0$$

(단, $t = \frac{x}{1-x}$라고 한다.)

여행의 끝

자, 다시 한번 '갈림길'로 돌아가자. 빨리빨리.

'동쪽 숲'과 '서쪽 언덕'을 써서 $\log_e \mathrm{P}_n$을 살펴보면 이렇게 돼.

$$\log_e \mathrm{P}_n < \frac{n}{t} + \frac{\pi^2}{6} t \qquad t > 0$$

이제 조금만 더 가면 돼. 우변에 나온 식에 $g(t)$라고 이름 붙이고, $t > 0$에서 함수 $g(t)$의 최솟값을 구하는 거야. $\log_e \mathrm{P}_n$의 최댓값이 $g(t)$의 최솟값을 넘지 못하기 때문이야.

$$g(t) = \frac{n}{t} + \frac{\pi^2}{6} t$$

$$g'(t) = -\frac{n}{t^2} + \frac{\pi^2}{6} \qquad \text{미분한다}$$

방정식 $g'(t) = 0$을 풀면 $t = \pm\frac{\sqrt{6n}}{\pi}$이니까, $t > 0$의 범위를 생각해서 다음과 같은 증감표를 얻을 수 있어.

t	0	$\cdots$	$\frac{\sqrt{6n}}{\pi}$	$\cdots$
$g'(t)$		$-$	0	$+$
$g(t)$		↘	최소	↗

따라서 최솟값은 이렇게 되지.

$$g\left(\frac{\sqrt{6n}}{\pi}\right)=\frac{\sqrt{6}\pi}{3}\cdot\sqrt{n}$$

알기 쉽게 그래프를 그리면 다음과 같아. 방정식 $g'(t)=0$을 푼 이유는 이 그래프의 접선이 수평이 되는 지점을 찾기 위해서야.

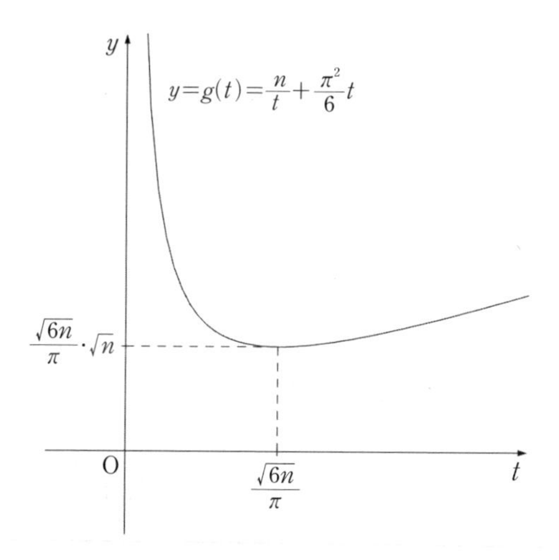

이제 클라이맥스. 지금 주목하고 있는 건 n이니까, 성가신 정수는 다 합쳐서 K라는 이름으로 바꾸자.

$$\log_e \mathrm{P}_n < \mathrm{K}\cdot\sqrt{n} \qquad \text{단, } \mathrm{K}=\frac{\sqrt{6}\pi}{3}$$

처음 '첫 번째 갈림길'에서 log를 취했지? 이번에는 log를 제거할 거야. 갈림길을 돌아오면 집이 보일 거야.

$$\mathrm{P}_n < e^{K\cdot\sqrt{n}} \qquad \text{단, } \mathrm{K}=\frac{\sqrt{6}\pi}{3}$$

자, 이걸로 또 하나 해결!

긴 여행이었지만 이제 집에 돌아왔어. 어서 와.

분할수 P_n의 상계 중 하나

$$P_n < e^{K\cdot\sqrt{n}} \qquad K = \frac{\sqrt{6}\pi}{3}$$

$\log_e P_n$의 상계 $\frac{\sqrt{6}\pi}{3}\cdot\sqrt{n}$을 구하는 여행 지도

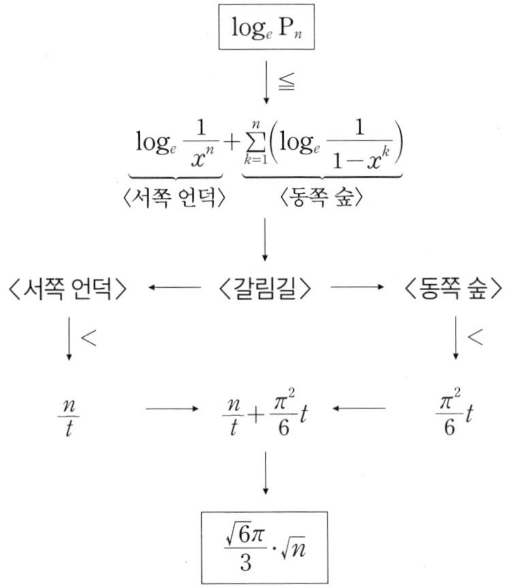

$$\boxed{\log_e P_n}$$

↓ ≦

$$\underbrace{\log_e \frac{1}{x^n}}_{\text{〈서쪽 언덕〉}} + \underbrace{\sum_{k=1}^{n}\left(\log_e \frac{1}{1-x^k}\right)}_{\text{〈동쪽 숲〉}}$$

↓

〈서쪽 언덕〉 ⟵ 〈갈림길〉 ⟶ 〈동쪽 숲〉

↓ < (〈서쪽 언덕〉) ↓ < (〈동쪽 숲〉)

$$\frac{n}{t} \longrightarrow \frac{n}{t} + \frac{\pi^2}{6}t \longleftarrow \frac{\pi^2}{6}t$$

↓

$$\boxed{\frac{\sqrt{6}\pi}{3}\cdot\sqrt{n}}$$

테트라의 회상

나는 테트라와 함께 미르카의 긴 여행을 감상했다. 직접 확인하고 싶었던 부분도 있었지만, 일단은 긴 여행을 마쳐서, 수식을 따라갈 수 있어서 다행스러웠다.

테트라는 진지한 표정으로 생각에 잠겨 있었다.

"테트라, 혹시 실망스러워?" 나는 작은 소리로 물었다.

"아니요! 그럴 리가요. 그렇지 않아요." 테트라는 명랑하게 대답했다.

"미르카 선배가 도출한 식에서 제가 모르는 부분이 많이 있었어요. 하지만 실망하지 않아요. 아는 곳도 몇 군데 있었으니까요." 테트라는 고개를 끄덕이며 말을 이었다. "엄청나게 머리를 많이 쓴 느낌이에요. 정말 긴 여행이었어요. 아직 이해하지 못한 부분이 여기저기 있지만, 큰 흐름은 파악했어요. 그리고 많은 무기가 등장한 게 재미있었어요. 가지고 있는 무기를 자유롭게 구사한다는 점이 정말 대단하다고 생각했어요."

- 유한합을 무한합으로 바꿔 부등식으로 만든다.
- 편리한 형태로 변형하는 대신, 상계의 평가를 조금 느슨하게 한다.
- 곱을 합으로 바꾸기 위해 log를 취한다.
- 무한급수의 합의 공식을 쓴다.
- 막혔을 때는 테일러 전개
- 성가신 부분은 변수로 변환
- 오일러 선생님의 바젤 문제
- 최솟값을 구하기 위해 미분하고 증감표를…….

"무기를 손에 넣고 스스로 갈고닦아서 문제와 맞선다. 이런 역동적인 움직임을 느꼈어요. 정해진 문제를 그저 푸는 게 아니라 생생한 느낌이 전해져서……. '분기점'에다 '갈림길', 그리고 '동쪽 숲', '서쪽 언덕'…… 그런 걸 저도 발견하고 싶어! 더 공부하고 싶어! 이렇게 생각하게 되었어요. 미르카 선배, 고맙습니다. 저는 그 무기를 아직 잘 활용하지 못해요. 쓰기 전에 손에 넣기부터 해야겠지만요. ……하지만 열심히 할게요!"

테트라는 주먹을 꾸욱 쥐고 말했다.

8. 안녕, 내일 또 봐

우리 세 사람은 귀갓길에도 토론을 계속했다. 아까의 상계가, 피보나치 수열에 따른 상계보다 나아질 때의 n은 어느 정도일까? 결국 P_n을 구할 수 있을까? 이런 문제를 주고받았다. 테트라가 흥분한 듯 자꾸 질문을 던졌고 내가 대답하고, 때때로 미르카가 말을 덧붙이는 식이었다.

드디어 역에 도착했다.

평소에는 미르카 혼자 안녕을 고하고 갔지만, 오늘은 테트라가 미르카를 따라가려고 했다.

"어? 테트라, 그쪽으로 가는 거야?"

"헤헷. 오늘은 미르카 선배와 같이 서점에 들렀다 가려고요."

아, 그래…… 사이가 좋아졌는걸.

"그럼, 먼저 갈게. 내일 봐." 미르카가 말했다.

"선배! 내일도 또 수학 공부해요!" 테트라는 큰 소리로 그렇게 인사하고 미르카와 나란히 걸어가기 시작했다.

떠나가는 두 사람.

혼자 남은 나.

어, 이거…… 계속 떠들다가 갑자기 혼자가 되다니…… 좀 쓸쓸한걸.

우리는 지금 같은 학교에 다닌다. 하지만 언젠가 각자의 길을 갈 것이다. 아무리 공유를 해도 우리의 시공간에는 한계가 있다. 끝이 온다. 나는 가슴이 아파 왔다.

……저편에서는 테트라가 미르카에게 무언가 말을 하고 있었다. 두 사람이 내 쪽을 돌아보았다.

뭐지?

테트라는 오른손을 높이 들어 붕붕 흔들었다.

미르카는 조용히 오른손을 올렸다.

두 사람이 타이밍을 맞춰 손가락을 흔들었다.

"하나, 하나, 둘, 셋……." 테트라의 목소리.

아, 피보나치 사인. 그것도 두 사람분.

나는 웃음을 터뜨렸다.

그렇다. 확실히 한계는 있을 것이다. 언젠가는 끝이 올 것이다. 하지만 그렇기 때문에 열심히 배울 것이다. 힘껏 앞으로 나아갈 것이다. 우리의 언어, 수학을 즐기면서.

수학은 시간을 초월하니까.

나는 활짝 펼친 두 손을 높이 들어 두 수학 걸에게 응답했다.

미르카.

테트라.

내일 다시 함께 수학을 하자!

자, 여기서 우리들의 이야기를 끝내도록 하겠습니다.
하지만 우리들은 저들이 모두 영원히 행복하게 살았다고
진심으로 말할 수 있습니다.
그렇지만 저들에게 있어 지금부터가 진정한 이야기가 시작되는 시점입니다.
이 세상에서 보낸 일생도, 나니아에서 겪은 모험들도,
책의 표지와 들어서는 문에 지나지 않았던 것입니다.
_C. S. 루이스, 『최후의 전투』

에필로그 벚꽃, 청춘의 시간, 수학을 추억하며

봄.

"선생님!"

소녀 한 명이 교무실로 달려 들어왔다.

"선생님, 이것 좀 봐요. 학년 표시가 II로 바뀌었다고요."

"그야 그렇겠지. 신학기니까. ……그래서 보고서는?"

"물론 가져왔죠! 이번엔 무식하게 해결했어요. $P_{15} = 176$이니까 1000보다 작아요. 증명 끝. 어때요?"

소녀는 노트를 펼쳐 보여 주었다.

"옳지, 정답. 전부 써 봤구나?"

"머리로 풀리지 않으면 손으로 풀 수밖에 없잖아요? 그래도 176과 1000이라니 너무 격차가 크지 않아요? 그런데 선생님, 분할수의 일반항 P_n을 나타내는 식이 있나요?"

"뭐, 있기는 하지."

"……선생님, 이 엄청난 식은 뭐예요?"

"놀랍지? 이건 1937년 한스 라데마허가 증명해 낸 식이야."

"헤에…… 아니, 잠깐만요. $A_k(n)$이 뭐예요? 정의되어 있지 않아요."

"오, 눈치 챘어? 그 질문은 수식을 해석하려 했다는 증거지. $A_k(n)$이란 선생님도 한마디로 정의할 수는 없지만, 1의 24제곱근에 나오는 어떤 종류의 유한합이 돼. 더 자세한 건 논문에 나와 있으니 도전해 볼 것."

풀이 X 분할수의 일반항 P_n을 나타내는 식

$$P_n=\frac{1}{\pi\sqrt{2}}\sum_{k=1}^{\infty}A_k(n)\sqrt{k}\frac{d}{dn}\left(\frac{\sin h\left(\frac{\pi}{k}\sqrt{\frac{2}{3}\left(n-\frac{1}{24}\right)}\right)}{\sqrt{n-\frac{1}{24}}}\right)$$

"윽, 그렇게 나오시겠단 말이죠……."

"어쨌든 정수의 분할에는 불가사의한 '보물'이 아직 많이 숨어 있어."

"선생님, 수학은 잠시 제쳐 두고요……. 이 사진은 선생님 애인이에요? 장소는, 음, 유럽인가?"

"이봐, 마음대로 남의 편지를 만지지 말라고."

"어머나, 이쪽 편지는 다른 여자한테서 온 거예요? 이 사진도…… 일본은 아닌 것 같은데, 어디지?"

"어서 돌려줘."

"선생님, 인기 많으시네요!"

소녀는 까르륵 웃었다.

"그런 거 아니야. 그녀들은 둘 다 선생님의 소중한 친구야. 고등학교 때부터 함께 수학의 세계를 여행하고 있는 친구."

"헤에, 선생님도 고등학생 시절이 있었나요?"

"당연한 소릴. 자, 이제 집에 가라. 어서."

"카드 새로 받으면 갈 거예요."

카드를 건네자 소녀는 양손으로 받아들며 말했다.

"어, 선생님…… 이번엔 두 장이에요?"

"응. 이쪽은 네 거, 또 하나는 걔 거."

"아, 알겠어요. 소란 피워서 죄송해요!"

소녀는 싱긋 웃고는 손가락을 휘저었다.

내가 손을 펼쳐 답례하자, 소녀는 만족스러운 표정으로 교무실을 나갔다.
봄인가…….
교무실 창문 가득 펼쳐진 벚꽃을 보면서 나는 그 시절을 떠올린다.

이제 팔을 뻗어
풍요롭게 열매 맺은 과실을 거두는 작업에 대해서는
독자의 노력을 기다리는 바이다.
_오일러

수학을 향한 동경, 그것은 이성에게 품는 감정과 유사합니다.

어려운 수학 문제를 풀려고 하는데 좀체 답을 찾을 수 없고 실마리도 잡히지 않습니다. 하지만 왠지 문제가 매력적으로 다가오고 잊히지 않습니다. 거기엔 멋진 무언가가 숨겨져 있는 것이 분명합니다.

이성 친구의 마음을 알고 싶습니다. 나를 좋아하는 걸까? 답을 알 수 없어 답답하기만 합니다. 이성 친구의 모습이 늘 눈앞에 어른거리지요.

이 책이 그런 기분을 전달할 수 있을까요?

나는 이 책의 바탕이 되는 이야기를 2002년 무렵부터 쓰기 시작해 웹사이트에 공개해 왔습니다. 이야기를 읽는 많은 분들이 많은 응원 메시지를 보내주셨습니다. 그런 응원이 없었다면 이 책을 만들지 못했을 것입니다. 다시 한 번 진심으로 감사드립니다.

독자 여러분, 제 웹사이트를 봐 준 친구들, 언제나 나를 위해 기도해 주고 있는 크리스천 친구들에게 감사의 말을 전합니다.

이 책을 우리의 스승 레온하르트 오일러 선생님께 바칩니다.

이 책을 읽어 주신 독자 여러분께 감사드리며, 언제 어디선가 다시 만날 수 있기를 바랍니다.

유키 히로시

수학 걸 웹사이트 www.hyuki.com/girl

감수의 글

입학식이 끝나고 교실로 가는 시간이다. 나는 놀림감이 될 만한 자기소개를 하고 싶지 않아 학교 뒤쪽 벚나무길로 들어선다. "제가 좋아하는 과목은 수학입니다. 취미는 수식 전개입니다."라고 소개할 수는 없지 않은가? 거기서 '나'는 미르카를 만난다. 이 책의 주요 흐름은 나와 미르카가 무라키 선생님이 내주는 카드를 둘러싸고 벌이는 추리다.

무라키 선생님이 주는 카드에는 식이 하나 있다. 그 식을 출발점으로 삼아 문제를 만들고 자유롭게 생각해 보는 일은 막막함에서 출발한다. 학교가 끝나고 도서관에서, 모두가 잠든 밤에는 집에서, 그 식을 찬찬히 뜯어보고 이리저리 돌려보고 꼼꼼히 따져 보다가 아주 조그만 틈을 발견한다. 그 틈을 비집고 들어가 카드에 적힌 식의 의미를 파악하고 정체를 벗겨 내는 일, 위엄을 갖고 향기를 발산하며 감동적일 정도로 단순하게 만드는 일. 그 추리를 완성하는 것이 '나'와 미르카가 하는 일이다. 카드에는 나열된 수의 특성을 찾거나 홀짝을 이용해서 수의 성질을 추측하는 나름 쉬운 것이 담긴 때도 있지만 대수적 구조인 군, 환, 체의 발견으로 이끄는 것이나 페르마의 정리의 증명으로 이끄는 묵직한 것도 있다.

빼어난 실력을 갖춘 미르카가 간결하고 아름다운 사고의 전개를 보여 준다면 후배인 테트라와 중학생인 유리는 수학을 어려워하는 독자를 대변하는 등장인물이다. 테트라와 유리가 깨닫는 과정을 따라가다 보면 '아하!' 하며 무릎을 치게 된다. 그동안 의미를 명확하게 알지 못한 채 흘려보냈던 식의 의미가 명료해지는 순간이다. 망원경의 초점 조절 장치를 돌리다가 초점이 딱

맞게 되는 순간과 같은 쾌감이 온다. 그래서 이 책은 수학을 좋아하고 즐기는 사람에게도 권하지만, 수학을 어려워했던, 수학이라면 고개를 절레절레 흔들었던 사람에게도 권하고 싶다. 누구에게나 '수학이 이런 거였어?' 하는 기억이 한 번쯤은 있어도 좋지 않은가? 더구나 10년도 더 전에 한 권만 소개되었던 책이 6권 전권으로 출간된다니 천천히 아껴 가면서 즐겨보기를 권한다.

남호영

미르카, 수학에 빠지다 ①

첫 만남과 피보나치 수열

초판 1쇄 인쇄일 2022년 4월 14일
초판 1쇄 발행일 2022년 4월 24일

지은이 유키 히로시
옮긴이 박지현
펴낸이 강병철

펴낸곳 이지북
출판등록 1997년 11월 15일 제105-09-06199호
주소 10881 경기도 파주시 회동길 325-20
전화 편집부 (02)324-2347, 경영지원부 (02)325-6047
팩스 편집부 (02)324-2348, 경영지원부 (02)2648-1311
이메일 ezbook@jamobook.com

ISBN 978-89-5707-225-7 (04410)
978-89-5707-224-0 (세트)